PERFUR DIRECIONAL

3ª edição revista e ampliada

PERFURAÇÃO DIRECIONAL

3ª edição revista e ampliada

Luiz Alberto Santos Rocha
Denise Azuaga
Renata Andrade
João Luiz Bastos Vieira
Otto Luiz Alcântara Santos

EDITORA INTERCIÊNCIA

ibp
INSTITUTO BRASILEIRO DE PETRÓLEO, GÁS E BIOCOMBUSTÍVEIS

BR PETROBRAS

Rio de Janeiro – 2011

Copyright © 2011, *by* Luiz Alberto Santos Rocha, Denise Azuaga, Renata Andrade, João Luiz Bastos Vieira e Otto Luiz Alcântara Santos
Direitos Reservados em 2006 por **Editora Interciência Ltda.**
Diagramação: Maria de Lourdes de Oliveira
Revisão Ortográfica: Carlos Alexandre Fernandez

CIP-Brasil. Catalogação-na-Fonte
Sindicato Nacional dos Editores de Livros - RJ

P516
3.ed.
    Perfuração direcional/Luiz Alberto Santos Rocha... [*et alii*]. – Rio de Janeiro: Interciência: PETROBRAS: IBP, 2011.
    368p.: il.; 23 cm

    Anexos
    Inclui bibliografia e índice
    ISBN 85-7193-277-7

    1. Poços de petróleo – Perfuração. 2. Perfuração direcional. I. Rocha, Luiz Alberto Santos, 1956-. II. PETROBRAS. III. Instituto Brasileiro de Petróleo, Gás e Combustíveis.

06-3577   CDD 622.3382
                                                                     CDU 622.276

É proibida a reprodução total ou parcial, por quaisquer meios, sem autorização por escrito da editora.

www.editorainterciencia.com.br

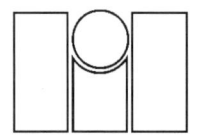

Editora Interciência Ltda.
Rua Verna Magalhães, 66 – Engenho Novo
Rio de Janeiro – RJ – 20710-290
Tels.: (21) 2581-9378/2241-6916 – Fax: (21) 2501-4760
e-mail: vendas@editorainterciencia.com.br

Impresso no Brasil – *Printed in Brazil*

Agradecimentos

Ao longo da elaboração deste trabalho, descobrimos que escrever um livro não é uma tarefa fácil. No entanto, o grande apoio de diversos colegas fez com que conseguíssemos finalizar esta obra. Assim, gostaríamos de agradecer aos colegas da Petrobras, Roberto Vinicius Barragan, Raul Soares Felicíssimo, Renato Amaro, Miguel Soares Másculo, Wilson Silva Santos, Luiz Felipe Carneiro e Clemente José de Castro Gonçalves por revisarem o trabalho e proporem sugestões. Estendemos também os nossos agradecimentos a Carolina Pontes Chieza e Danilo Signorini Gozzi por ajudarem na elaboração de trechos do Capítulo 5.

Agradecemos à Universidade Petrobras, em nome da Sra. Lúcia Emília de Azevedo, que, através do Programa de Editoração de Livros Didáticos, viabilizou esta produção.

Agradecemos, também, aos Srs. Roberto Munoz (Halliburton), Robert Balaguer (Schlumberger), Paulo Guiro Pacheco (Schlumberger), Rodrigo Pinho (Smith International), Ian Thomson (Gyrodata), Maurício Figueiredo (Baker Hughes) e a Sra. Clarissa Thomson (Baker Hughes) pela imensa cooperação e pelo grande incentivo dados no decorrer deste projeto.

Agradecemos, ainda, aos colegas da Petrobras Luiz Felipe Rego Bezerra e Bráulio Luis Cortes Xavier Bastos pelo suporte e confiança demonstrados ao longo deste projeto.

Finalmente, agradecemos a Sra. Isabella Valentino Rocha, esposa do colega Luiz Alberto, pelo árduo trabalho de revisão. E ao Sr. Pedro Gaia pela elaboração da capa.

Apresentação

A Petrobras desde a sua criação desenvolve uma política agressiva de capacitação dos seus profissionais para realizarem, de forma econômica e segura, as suas atividades nas áreas de exploração, produção, refino e transporte de hidrocarboneto. Essa capacitação é conduzida através dos seus centros de desenvolvimento de recursos humanos, bem como através de programas de pós-graduação com universidades brasileiras e no exterior.

Essa política é também manifestada no incentivo que é dado à edição de materiais didáticos que servem de suporte a essa capacitação através do Programa de Editoração de Livros Didáticos da Universidade Petrobras. Além de auxiliar no desenvolvimento dos técnicos da Petrobras, o programa disponibiliza para a comunidade técnica e científica, da área de petróleo, parte do conhecimento desenvolvido e da experiência acumulada dos profissionais que atuam no País, tornando-se assim um instrumento de preservação da memória técnica da Companhia.

Fruto desse programa, este livro aborda nos seus cinco capítulos aspectos relacionados com o projeto, o acompanhamento, as ferramentas utilizadas e as peculiaridades das perfurações direcionais. A importância dessa tecnologia vem crescendo a cada dia, principalmente após a utilização intensiva de poços horizontais iniciada nos anos de 1980, com o objetivo de aumentar a produtividade dos poços perfurados. A tecnologia da perfuração direcional foi um dos setores da engenharia de petróleo que mais evoluiu tecnicamente ao longo dos anos, sendo hoje de interesse, não só para os engenheiros que lidam com a engenharia de poços, mas também para todos os profissionais do segmento *upstream* da indústria do petróleo.

Os autores do livro são profissionais da Petrobras e de empresas de serviços com competência reconhecida nessa atividade. O livro além de conter valiosas informações das técnicas da perfuração direcional, poderá ser usado como livro texto nos programas de treinamento internos da Companhia, tanto no nível de cursos de formação, como também em cursos de aperfeiçoamento e em outros programas de treinamento desenvolvidos por outras instituições educacionais no País.

BR
PETROBRAS

Recursos Humanos
Universidade Petrobras

Prefácio

Ao escrever este livro tínhamos como meta disponibilizar um conteúdo que atendesse às necessidades de diferentes tipos de leitores. Assim, a filosofia empregada foi no sentido de atender tanto aos interessados em obter conhecimentos básicos quanto àqueles cuja intenção é sempre se manter atualizados.

Tendo essa filosofia como base, em novembro de 2006, nós lançamos a Primeira Edição, que se esgotou em menos de um ano. Confesso que ficamos muito felizes com o grande sucesso da obra, mas também pelas diversas mensagens de elogios e outras com sugestões de aperfeiçoamento para uma próxima edição. Todas as sugestões foram contempladas na Segunda Edição que também se esgotou rapidamente.

Mas uma vez, revisamos o conteúdo do livro, fizemos novas atualizações de modo a deixar essa obra ainda mais completa e assim nasceu essa Terceira Edição. É fato que o mercado precisa de treinamento constante a fim de corresponder às demandas desses novos tempos, por isso essa nova edição, inclui tópicos importantes, tais como erros e incertezas no controle de trajetória de poços, interceptação de poços e a perfuração de poços de alívio. Este último é fundamental para quem lida com controle de poços em situações na qual a sonda foi totalmente destruída por uma erupção (*blowout*).

Mais uma vez, em nome dos autores, eu saúdo a todos e espero, com esta Terceira Edição, auxiliar a estudantes e profissionais da área de Petróleo no cumprimento de suas missões, que podem ser resumidas nas seguintes palavras: Muito sucesso em seus poços direcionais.

Luiz Alberto S. Rocha, Ph.D.

Os autores

LUIZ ALBERTO SANTOS ROCHA é formado em Engenharia Mecânica e pós-graduado em Administração de Empresas pela Pontifícia Universidade Católica do Rio de Janeiro (PUC-Rio). Possui mestrado e doutorado em Engenharia de Petróleo pela Louisiana State University (LSU). Ingressou na Petrobras em 1980 e desde então tem atuado em projetos no Brasil e no exterior. Suas atribuições incluem elaboração de projetos de poços, análise de *benchmarking* e participações em estudos de viabilidades técnicas e econômicas para campos em águas profundas. Ministra cursos na Petrobras, no Instituto Brasileiro de Petróleo, Gás e Biocombustíveis (IBP) e na pós-graduação *Lato Sensu* em Engenharia de Petróleo na PUC-Rio. Atualmente é Consultor Sênior, ocupando o cargo de Coordenador de Engenharia de Poço da Área Internacional da Petrobras. Escreveu vários artigos publicados em congressos e revistas internacionais na área de perfuração de poços de petróleo. Além desse trabalho, publicou também o livro *Projetos de Poços de Petróleo – Geopressões e Assentamento de Colunas de Revestimentos*.

DENISE AZUAGA é engenheira química formada pela Universidade Federal do Rio de Janeiro (UFRJ) em 1997. Tem título de Mestrado em Planejamento Energético (2000) pela COPPE/UFRJ e pós-graduação *Lato Sensu* em Engenharia de Petróleo pela Pontifícia Universidade Católica do Rio de Janeiro (PUC-Rio). Trabalhou como engenheira de planejamento de perfuração de poços na Baker Hughes/INTEQ e como consultora de perfuração e completação na Petrobras pela Halliburton/Landmark. Atualmente, atua na área de otimização de colunas de perfuração pela Smith International, empresa para qual trabalha desde 2005.

RENATA ANDRADE é engenheira civil com ênfase em Geotecnica pela Pontifícia Universidade Católica (RJ) em 1996. Tem Pós-Graduação *Lato Sensu* em Engenharia Geotécnica pelo CEDEX (Centro de Estudios y Experimentación de Obras Publicas) Madrid, Espanha 1999 e em Engenharia de Petróleo pela PUC-Rio em 2001. No início de 2002, ingressou na LANDMARK para trabalhar como consultora na área de perfuração e completação, internamente na Petrobras. Neste período, tornou-se líder do grupo de consultores de perfuração e posteriormente gerente de conta para as regiões norte e nordeste do Brasil. Atualmente, trabalha na área técnica como consultora principal de perfuração da LANDMARK.

JOÃO LUIZ BASTOS VIEIRA é engenheiro mecânico formado pela Universidade Federal do Espírito Santo em 1981, mesmo ano em que ingressou na Petrobras aonde atuou na área de Perfuração, especialmente Perfuração Direcional. Ao longo dos anos 80 e 90 trabalhou como operador direcional, foi chefe do antigo Setor de Perfuração Direcional (SEPED) da Petrobras em Macaé e também instrutor em vários cursos internos, principalmente quando dos esforços da Petrobras para capacitar o seu corpo técnico na perfuração de poços horizontais. Atualmente trabalha na área de Desenvolvimento de Negócios da Halliburton na função de gerente de marketing e estratégia para a América Latina da linha de serviços Sperry Drilling Services, empresa em que trabalha desde 2001.

OTTO LUIZ ALCÂNTARA SANTOS obteve o grau de engenheiro civil pela Universidade Federal da Bahia em 1976. Após ingresso na Petrobras em 1976, participou em 1977 do curso de pos-graduação em Engenharia de Petróleo permanecendo após o curso na Universidade Petrobras até hoje como professor e coordenador de cursos na área de perfuração de poços. Obteve os graus de mestre e doutor em Engenharia de Petróleo respectivamente na Colorado School of Mines (1982) e Louisiana State University (1989). Em 1994 participou de programa de pós-doutorado na University of Tulsa. Como professor visitante da Unicamp, ministrou alguns cursos, orientou alunos e participou de várias bancas examinadoras de tese do programa de mestrado em Engenharia de Petróleo. É atualmente o coordenador da Área de Construção de Poços da Universidade Petrobras e do Programa de Treinamento e Certificação da Petrobras em Controle de Poço e Consultor Sênior na área de perfuração de poços.

Introdução

A perfuração de poços no Brasil vem se destacando ao longo do tempo por causa dos inúmeros desafios que têm sido vencidos, notadamente no que se refere à perfuração em águas profundas e ultraprofundas. A história mostra que a lâmina d'água máxima atingida cresceu de forma sistemática e que se estabiliza no patamar de cerca de 2 650 metros nos últimos anos. Da mesma forma, para poços de desenvolvimento, a tendência de se perfurar poços em lâminas d'água mais e mais profundas deu lugar a uma estabilização em torno da lâmina d'água considerada ultraprofunda de 1 850 metros. A principal diferença entre poços exploratórios e desenvolvimento é que esses últimos, na grande maioria, são direcionais e horizontais.

A perfuração direcional é uma das especialidades ligadas à construção de poços de petróleo que mais evoluiu ao longo dos últimos anos. Poços cada vez mais complexos são propostos a cada ano e o resultado disso é um número expressivo de recordes sistematicamente batidos. A perfuração direcional também tem sido vista como um método de se aumentar a produtividade de um poço, ao mesmo tempo em que se reduz o impacto ambiental, sendo esse um grande problema associado a operações ligadas à produção de óleo e gás. As novas tecnologias permitem perfurar lateralmente ou horizontalmente abaixo da superfície, expondo, assim, uma maior extensão do reservatório e isso permite maximizar a recuperação dos reservatórios com um número menor de poços produtores.

Poços direcionais com grandes afastamentos e os horizontais constituem hoje o padrão usado na indústria para poços de desenvolvimento, porém, isso não exclui as outras aplicações de poços direcionais como, por exemplo, os poços direcionais exploratórios e poços de alívio, estes últimos utilizados para o combate de erupções (*blowouts*). A evolução tecnológica e o conhecimento técnico desenvolvido e acumulado nos últimos anos são, certamente, as principais razões para explicar o crescente número de poços direcionais perfurados no mundo, que hoje supera em muito o número de poços verticais perfurados. Se analisarmos dados dos últimos 25 anos, a relação entre poços direcionais e verticais cresce rapidamente até atingir a marca de 75% para os anos mais recentes.

Por outro lado, a tecnologia de perfuração de poços horizontais, que, por muitos anos foi algo simplesmente tecnicamente impraticável, teve sua estreia no Brasil no ano de 1990. Hoje, é uma das tecnologias mais comuns, e cerca de 50% dos poços marítimos direcionais perfurados por ano no Brasil são horizontais.

Considerar a perfuração de um poço direcional de alta inclinação ou horizontal como processo corriqueiro é algo recente. Propor a perfuração de um poço com essas características nos anos 1960 e 1970 era algo que exigia, antes de tudo, muita ousadia técnica. Naquela época, com as tecnologias existentes, como o *whipstock* mostrado na figura I.1, seria simplesmente impensável propor a perfuração de um poço horizontal ou de um poço de longo alcance, tão comum nos dias de hoje.

Embora os princípios básicos da engenharia direcional sejam os mesmos dos primórdios dessa disciplina, a evolução das tecnologias (poços de grande afastamento, multilaterais, etc.) e ferramentas associadas (MWD, *rotary steerable*, etc.) a esse tipo de engenharia vêm revolucionando os conceitos da perfuração de poços. O presente trabalho foi desenvolvido para leitores e estudantes que queiram aprender tanto os conceitos básicos quanto as técnicas mais avançadas da perfuração direcional presentes atualmente na indústria do petróleo. Assim, o livro é dividido nos seguintes capítulos:

- Capítulo 1: fornece ao leitor uma visão das diversas aplicações de poços direcionais, apresenta definições básicas, classifica os vários tipos de poços direcionais e explica conceitos sobre sistemas de referências.

- Capítulo 2: lida com o planejamento de poços direcionais e seus principais aspectos, tais como: tipos de sondas, tipos de trajetórias direcionais, limpeza de poço, geopressões, torque, arraste, revestimento, cimentação, completação, dentre outros assuntos técnicos.
- Capítulo 3: discute desde os tipos básicos de colunas de perfuração empregadas em poços direcionais até os equipamentos mais recentes empregados pela indústria do petróleo.
- Capítulo 4: apresenta os tipos de equipamentos de registros direcionais, os diferentes métodos usados no acompanhamento direcional assim como os métodos de anticolisão.
- Capítulo 5: discorre sobre uma série de tópicos complementares mais específicos, tais como: os poços multilaterais e os de grandes afastamentos em águas profundas e a utilização da perfuração direcional no combate de poços em erupção ("blowout").

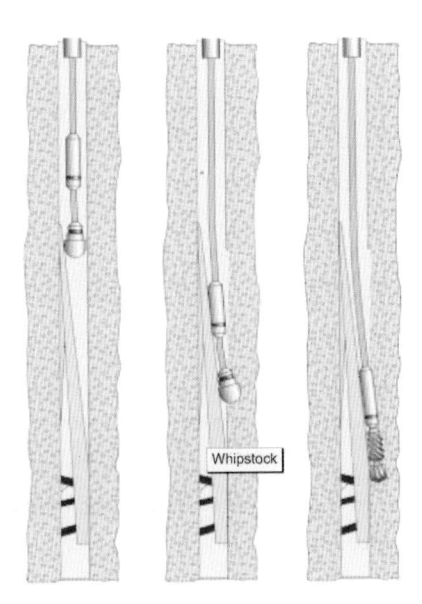

FIGURA I.1 POÇO SENDO DESVIADO COM A UTILIZAÇÃO DE UM WHIPSTOCK (FONTE: SCHLUMBERGER.)

Simbologia

α	Inclinação do poço na estação, grau
β	Ângulo de *dogleg*, grau
BF	Fator de flutuação, adimensional
BUR	*Buildup rate*, grau/30 m ou grau/100 pés
D, A	Afastamento, m
d	Diâmetro, pol
DSL	*Dogleg severity*, grau/30 m
ε	Direção do poço na estação, grau
E	Módulo de Young, psi
EOB	*End of buildup*, m
F	Fator de segurança
FH	Força de flambagem helicoidal, lbf
FS	Força de flambagem senoidal, lbf
γ	Ângulo de assentamento da ferramenta em relação ao lado alto do poço (*toolface*), grau
I	Momento de inércia, pol^4
φ	Direção do objetivo, grau
KOP	*Kickoff point*, m
L	Comprimento de seção, m
μ	Coeficiente de atrito, adimensional

M	Profundidade medida de uma estação, m
MD	Profundidade medida, m
N	Força normal de contato, lbf
ρ	Peso específico, lb/gal (ou phγ)
P	Pressão, psi
PM	Profundidade medida, m
PSB	Peso sobre broca, lbf
P_{BHA}	Peso total do BHA, lbf
PV	Profundidade vertical, m
θ	Ângulo máximo do trecho reto, grau
Q	Vazão, gpm
R	Raio de curvatura, m
r	Raio livre do anular, pol
ROP	(*rate of penetration*) Taxa de penetração, m/h
TFA	*Total flow area*, pol^2
TP	Taxa de Penetração, m/h
TVD	(*true vertical depth*) Profundidade vertical, m
V	Profundidade vertical, m
w	Peso linear, lbf/pé

Sumário

APRESENTAÇÃO VII

PREFÁCIO IX

OS AUTORES XI

INTRODUÇÃO XIII

CAPÍTULO 1
INTRODUÇÃO À PERFURAÇÃO DIRECIONAL 1

1.1 Aplicações de Poços Direcionais............................1
    1.1.1 Poços Direcionais Usados para Atingir Alvos de Difícil Acesso.......................................2
    1.1.2 *Sidetrack*..3
    1.1.3 Poços Direcionais para a Exploração 4
    1.1.4 Poços Direcionais Perfurados a partir de uma Plataforma Única . 5
    1.1.5 Poços Direcionais para a Exploração de Novas Reservas 8
    1.1.6 PoçosbDirecionais em Áreas Urbanas e de Proteção Ambiental.. 9
    1.1.7 Poços Direcionais em Zonas Fraturadas e em Áreas de Domos Salinos 10
    1.1.8 Poços Direcionais para Controle de um *Blowout* 11
    1.1.9 Poços Multilaterais e Horizontais........................12
    1.1.10 Poço Piloto...14

1.2 Definições Básicas 15
    1.2.1 Definições Gerais 15
        a) Afastamento 15
        b) Trajetória Direcional...............................16
        c) Profundidade Vertical e Profundidade Medida............16
        d) Objetivo, Alvo e Raio de Tolerância 16
        e) Inclinação..16
        f) Direção Base do Poço, Azimute e Rumo 18
        g) Orientação da Tool Face............................19
    1.2.2 Projeções Horizontal e Vertical.........................20
        a) Horizontal..21
        b) Vertical..21
        c) 3D ou *Vista em 3D* 21
    1.2.3 Definições Específicas para Poços Direcionais..............22
        a) KOP 22
        b) Estação e Inclinação do Poço a Cada Estação, α 22
        c) Ângulo Máximo do Trecho Reto, θ 23
        d) Buildup, Buildup Rate e End-of-buildup 23
        e) Seção Tangente ou Slant 23
        f) Início do Drop off (Perda de Ângulo) 24
        g) Seção de Drop off.................................24
        h) Dogleg (β) e Dogleg Severity (DLS) 24
        i) Raio de Curvatura (R)..............................25
        j) Giro da Broca ou Bit Walk 25
        k) Ângulo Guia ou Lead Angle 25
1.3 Classificação de Poços Direcionais 25
    1.3.1 Classificação quanto ao Raio de Curvatura 25
    1.3.2 Classificação quanto ao Afastamento do Objetivo 27
    1.3.3 Classificação quanto ao Giro 27
1.4 Sistemas de Referência.....................................28
    1.4.1 Sistemas de Referência Geodésicos 29
        a) Sistema de Coordenadas Planas 29
            Métodos de Projeção 29
        b) Sistema de Coordenadas Cartesianas 35
        c) Sistemas de Coordenadas Geodésicas..................36
        d) Sistema Local de Referência.........................37
    1.4.2 Referencial Geodésico (*Datum*) 39

CAPÍTULO 2
PLANEJAMENTO DIRECIONAL..............................47
2.1 Dados Básicos..48
2.2 Tipos de Trajetória Direcionais..............................50
    2.2.1 Trajetória Tipo I (*Build-Hold*).............................51
    2.2.2 Planejamento da Trajetória do Poço Tipo I.................53
    2.2.3 Trajetória Tipo II ou "S"..................................57
    2.2.4 Trajetória de Poços Horizontais...........................59
    2.2.5 Trajetória Direcional *Designer Wells* (3D).................63
2.3 Importantes Aspectos Relacionados ao Planejamento Direcional.....66
    2.3.1 Especificação da Sonda..................................66
    2.3.2 Trajetória do Poço......................................67
    2.3.3 Fluido de Perfuração....................................69
    2.3.4 Limpeza de Poço..72
    2.3.5 Hidráulica de Perfuração e ECD (*Equivalent Circulating Density*)..............................76
    2.3.6 Geopressões..80
    2.3.7 Controle de Poço.......................................82
    2.3.8 Torque, Arraste e Flambagem............................83
    2.3.9 Revestimento...86
    2.3.10 Cimentação...88
    2.3.11 Perfilagem a Cabo (*Wireline*) e LWD....................90
    2.3.12 Completação..91
    2.3.13 Vibração..92
    2.3.14 Desempenho e Custo...................................95

CAPÍTULO 3
COLUNAS DE PERFURAÇÃO DIRECIONAL....................99
3.1 Componentes Básicos da Coluna de Perfuração................100
    3.1.1 *Drill Collars* (DC – Comandos)..........................100
    3.1.2 *Heavyweight Drillpipes* (HWDP).........................101
    3.1.3 Estabilizadores..102
    3.1.4 Percussor de Perfuração (*Drilling Jar*)...................103
    3.1.5 *Sub* com Válvula Flutuante (*Float Sub*).................106
    3.1.6 Brocas..106

3.2 Composições de Colunas para Perfuração Direcional Utilizando
    Componentes Básicos.................................111
    3.2.1 Composição para Ganhar Ângulo (Princípio da Alavanca
          ou Efeito *Fulcrum*)...........................112
          a) Peso sobre a Broca..........................113
          b) Rotação de Coluna...........................114
          c) Diâmetro dos Comandos.......................114
          d) Vazão.......................................114
    3.2.2 Composição para Manter Ângulo (Coluna Empacada).......114
    3.2.3 Composição para Perder Ângulo (Princípio do Pêndulo).....116
          a) Distância do Estabilizador até a Broca..................117
          b) Parâmetros de Perfuração..............................118
3.3 Equipamentos Especiais da Perfuração
    Direcional..119
    3.3.1 Motor de Fundo (*Mud Motor*).........................119
          a) Dump Sub/Dump Valve.........................120
          b) Seção de Potência...........................121
          c) Unidade de Transmissão......................122
          d) Seção de Rolamento..........................122
    3.3.2 Sistema *Steerable*.................................125
    3.3.3 Sistema *Rotary Steerable*..........................133
    3.3.4 Sistema *Rotary Steerable* com Motor de Fundo............136
    3.3.5 Turbina..137
    3.3.6 LWD (*Logging While Drilling*) e MWD (*Measurement While
          Drilling*)......................................140
3.4 *Geosteering*...142

CAPÍTULO 4
ACOMPANHAMENTO DIRECIONAL........................149

4.1 Equipamentos de Registro Direcional......................150
    4.1.1 Equipamentos Magnéticos...........................152
          a) Equipamento Magnético de Registro Simples
             (Magnetic Single Shot – MSS)..................152
          b) Equipamento Magnético de Registro Múltiplo
             (Magnetic Multi Shot – MMS)...................152
    4.1.2 Equipamentos Giroscópicos.........................154
          a) Giroscópico de Registro Simples (Gyroscopic
             Single Shot – GSS)...........................154
          b) Giroscópico de Registro Múltiplo (Gyroscopic
             Multi Shot – GMS)............................155

4.1.3 Sistema de Navegação Inercial (*Inertial Navigation System* – INS)...156
4.1.4 Equipamento de Medição Contínua a Cabo (*Steering Tool*).......................................157
4.1.5 Equipamento de Medição Contínua sem Cabo (*Measurement While Drilling e Gyro While Drilling*)........158
4.2 Influência do Referencial Norte na Determinação da Trajetória do Poço.......................................160
    4.2.1 Definições de Referências de Norte.....................161
        a) Norte Verdadeiro (True North – TN)..................161
        b) Norte Grid (Grid North – GN).......................161
        c) Norte Magnético (Magnetic North – MN)..............161
    4.2.2 Correção da Direção Azimutal.........................162
        a) Declinação..162
        b) Convergência.....................................163
4.3 Frequência e Qualidade dos Registros Direcionais................164
4.4 Métodos de Cálculo de Acompanhamento da Trajetória de Poço...167
    4.4.1 Método da Tangente..................................170
    4.4.2 Método da Tangente Balanceada.......................171
    4.4.3 Método do Ângulo Médio..............................172
    4.4.4 Método do Raio de Curvatura.........................173
    4.4.5 Método do Mínimo Raio de Curvatura..................174
        Mudança de Direção da Trajetória....................184
4.5 Análise de Anticolisão.......................................187
    4.5.1 Métodos de Cálculos de Incertezas ou Modelos de Erro.....188
        a) Erros Sistemáticos................................188
        b) ISCWSA..188
        c) Cone de Erro.....................................189
        d) *Grid* de Erro de Inclinação......................189
    4.5.2 Erros e Incertezas no Controle de Trajetória de Poços......189
        4.5.2.1 Métodos de Redução da Elipse de Incerteza........192
    4.5.3 Tipos de Cones de Incerteza..........................195
    4.5.4 Separação Mínima e Fator de Separação................197
        Considerações Acerca do Fator de Separação..........199
    4.5.5 Métodos de Rastreamento............................201
        a) Proximidade 3D (3D *Closest Approach*)..............201
        b) *Travelling Cylinder* (TC).........................202
        c) Plano Horizontal.................................202

4.5.6   Estudos de Anticolisão 205
   a) Problemas com o Rastreamento Tipo *Travelling Cylinder* . . 205
   b) Análises Envolvendo Múltiplos Poços 205

CAPÍTULO 5
TÓPICOS COMPLEMENTARES 217
5.1 Poço Horizontal 217
   5.1.1 Vantagens e Aplicações de Poços Horizontais. 217
   5.1.2 Tipos de Poços Horizontais 220
      a) Poços Horizontais de Raio Longo 221
         Buildup Único 224
         Buildup Duplo 224
         Buildup Interrompido por Trecho Reto 224
      b) Poços Horizontais de Raio Médio 225
      c) Poços Horizontais com Perfil Combinado 226
   5.1.3 BHA em Poços Horizontais *Versus* Poços Verticais 228
      a) Linha Neutra de Tração do BHA 229
      b) Linha Neutra de Flambagem do BHA. 232
         Poços Verticais. 236
         Poços Direcionais 237
   5.1.4 Completação em Poços Horizontais 238
5.2 Poço Piloto 241
5.3 Poços Multilaterais 244
   5.3.1 Aplicações de Poços Multilaterais 244
      a) Reservatórios de Óleo Pesado ou de Baixa Mobilidade 244
      b) Reservatório de Baixa Permeabilidade ou Naturalmente
         Fraturado 245
      c) Reservatórios Pequenos, Depletados ou de Baixa Pressão . . . 245
      d) Reservatórios em Camadas ou Formações Laminares 246
      e) Reservatórios Isolados ou Compartimentados 247
   5.3.2 Classificação dos Poços Multilaterais 248
      a) Nível 1 249
      b) Nível 2 249
      c) Nível 3 249
      d) Nível 4 249
      e) Nível 5 251
      f) Nível 6 251

5.4 Poços de Grande Afastamento em Águas Profundas.............252
    5.4.1 Características das Trajetórias de Poços em Água Profunda...253
    5.4.2 Gradientes de Poros, Colapso e Fratura.................254
    5.4.3 ECD *Versus* Gradiente de Fratura 256
    5.4.4 Limpeza de Poço 260
5.5 Roteiros Básicos para Operações Direcionais Típicas..............263
    5.5.1 Jateamento...263
    5.5.2 Operações com Motor de Fundo Convencional como Ferramenta Defletora (Usando Registro Direcional Magnético Simples)..................................266
    5.5.3 Efetuando Registros Direcionais Magnéticos Simples (*Magnetic Single Shots* – MSS) 269
    5.5.4 Efetuando Registros Direcionais Giroscópicos Simples (*Gyroscopic Single Shots* – GSS).......................270
    5.5.5 Efetuando Registros Direcionais Magnéticos Múltiplos (*Magnetic Multishots* – MMS) 271
    5.5.6 Efetuando Registros Direcionais Giroscópicos Múltiplos (*Gyroscopic Multishots* – GMS) 273
    5.5.7 Procedimentos para a Execução do Desvio...............275
5.6 Tubulação de Perfuração com Transmissão de Sinais Elétricos por Fio (*Wired Drill String*).........................276
5.7 Perfuração Direcional com Revestimento.......................278
5.8 Perfuração Direcional Sub-Balanceada (*Under Balanced Directional Drilling*).......................................281
5.9 Operação de Alargamento Simultâneo com o Alargador Distante da Broca..282
5.10 Hidráulica de Perfuração e Limpeza de Poço...................286
    5.10.1 Modelos Reológicos Utilizados na Hidráulica de Perfuração .287
        Fluidos Newtonianos 287
        Fluidos Não Newtonianos............................288
        a) Modelo de Bingham 289
        b) Modelo de Potência 290
    5.10.2 Hidráulica de Perfuração 294
    5.10.3 Método Simplificado para Cálculo de Hidráulica..........297
    5.10.4 Limpeza de Poço 312
5.11 Interceptação de Poços 321
    5.11.1 Ferramentas de Detecção Magnética (*Magnetic Ranging Tools*)..........................322

5.12 Poços de Alívio 324
   5.12.1 Fatores que Afetam a Execução de um Poço Direcional
          de Alívio 325
          a) Lâmina D'Água 325
          b) Profundidade da Erupção 326
   5.12.2 Trajetória do Poço em Erupção 327
   5.12.3 Avaliação da Área para a Perfuração do Poço de Alívio 328
   5.12.4 Seleção da Locação para o Poço de Alívio 328
          a) Distância do Poço em Erupção 328
          b) Ponto Ótimo de Interceptação 329
          c) Proximidade de Outros Poços 329
          d) Erupções de Gases Rasos (*Shallow Gas*) 329
          e) Ventos 330
          f) Correntezas 330
          g) Calor 330
          h) Batimetria 331
          i) Migração de Gás no Fundo do Mar (*Gas Seepage*) 331
          j) Companhias Seguradoras e Agências Reguladoras 331
   5.12.5 Equipamentos Direcionais Utilizados na Construção do
          Poço de Alívio Direcional 331

GLOSSÁRIO..333

REFERÊNCIAS..339

CAPÍTULO 1

Introdução à Perfuração Direcional

1.1 Aplicações de Poços Direcionais

A perfuração direcional é uma técnica usada na exploração de petróleo, na qual poços inclinados permitem que objetivos localizados em coordenadas diferentes daquelas da cabeça do poço, sejam atingidos. Esse fato é de grande interesse para a indústria do petróleo, pois permite, por exemplo, que vários poços de desenvolvimento sejam perfurados de uma única plataforma, o que reduz custos com instalações submarinas e linhas de produção.

Existem casos em que o controle de verticalidade necessário em função da acentuada inclinação das camadas dos sedimentos, faz com que a perfuração de um poço vertical se torne muito difícil, onerando o custo final do poço. Caso se conheça a tendência das camadas, a sonda pode ser deslocada de modo a permitir que os desvios causados durante a perfuração levem ao objetivo desejado.

No Brasil, essa técnica vem sendo amplamente utilizada em campos de terra, especialmente na Bahia, onde áreas com muitas falhas geológicas provocam afastamentos consideráveis dos poços com relação à vertical que passa pelo objetivo. A figura 1.1 ilustra alguns tipos de aplicações direcionais comuns nos dias de hoje e que serão descritas a seguir.

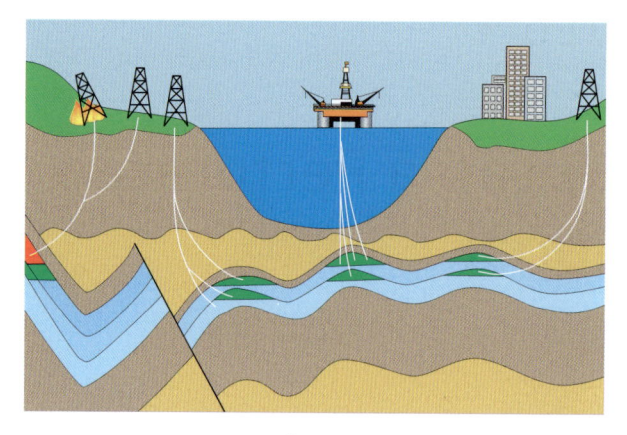

FIGURA 1.1 APLICAÇÕES DE POÇOS DIRECIONAIS.

1.1.1 Poços Direcionais Usados para Atingir Alvos de Difícil Acesso

As figuras de 1.2 a 1.5 mostram várias aplicações direcionais cuja finalidade é a de atingir objetivos em locações de difícil acesso.

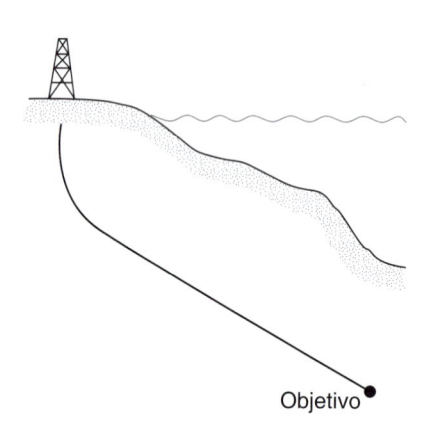

FIGURA 1.2 POÇO DIRECIONAL PERFURADO DE TERRA PARA ALVO MARÍTIMO.

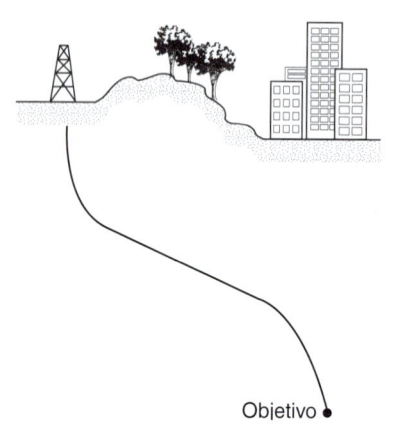

FIGURA 1.3 PERFURAÇÃO PARA ALVO EM ÁREA URBANA.

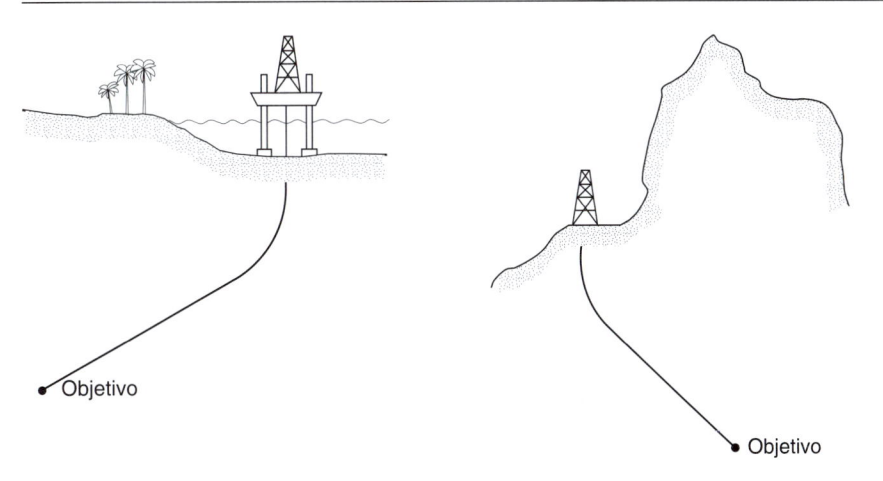

FIGURA 1.4 PERFURAÇÃO MARÍTIMA PARA OBJETIVO EM ÁREA INÓSPITA.

FIGURA 1.5 PERFURAÇÃO DE OBJETIVO EM ÁREA MONTANHOSA.

Note que praticamente todas as situações poderiam ser resolvidas com poços colocados diretamente sobre os objetivos, o que, sem dúvida, levaria a projetos de poços mais difíceis e provavelmente mais caros.

1.1.2 *Sidetrack*

Sidetrack é uma técnica típica da perfuração direcional, em que um desvio é feito a partir de um poço já perfurado (figura 1.6). Possui várias aplicações, como, por exemplo, a reperfuração de poços perdidos e o aproveitamento de um trecho do poço no caso de não se atingir o alvo na primeira perfuração.

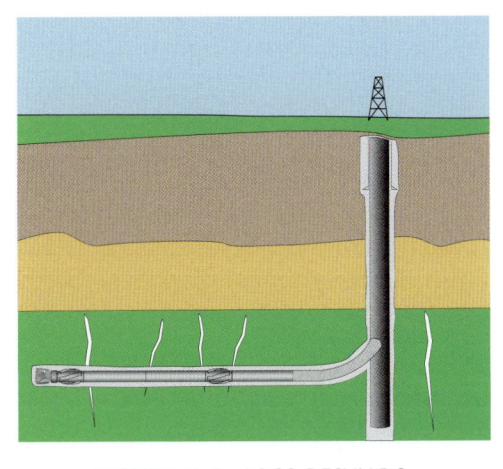

FIGURA 1.6 POÇO DESVIADO.

1.1.3 Poços Direcionais para a Exploração

A aplicação de poços direcionais exploratórios tem-se tornado bastante comum nos dias de hoje. No exemplo da figura 1.7, o poço original não atingiu a formação desejada. Com base em novas interpretações dos dados sísmicos correlacionados com os dados de perfil elétrico e amostras de calha, foi feito um desvio (*Sidetrack*) de forma a alcançar o objetivo planejado. Essa é uma forma de tornar o trabalho econômico, aproveitando parte do poço que já tinha sido perfurado (cabeça de poço, revestimentos, fluido de perfuração, brocas, etc.).

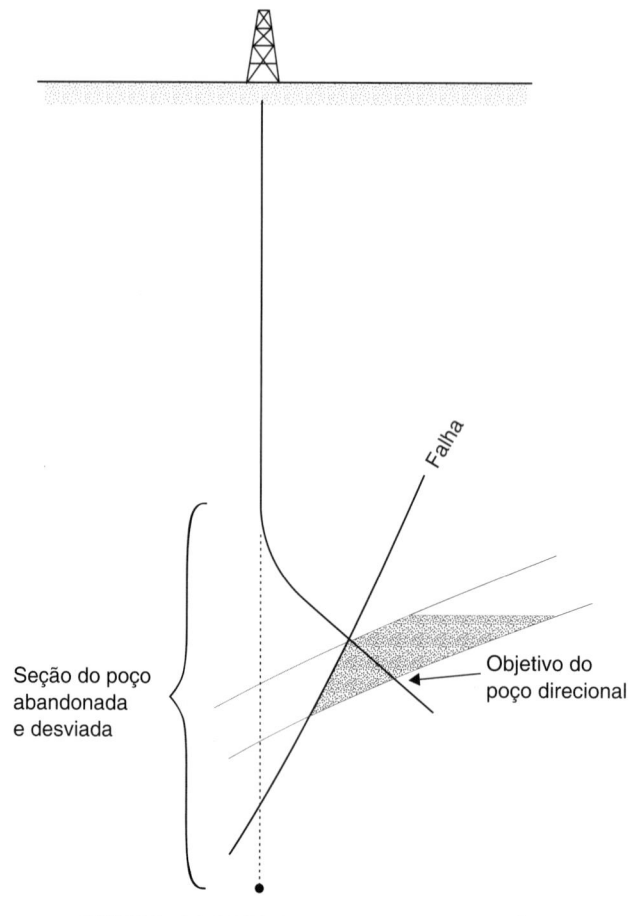

FIGURA 1.7 POÇO DIRECIONAL EXPLORATÓRIO.

1.1.4 Poços Direcionais Perfurados a partir de uma Plataforma Única

Talvez uma das utilizações mais frequentes de poços direcionais é para o desenvolvimento de campos de petróleo feitos a partir de uma mesma plataforma. A figura 1.8 mostra poços colocados a pequenas distâncias (na ordem de 5 a 10 m) uns dos outros, formando os chamados *clusters* (**conjunto de guias**) ou *template*, para que se possa perfurar em diferentes direções. Note que, neste caso, a utilização de poços direcionais leva à redução de investimentos com equipamentos, como, por exemplo, o uso otimizado de linhas de produção e a utilização de sondas de perfuração mais baratas colocadas em plataformas fixas.

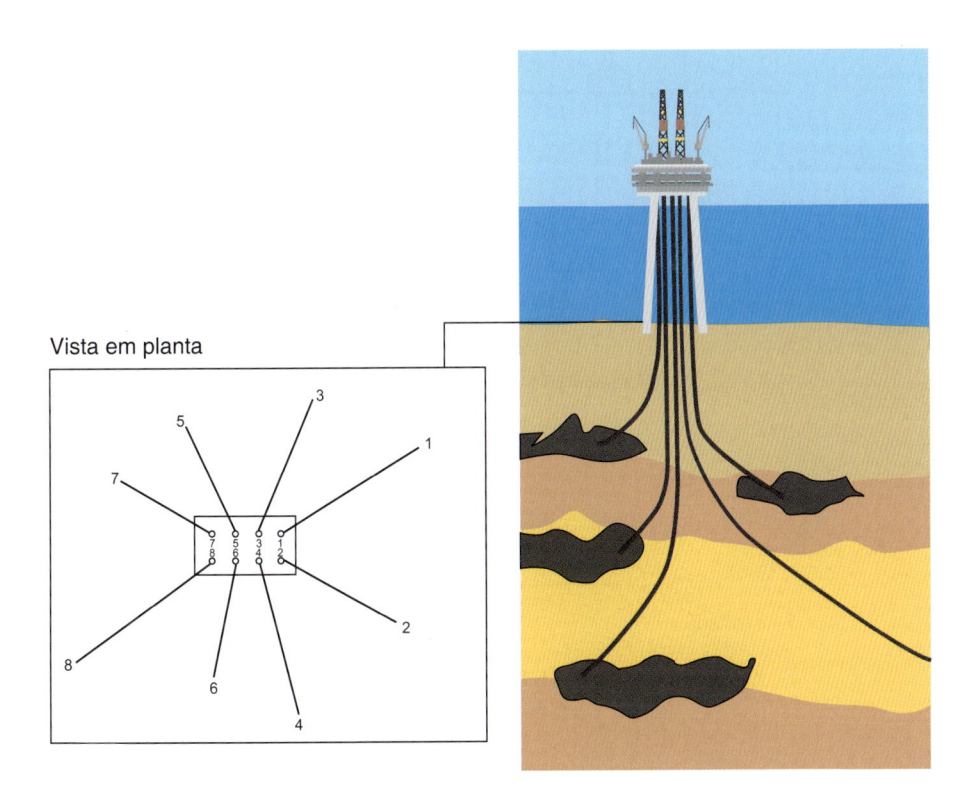

FIGURA 1.8 CONJUNTO DE GUIAS OU *CLUSTER* OU *TEMPLATE*.

A utilização de *clusters* tem um grande impacto positivo na otimização do cronograma de projeto de desenvolvimento do campo, pois permite que a perfuração de poços direcionais ocorra de forma simultânea à fabricação da plataforma final de produção. Desta forma, e como mostrado na figura 1.9, as cabeças dos poços são colocadas em *clusters*, diminuindo o tempo de movimentação da sonda de um poço para o outro. Outra vantagem refere-se à redução de linhas e à melhora do escoamento do óleo.

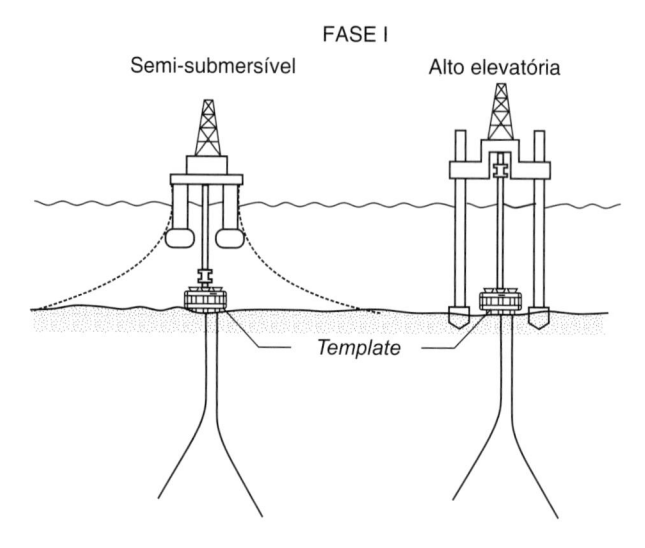

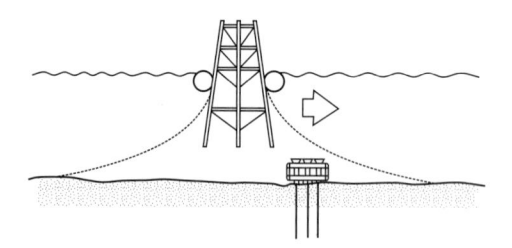

FIGURA 1.9 CABEÇA DE POÇO PARA UM CONJUNTO DE GUIAS OU *CLUSTER* OU *TEMPLATE*.

A figura 1.10 mostra o *layout* de poços e a direção dos objetivos de uma plataforma posicionada em cima do poço número 4.

Dessa forma, a utilização de poços direcionais para otimizar *layouts* submarinos é outra aplicação muito comum da engenharia de petróleo.

INTRODUÇÃO À PERFURAÇÃO DIRECIONAL 7

A) *Layout* de poços e direção dos objetivos em uma plataforma posicionada em cima do poço 4 vertical

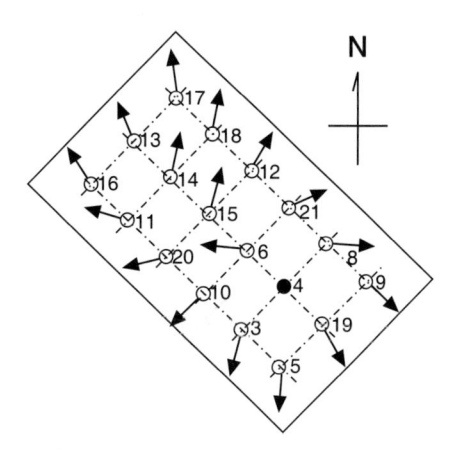

B) *Layout* de objetivos em mapa estrutural (profundidades em metros)

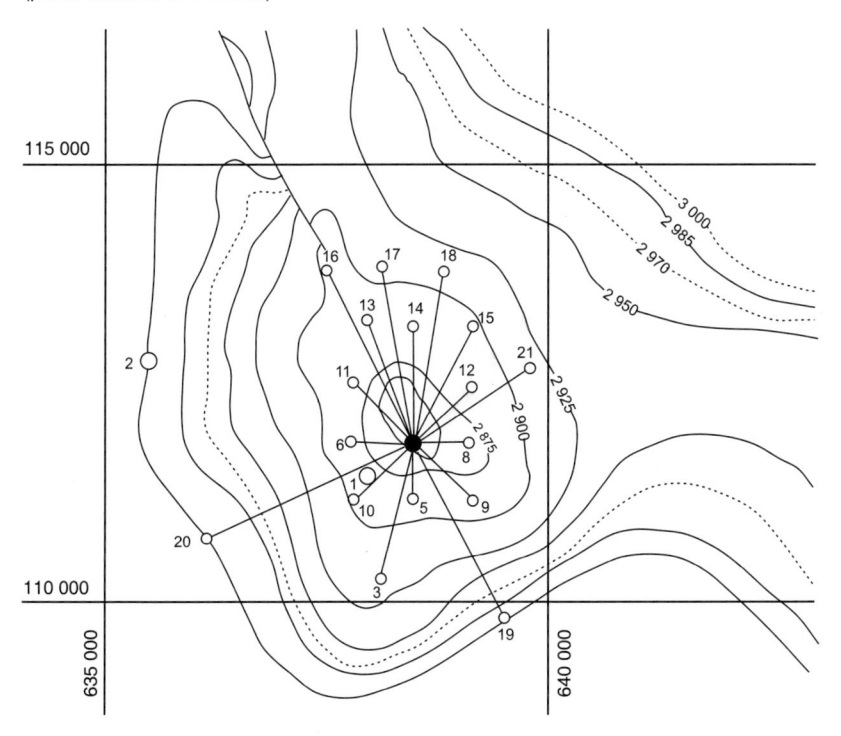

FIGURA 1.10 PERFURAÇÃO PARA OTIMIZAR *LAYOUTS* SUBMARINOS EM PLATAFORMAS ESTACIONÁRIAS.

1.1.5 Poços Direcionais para a Exploração de Novas Reservas

Quando se perfura em *clusters* ou a partir de plataformas fixas, às vezes é necessário perfurar poços com objetivos exploratórios ou para a delimitação do reservatório ou investigação de reservatórios adjacentes. As figuras 1.11 e 1.12 mostram alguns exemplos de poços direcionais em campanha exploratória complementar.

A figura 1.11 mostra um poço direcional perfurado de uma plataforma de produção já existente para explorar um novo reservatório.

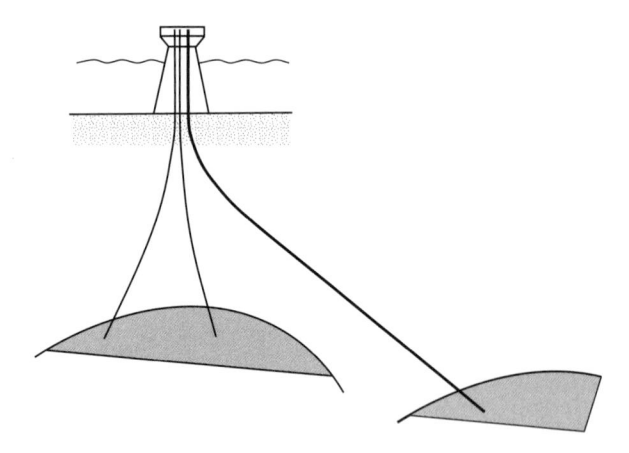

FIGURA 1.11 PLATAFORMA EXISTENTE EXPLORANDO UM OBJETIVO LOCALIZADO EM UM NOVO RESERVATÓRIO.

Similarmente, na figura 1.12, um poço direcional é usado para delimitar a fronteira de um reservatório.

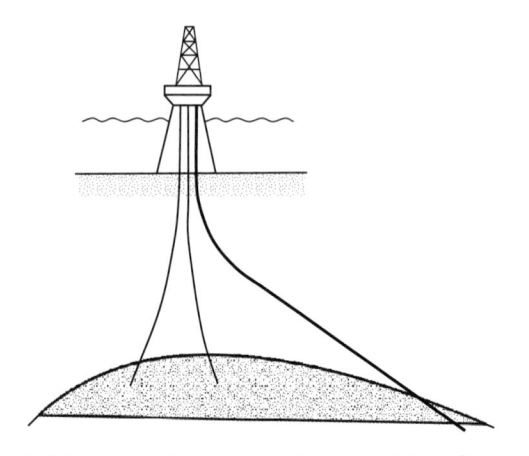

FIGURA 1.12 DELIMITAÇÃO DO RESERVATÓRIO.

1.1.6 Poços Direcionais em Áreas Urbanas e de Proteção Ambiental

A poluição visual também pode ser um determinante. Existem casos onde os poços foram agrupados em um *cluster* e perfurados de dentro de um prédio para reduzir ou eliminar a poluição auditiva causada pelos motores da sonda e também para se evitar que a visão da sonda "poluísse a bela vista da cidade", como pode ser observado na figura 1.13.

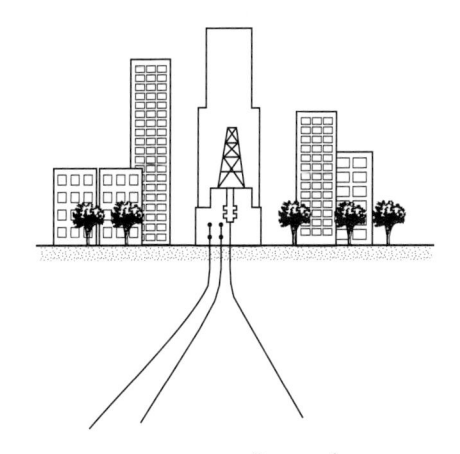

FIGURA 1.13   PERFURAÇÃO EM ÁREA URBANA.

A figura 1.14 ilustra outro exemplo de uso de poços direcionais agrupados em *clusters*. Neste caso, vários poços puderam ser perfurados de

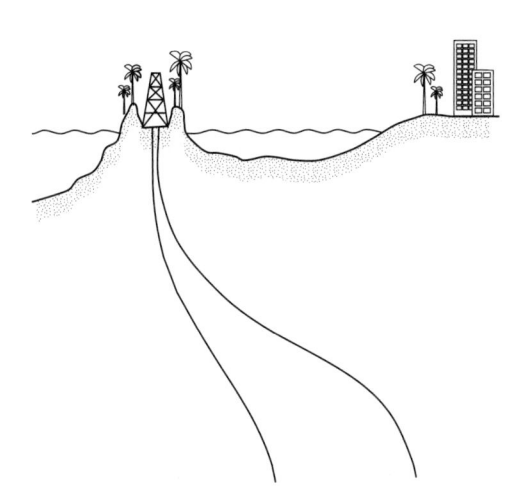

FIGURA 1.14   PERFURAÇÃO EM ÁREA DE PROTEÇÃO AMBIENTAL.

uma única locação, o que reduziu substancialmente a área que seria impactada pela perfuração dos mesmos. Note que esta aplicação é de grande importância em áreas onde existem grandes restrições ambientais.

1.1.7 Poços Direcionais em Zonas Fraturadas e em Áreas de Domos Salinos

Conectar as fraturas também é um objetivo importante para se aumentar a produtividade dos poços. O exemplo da figura 1.15 mostra a perfuração de um poço direcional no topo de um reservatório altamente fraturado como alternativa para se retardar a produção de água e, assim, garantir uma boa produtividade do óleo.

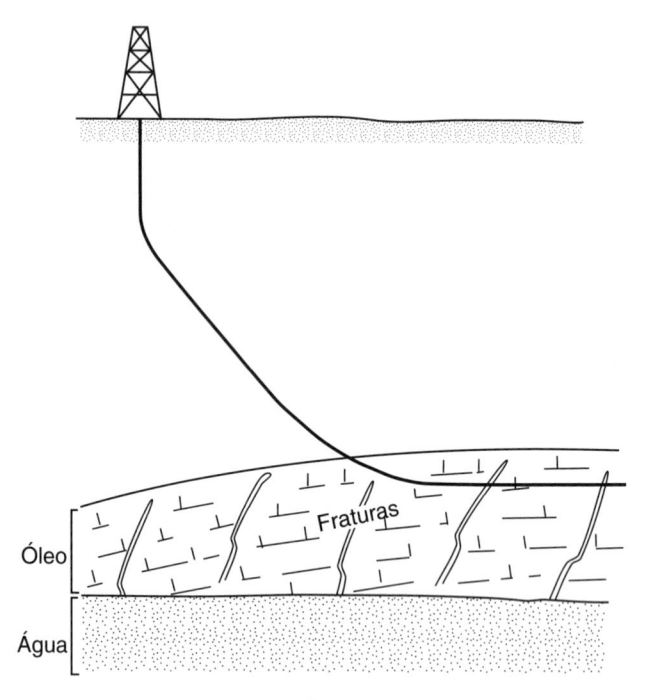

FIGURA 1.15 PERFURAÇÃO EM ZONAS FRATURADAS.

A perfuração através de um domo salino pode acarretar problemas que comprometem a estabilidade do poço. Nesse caso, um poço direcional pode atingir esse objetivo específico sem atravessar o domo salino, conforme mostrado na figura 1.16.

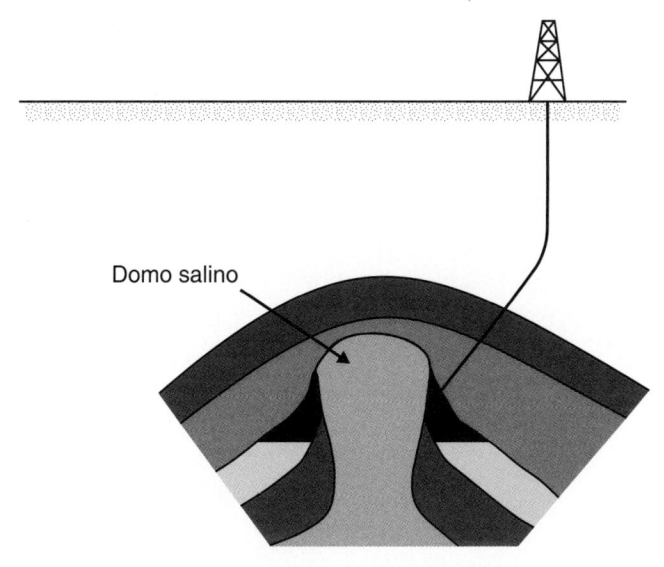

FIGURA 1.16 PERFURAÇÃO EM ÁREA DE DOMOS SALINOS.

1.1.8 Poços Direcionais para Controle de um *Blowout*

Muitos *blowouts* ocorrem de maneira catastrófica, pois destroem a plataforma, não permitindo sequer o acesso à mesma. Nestas situações, a perfuração de um poço direcional de alívio pode ser a única maneira de se controlar o *blowout*.

A figura 1.17 ilustra uma situação onde um poço direcional é perfurado de modo a atingir o poço que flui descontroladamente. Uma vez que esse poço atinge o poço em *blowout*, um fluido com peso específico e propriedades apropriadas é injetado de modo a retornar pelo poço problemático e controlar a erupção.

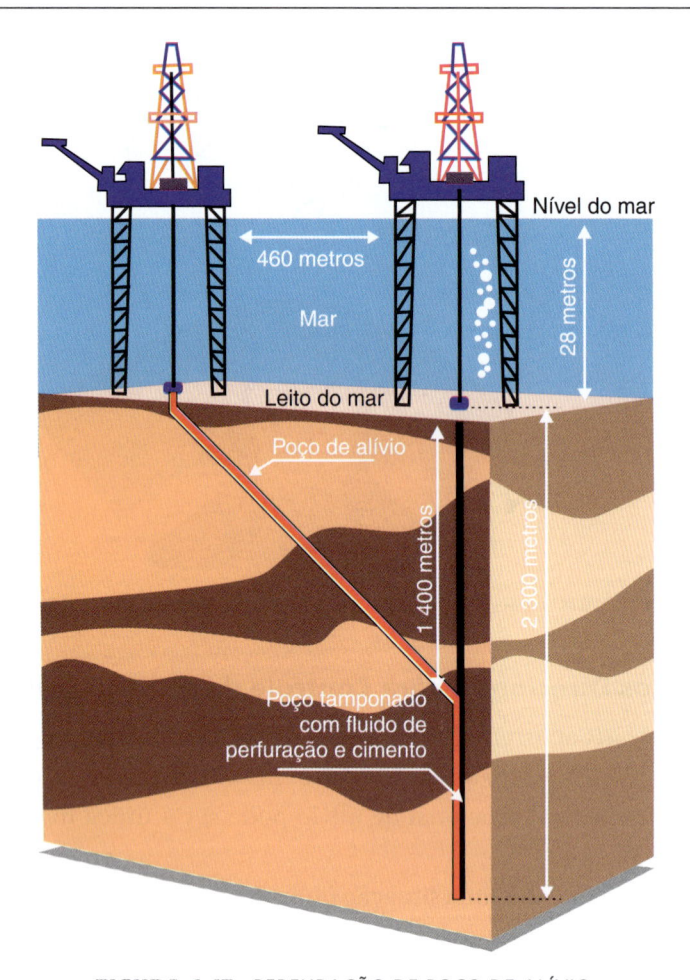

FIGURA 1.17 PERFURAÇÃO DE POÇO DE ALÍVIO.

1.1.9 Poços Multilaterais e Horizontais

A utilização de poços direcionais tem servido para desenvolver uma outra técnica, a perfuração de **poços multilaterais**. Como mostrado na figura 1.18, eles são "pernas" ou "ramos" perfurados de um mesmo poço, muitas vezes chamado de poço de origem ou poço-mãe. Os poços multilaterais são diferenciados através da classificação das junções de suas pernas com o poço-mãe, como pode ser visto mais adiante no item 5.3.

Poços horizontais são poços que atingem ângulos próximos de 90°. São, hoje, muito comuns, pois possibilitam a exposição de grandes trechos de reservatório, aumentando, assim, a vazão de óleo produzido. Mais detalhes serão fornecidos nos itens 2.2.4 e 5.1.

INTRODUÇÃO À PERFURAÇÃO DIRECIONAL   13

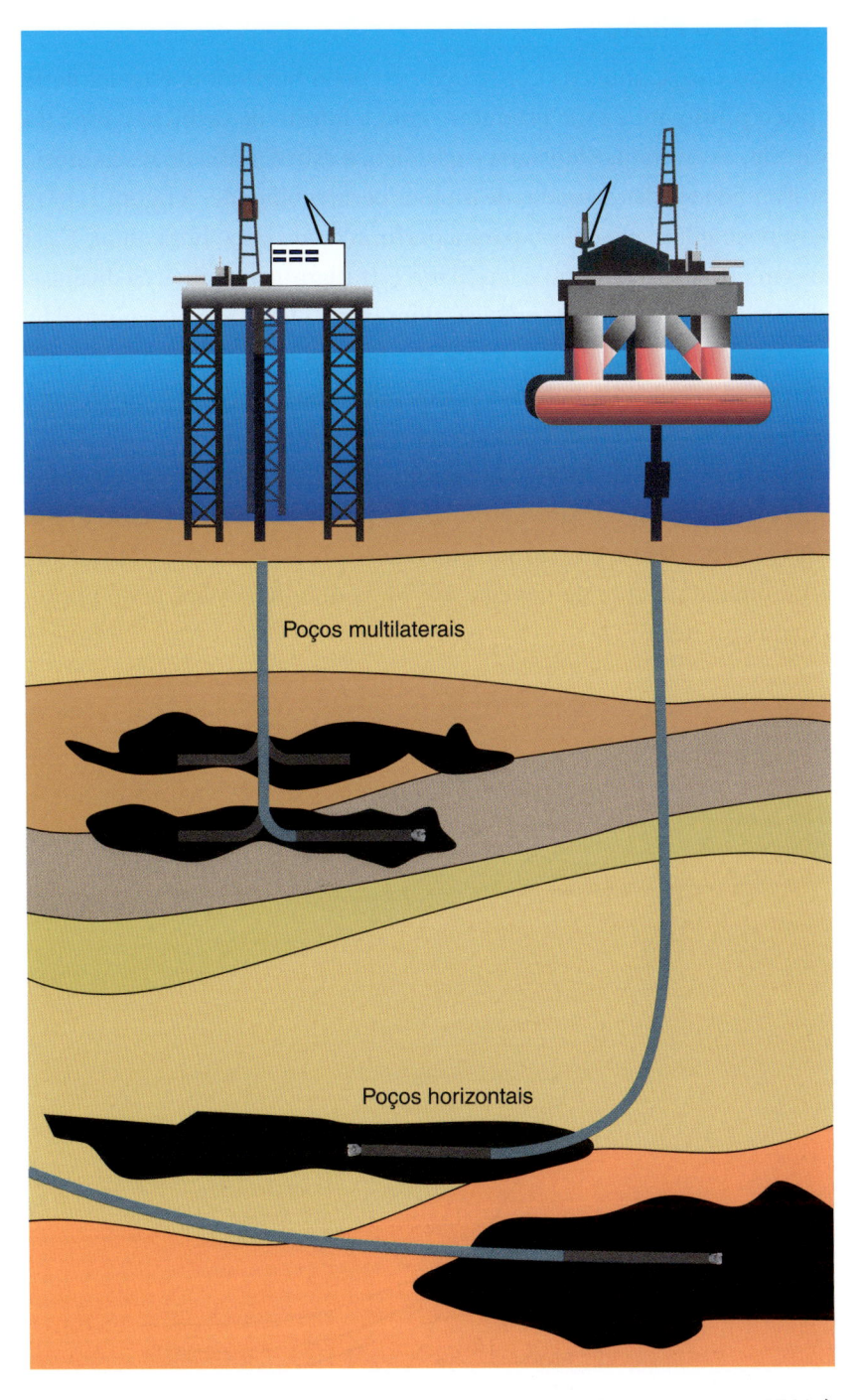

FIGURA 1.18   POÇOS MULTILATERAIS E HORIZONTAIS. (FONTE: HALLIBURTON.)

1.1.10 Poço Piloto

Em muitos casos, antes da construção do poço horizontal, é usual perfurar um **poço piloto** até a zona produtora com o intuito de verificar o topo do reservatório, os contatos óleo/água e gás/óleo, a estratigrafia do reservatório ou as profundidades das camadas de melhor permeabilidade. A figura 1.19 mostra um poço piloto e o desvio para a perfuração do poço horizontal. Existem casos em que o reservatório é laminado estratigraficamente e as diversas camadas têm propriedades petrofísicas diferentes. Dessa forma, é normal haver o interesse de que o poço horizontal permaneça na camada mais propícia à produção. A técnica de perfurar poços piloto pode reduzir o custo final do projeto em função da otimização geral da produtividade.

De maneira geral, deve-se posicionar a entrada do poço piloto na zona de interesse, o mais próximo possível do ponto planejado para o início da navegação no trecho horizontal do reservatório, para possibilitar maior confiabilidade na cota de navegação. Mais detalhes sobre poço piloto serão dados no item 5.2.

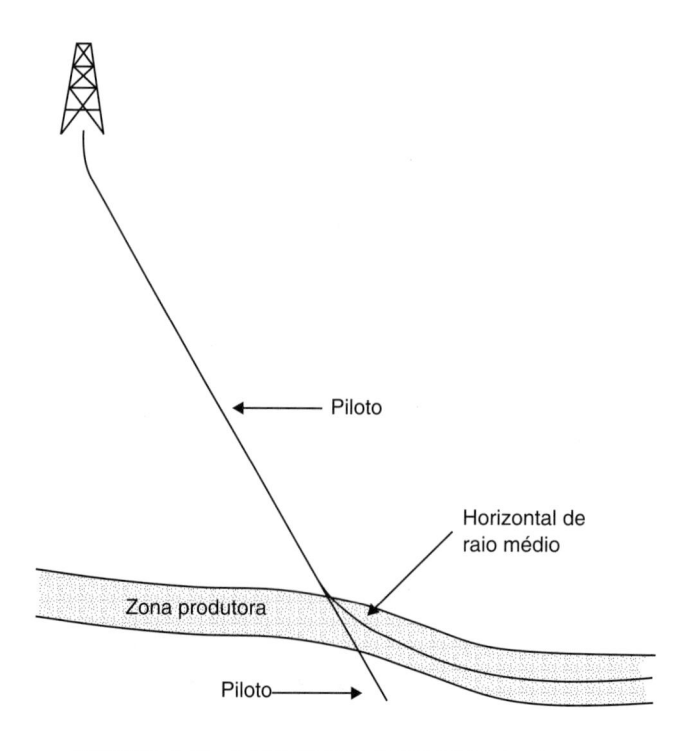

FIGURA 1.19 POÇO PILOTO E SEU DESVIO HORIZONTAL.

1.2 Definições Básicas

Nesta seção, serão apresentadas as definições básicas necessárias para uma melhor compreensão dos termos utilizados na perfuração direcional em geral.

1.2.1 Definições Gerais

a) Afastamento

Um poço é caracterizado como direcional quando a linha vertical passando pelo objetivo (*target*) está localizada a certa distância horizontal da cabeça do poço. Esta distância horizontal é chamada de **afastamento** do objetivo, e cada profundidade terá um determinado afastamento em relação à sua cabeça. A figura 1.20 mostra uma vista em corte de um poço direcional, contido em um plano vertical, partindo da cabeça do poço até o seu objetivo.

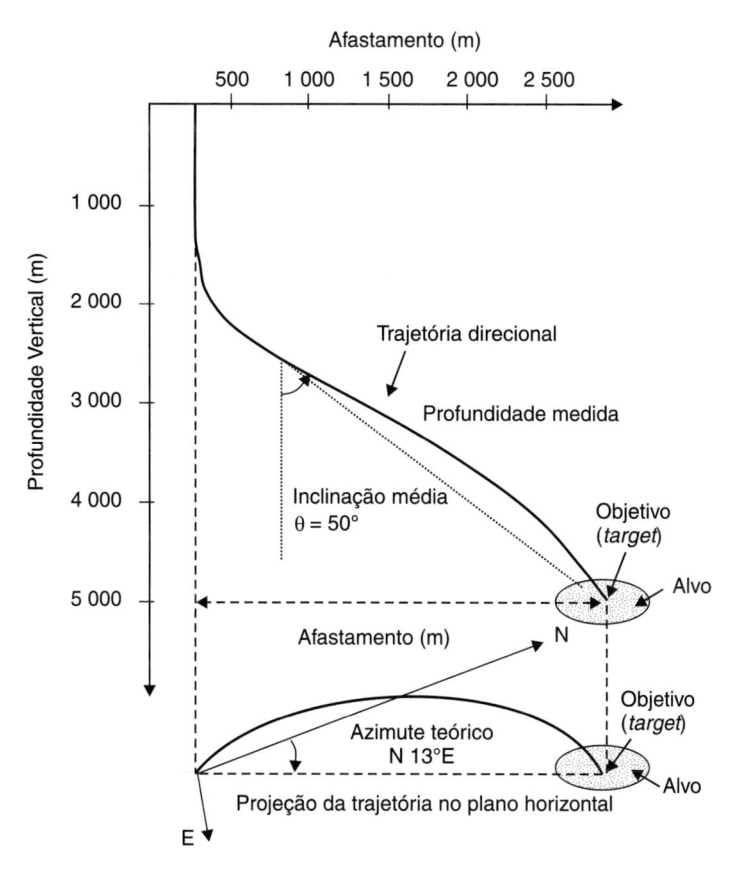

FIGURA 1.20 ESQUEMA TÍPICO DE POÇO DIRECIONAL.

b) Trajetória Direcional

Observando a figura 1.20, vemos que o caminho percorrido pela broca partindo da cabeça do poço até atingir o objetivo (ou o final do poço) define o que chamamos de **trajetória direcional**.

c) Profundidade Vertical e Profundidade Medida

A distância vertical da mesa rotativa a um ponto do poço é chamada de **profundidade vertical** (**PV** = *TVD* = *true vertical depth*), ao passo que a distância percorrida pela broca para atingir esta profundidade é chamada de **profundidade medida** (**PM** = *MD* = *measured depth*).

d) Objetivo, Alvo e Raio de Tolerância

O **objetivo** é o ponto no espaço que a trajetória deve atingir e uma das principais razões da existência do poço direcional. Geralmente, é definido pelo geólogo ou pelo engenheiro de reservatório e pode ser um ponto em profundidade ou mesmo uma seção inteira de formação. Além disso, um poço pode passar por vários objetivos.

O termo **alvo** é conhecido como sendo a área definida pelo **raio de tolerância**, ou seja, uma área ao redor do objetivo onde se considera que este será atingido. O uso da tolerância é uma maneira de compensar as várias incertezas geológicas e outras associadas à perfuração. O tamanho do raio de tolerância varia de acordo com o que se pretende com a perfuração do poço (exploratório, explotatório, estratigráfico, etc.), com o grau de certeza que se tem quanto às características do objetivo, à densidade de poços perfurados na mesma área e raio de drenagem. Para poços direcionais exploratórios, em geral, o raio fica em torno de 100 m; nos poços de desenvolvimento, pode variar de 5 a 50 m. Além disso, algumas vezes, o raio tem um valor em uma seção e outros valores em variadas seções. Veja, a seguir, um exemplo na figura 1.21.

e) Inclinação

A **inclinação** do poço é definida como sendo o ângulo entre o vetor local gravitacional e a tangente ao eixo do poço, como pode ser visto nas figuras 1.22A e 1.22B. Por convenção, temos que 0° é o ângulo para um poço vertical e 90°, para um horizontal.

INTRODUÇÃO À PERFURAÇÃO DIRECIONAL 17

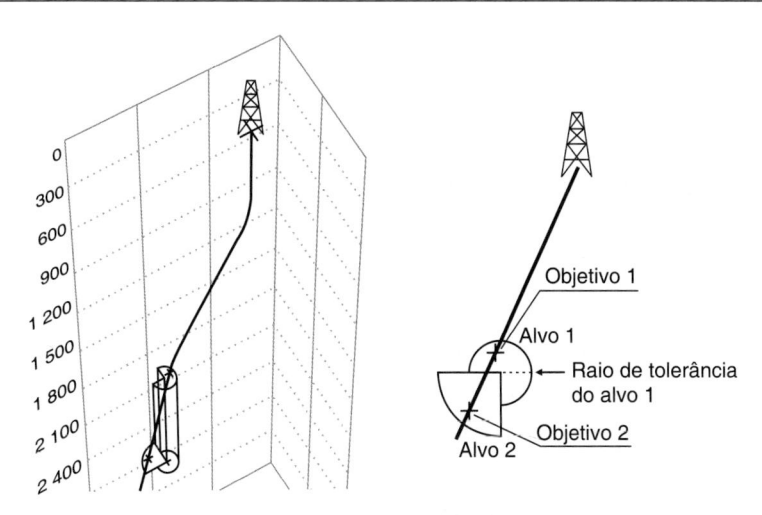

FIGURA 1.21 DOIS ALVOS, COM DIFERENTES RAIOS DE TOLERÂNCIA E OBJETIVOS DESCENTRALIZADOS.

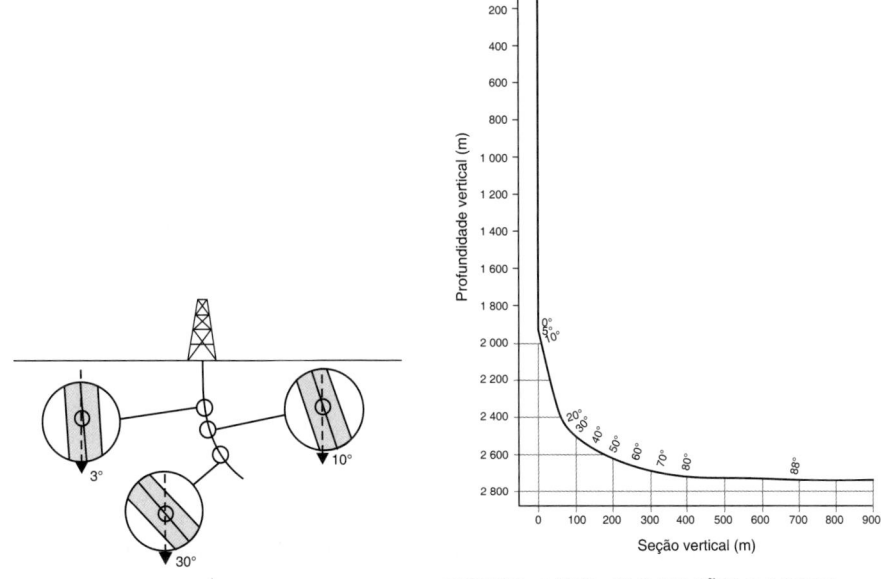

FIGURA 1.22A INCLINAÇÃO.

FIGURA 1.22B INCLINAÇÕES DO POÇO APRESENTADAS EM SEÇÃO VERTICAL.

f) Direção Base do Poço, Azimute e Rumo

A **direção base do poço** é definida como o ângulo formado entre a projeção horizontal do poço e o norte geográfico verdadeiro como mostra a figura 1.23A. Essa direção pode ser representada como azimute ou como rumo. O **azimute** varia de 0° a 360° medindo-se no sentido horário a partir do norte geográfico. O **rumo** varia de 0° a 90° e usa como referência os quadrantes NE, SE, SW e NW; o ZERO está no Norte e no Sul e cresce no sentido horário até 90° nos quadrantes NE e SW e no sentido anti-horário nos quadrantes SE e NW, conforme visto na figura 1.23B e 1.23C.

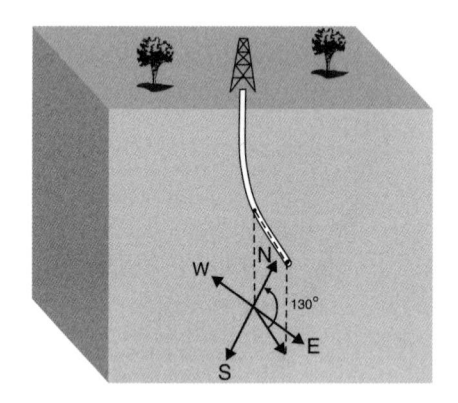

FIGURA 1.23A DIREÇÃO.

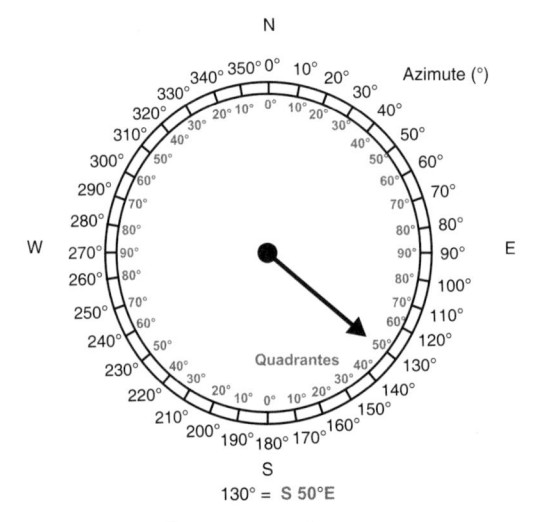

FIGURA 1.23B REPRESENTAÇÕES DA DIREÇÃO (EM AZIMUTE E EM QUADRANTES).

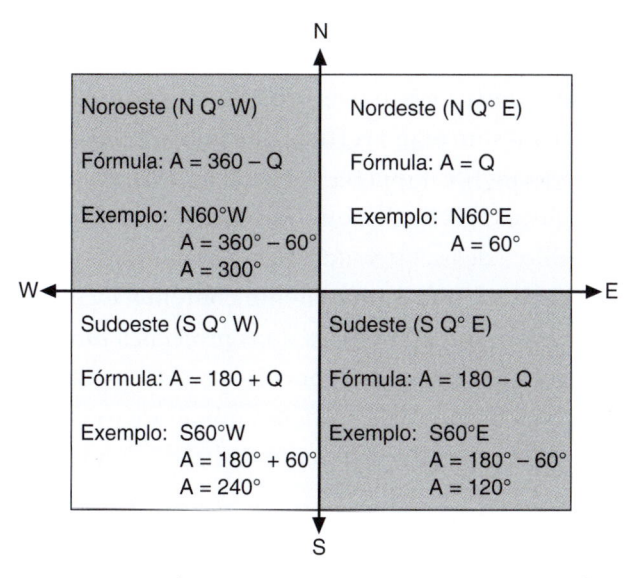

Noroeste (N Q° W) Fórmula: A = 360 – Q Exemplo: N60°W A = 360° – 60° A = 300°	**Nordeste (N Q° E)** Fórmula: A = Q Exemplo: N60°E A = 60°
Sudoeste (S Q° W) Fórmula: A = 180 + Q Exemplo: S60°W A = 180° + 60° A = 240°	**Sudeste (S Q° E)** Fórmula: A = 180 – Q Exemplo: S60°E A = 180° – 60° A = 120°

FIGURA 1.23C FÓRMULAS PARA TRANSFORMAR A DIREÇÃO EM QUADRANTES (Q) PARA AZIMUTE (A) E VICE-VERSA.

g) Orientação da Tool Face

A **orientação da *tool face*** é definida pelo ângulo (γ) formado pela face da ferramenta direcional e o lado alto (*highside*) do poço. Varia de 0° a 360°, no sentido horário, a partir do ponto *highside*, conforme figura 1.24.

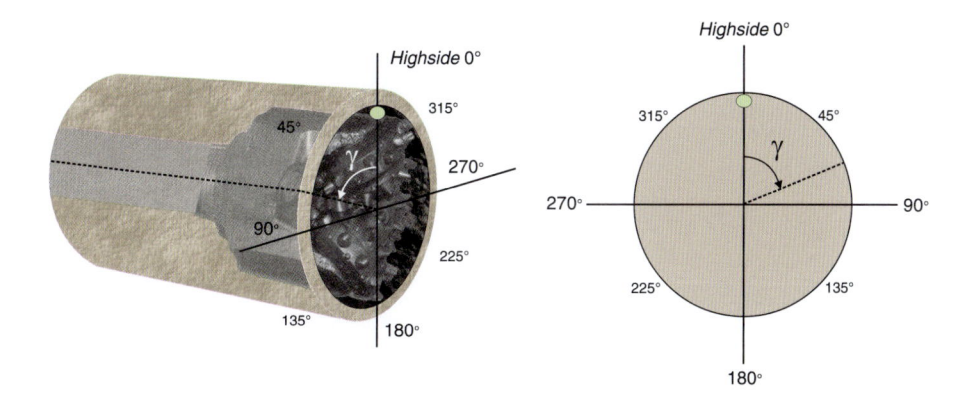

FIGURA 1.24 VISUALIZAÇÃO DA ORIENTAÇÃO DA *TOOL FACE* (γ) A PARTIR DE DESENHO ESQUEMÁTICO DE UMA COLUNA DE PERFURAÇÃO APONTADA PARA O FUNDO DO POÇO. *HIGHSIDE* É O LADO ALTO DO POÇO.

1.2.2 Projeções Horizontal e Vertical

Como é impossível perfurar um poço direcional sempre numa mesma direção (isto é, num mesmo plano vertical), devido a certos fatores que serão abordados posteriormente e que tendem a desviar lateralmente a broca, a trajetória de um poço direcional é uma curva no espaço. Para se obter uma representação gráfica dessa curva, ela é projetada em dois planos: um horizontal e outro vertical, que normalmente contêm a locação e o objetivo. As figuras 1.25 e 1.26 mostram essas duas projeções juntamente com os seus elementos geométricos e seus conceitos mais importantes. As figuras 1.25, 1.26 e 1.27 apresentam os gráficos comparativos entre o projeto da trajetória (em azul) e o que foi realmente realizado (em vermelho) a título ilustrativo.

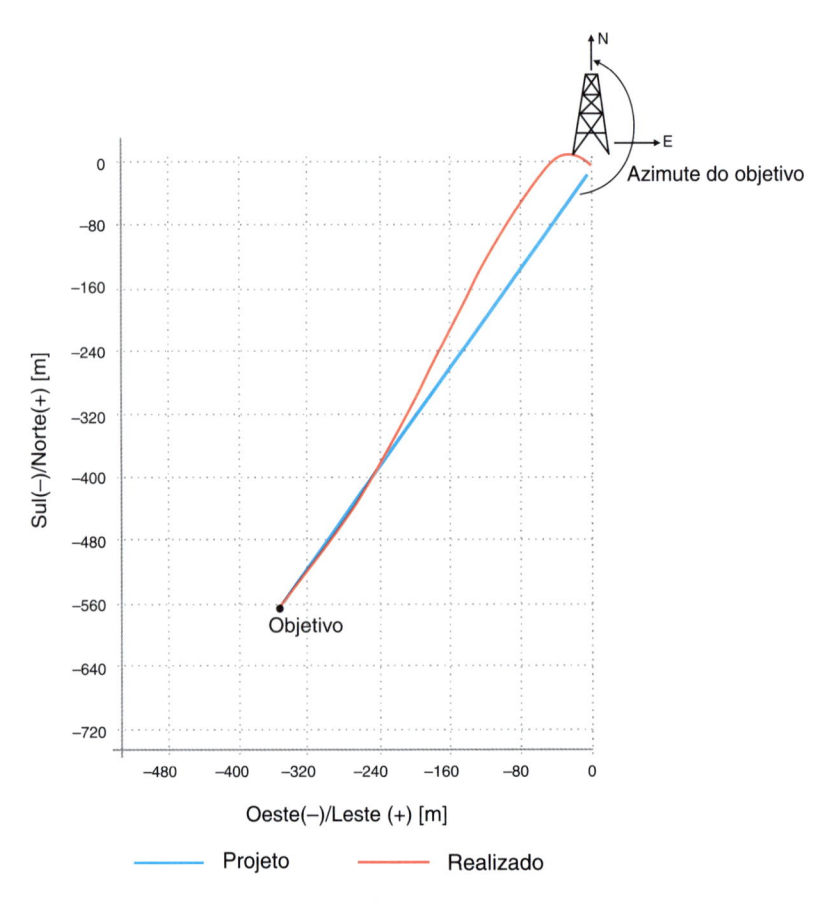

FIGURA 1.25 EXEMPLO DE PROJEÇÃO NO PLANO HORIZONTAL, ONDE PODE SER OBSERVADO TAMBÉM O AZIMUTE DO PROJETO DO POÇO.

a) Horizontal

A **projeção horizontal** possibilita uma visão do topo do poço direcional. Na projeção horizontal da figura 1.25, observa-se que os eixos são respectivamente as coordenadas locais Norte/Sul (N/S) e Leste/Oeste (L/O). Dessa forma, esta projeção é geralmente usada para visualizar e corrigir a direção durante a perfuração. Contudo, não se sabe em qual profundidade ou inclinação se encontra o poço.

b) Vertical

A **seção vertical** permite observar a **projeção vertical** do poço. Os eixos são, respectivamente, a profundidade vertical (PV) e o afastamento horizontal em relação a um determinado azimute do plano de projeção. Este gráfico auxilia a correção da inclinação do poço caso não esteja de acordo com o projeto. A importância da direção do plano de projeção é a de se evitar distorções na projeção vertical escolhida, como pode ser visto na figura 1.26.

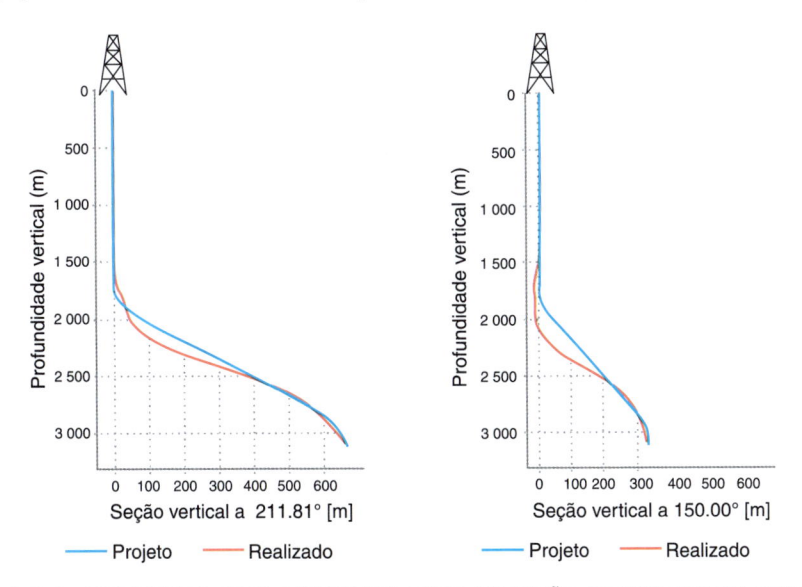

FIGURA 1.26 MESMO POÇO DIRECIONAL VISTO EM SEÇÃO (PLANEJADO EM AZUL E EXECUTADO EM VERMELHO) POR DUAS DIREÇÕES AZIMUTAIS DIFERENTES.

c) 3D ou Vista em 3D

A vista dita em **3D** é a representação do poço no espaço. Esta representação é muito útil, pois também permite a visualização de todas as outras vistas simultaneamente.

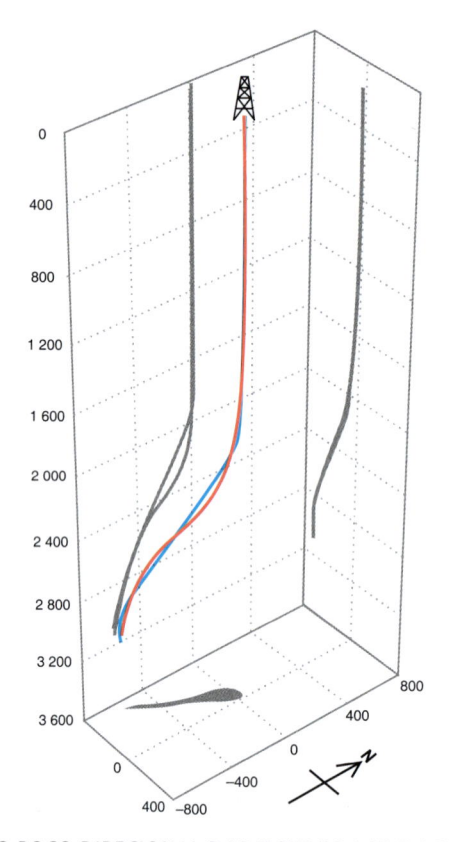

FIGURA 1.27 O POÇO DIRECIONAL DAS FIGURAS 1.25 E 1.26 VISTO EM 3D.

1.2.3 Definições Específicas para Poços Direcionais

A seguir, serão fornecidas definições específicas usadas na indústria do petróleo e que serão utilizadas ao longo desse livro. A figura 1.28 mostra os conceitos básicos obtidos da projeção vertical e utilizados para o planejamento de um poço direcional. São eles:

a) KOP

KOP, abreviação de *kickoff point*, é o começo da seção de ganho de ângulo (*buildup section*).

b) Estação e Inclinação do Poço a Cada Estação, α

Estação é um ponto de medição de profundidade, inclinação e direção durante a execução do poço. **Inclinação do poço a cada estação** é o ângulo obtido em cada estação que será representado pelo símbolo α.

c) Ângulo Máximo do Trecho Reto, θ

A todo final de seção de ganho ou perda de ângulo, atinge-se um **ângulo máximo** que será mantido constante em trecho reto, chamado de seção tangente, que será descrito mais adiante. Neste livro, o ângulo máximo será referenciado como θ.

d) Buildup, Buildup Rate e End-of-buildup

Buildup é a seção onde acontece o ganho de ângulo, na qual α (inclinação do poço a cada estação) varia com a profundidade. Normalmente, a seção *buildup* ocorre a uma taxa de ganho de ângulo constante chamada de **buildup rate** (**BUR**), a qual é expressa em graus/30 metros (ou graus/100 pés) e pode ser calculada pelas expressões:

$$BUR = \frac{K(\alpha_2 - \alpha_1)}{(M_2 - M_1)}$$

Onde:
α_1 = inclinação do poço na estação 1;
α_2 = inclinação do poço na estação 2;
M_1 = profundidade medida do poço na estação 1;
M_2 = profundidade medida do poço na estação 2;
K = 30 para BUR (graus/30 m) e 100 para BUR (graus/100 pés).

Em poços direcionais convencionais tipos I e II, que serão abordados no Capítulo 2, os valores mais utilizados para BUR estão entre 2° e 3°/30 metros (ou 2° e 3°/100 pés). O final do *buildup* é chamado de **EOB** (*end-of-buildup*) e ocorre quando o trecho reto seguinte é atingido.

Os diâmetros de poços mais utilizados em direcionais convencionais para execução do *buildup* são 17 ½" e 12 ¼". Se o ganho de ângulo ocorrer na fase de 26", perfura-se com broca de 17 ½" e alarga-se posteriormente para 26".

e) Seção Tangente ou Slant

Seção tangente ou *slant* é a seção onde a inclinação é mantida até atingir o objetivo ou até que haja uma nova seção de ganho ou perda de ângulo.

f) Início do Drop off (Perda de Ângulo)

Início do *drop off* é a profundidade onde o poço começa a perder ângulo, caso seja necessário. Em poços direcionais convencionais, os valores mais utilizados estão entre 1° e 2°/30 metros (ou 1° e 2°/100 pés).

g) Seção de Drop off

Seção de *drop off* é o trecho do poço onde ocorre perda de ângulo, expressa por um BUR negativo.

h) Dogleg (β) e Dogleg Severity (DLS)

Dogleg é o ângulo no espaço formado por dois vetores tangentes à trajetória do poço em dois pontos em consideração, de *dogleg*. O termo ***dogleg severity*** ou **DLS** refere-se ao ângulo dividido pelo comprimento perfurado ou a ser perfurado. É expresso em termos de graus por 30 metros ou por 100 pés.

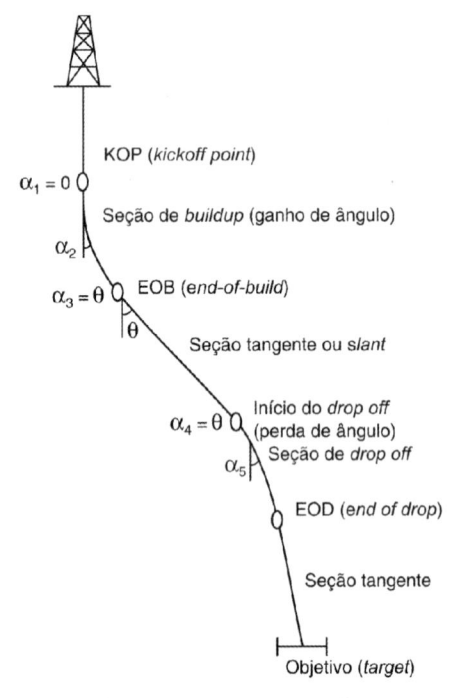

FIGURA 1.28 PONTOS BÁSICOS DE UMA TRAJETÓRIA DE POÇO DIRECIONAL.

i) Raio de Curvatura (R)

Raio de curvatura é o raio dos arcos de circunferência usados nos cálculos dos trechos de *buildup* e *drop off*.

j) Giro da Broca ou **Bit Walk**

É a tendência natural da broca de perfuração de se desviar na direção lateral durante a perfuração. Essa mudança de direção (ou giro) do poço acontece como consequência da rotação da coluna e da broca, ocorrendo normalmente para a direita. O desenho trajetória do poço e o planejamento das operações de perfuração devem considerar esse fato, principalmente em áreas onde o *bit walk* pode levar a grandes desvios na trajetória.

k) Ângulo Guia ou **Lead Angle**

É o ângulo entre a direção do objetivo e a direção para qual a *tool face* está apontando no início do intervalo de ganho de ângulo. Esse ângulo é definido pelo operador como forma de compensar o giro natural do poço durante a perfuração.

1.3 Classificação de Poços Direcionais

É muito comum classificar os poços direcionais de forma a se identificar o grau de severidade de cada um. As classificações mais comuns são quanto ao raio de curvatura, ao afastamento e ao giro.

1.3.1 Classificação quanto ao Raio de Curvatura

Quanto ao raio de curvatura, os poços podem ser classificados como sendo de raio longo, médio, intermediário e curto. Conforme mencionado anteriormente, o *buildup rate* (BUR) nos indica quantos metros de poço deverão ser perfurados para que haja uma variação de um grau na inclinação do poço. Como a variação da inclinação é considerada constante ao longo desse trecho do poço, o resultado é um arco de círculo com um determinado raio de curvatura "R". Neste caso, "R" é dado pelas expressões abaixo:

$$R = \frac{360 \times K}{2 \times \pi \times BUR}$$

Onde:
Para K = 30;
R = metros;
BUR = graus por 30 metros;

Para K = 100;
R = pés;
BUR = graus por 100 pés.

A figura 1.29 mostra esquematicamente as trajetórias dos poços de acordo com o raio de curvatura. A tabela 1.1 mostra valores típicos de BUR para cada tipo de poço.

Raios longos, cujos BUR variam de 2 a 4 graus/30 m, são os mais comuns na indústria, pois são geralmente poços mais suaves.

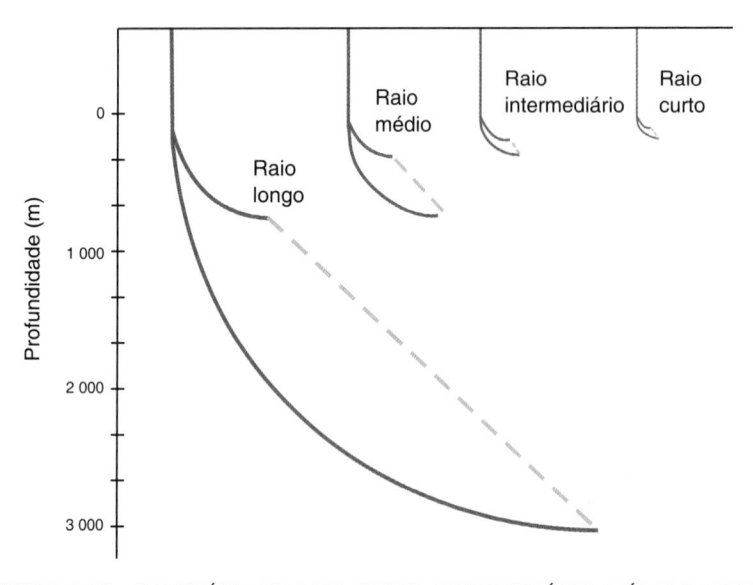

FIGURA 1.29 TRAJETÓRIA DE RAIO CURTO, INTERMEDIÁRIO, MÉDIO E LONGO.

TABELA 1.1 CLASSIFICAÇÃO DA TRAJETÓRIA QUANTO AO RAIO.

Classificação	Buildup Rate (BUR) em (°/30 metros)	Raio (m)
Raio longo	2 – 8	859 – 215
Raio médio	8 – 30	215 – 57
Raio intermediário	30 – 60	57 – 29
Raio curto	60 – 200	29 – 9

Exemplo: qual seria a classificação de um poço quanto ao raio de curvatura, considerando que o projeto exija que a inclinação suba 4,5° a cada 12 m?

Solução: se a cada 12 m o poço vai variar 4,5°, então a cada 30 m deverá variar 11,25°, ou seja, o BUR é de 11,25°/30 m. Da tabela, tiramos que o poço é de raio médio e o raio será de: R = (360 × 30)/(2 × π × BUR), ou seja, R = 152,79 m.

1.3.2 Classificação quanto ao Afastamento do Objetivo

Quanto ao afastamento do objetivo, os poços podem ser classificados em: convencional, de grande afastamento ou ERW (*extended reach well*) e de afastamento severo ou S-ERW (*severe extended reach well*). Essa classificação está relacionada com a razão entre o afastamento e a profundidade vertical (PV), descontando a lâmina d'água (LA) para poços marítimos. A classificação quanto ao afastamento é mostrada na tabela 1.2.

TABELA 1.2 CLASSIFICAÇÃO DA TRAJETÓRIA QUANTO AO AFASTAMENTO.

Tipo de Poço	Afastamento / (PV-LA)
Convencional	< 2
De grande afastamento	2 – 3
De afastamento severo	> 3

1.3.3 Classificação quanto ao Giro

Quanto ao giro, os poços podem ser classificados como aqueles que ficam em um único plano (2D – bidimensional, figura 1.30A) ou os que cortam vários planos (3D – tridimensional, figura 1.30B). Esses últimos são conhecidos como *designer wells* ou "poço de projetista".

Designer wells são poços que não ficam contidos em um único plano vertical. Pela figura 1.30B, vê-se que isso ocorre devido aos giros que esses poços podem apresentar. Poços classificados como *designer wells* podem ter grandes profundidades medidas e relativamente pequenos afastamentos.

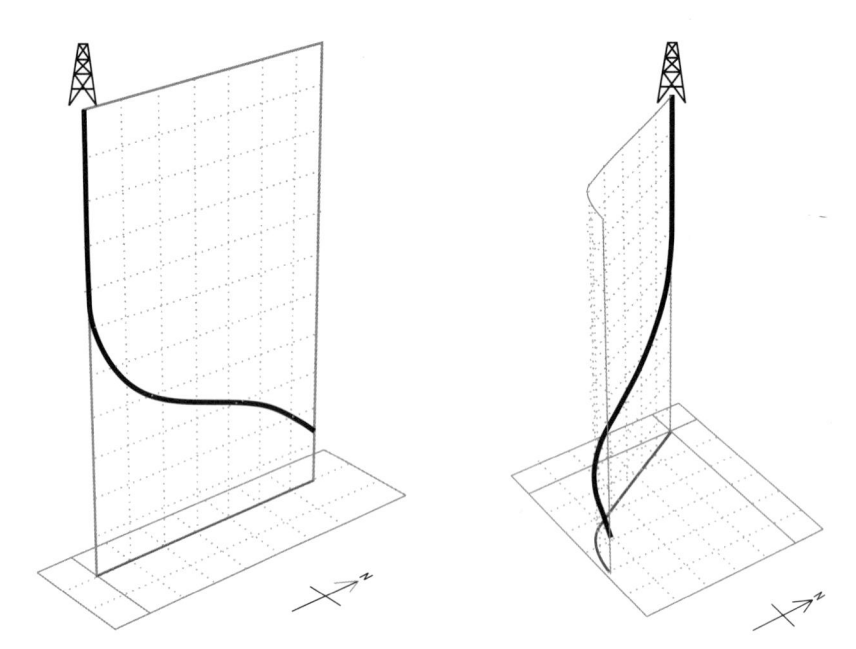

FIGURA 1.30A POÇO BIDIMENSIONAL (2D) CONTIDO EM UM ÚNICO PLANO VERTICAL.

FIGURA 1.30B POÇO *DESIGNER WELL* (3D) CONTIDO EM MAIS DE UM PLANO VERTICAL.

1.4 Sistemas de Referência

Coordenadas são elementos que servem para determinar a posição de um ponto em relação a um sistema de referência, o que em termos de perfuração direcional significa saber a posição do poço a cada metro planejado e perfurado.

As coordenadas geográficas são provavelmente o tipo de representação mais familiar para a maioria das pessoas. Neste tipo de representação, todos os pontos da superfície terrestre são localizados pelo cruzamento de duas linhas imaginárias, separadas em intervalos regulares e medidas em graus: latitude (ou paralelos) e longitude (ou meridianos).

As latitudes, ou paralelos, são as linhas paralelas ao Equador, com distâncias medidas em graus partindo do próprio Equador, variando de 0° até 90° norte e sul. A rotação da Terra estabelece um eixo imaginário, cuja intersecção com a superfície terrestre estabelece os dois pólos. O meio do caminho entre os pólos é a linha do Equador.

As longitudes, ou meridianos, são as linhas paralelas ao meridiano de Greenwich. Os meridianos são linhas imaginárias, medidas em graus, partindo de Greenwich (0°) até 180° para oeste e leste. Meridiano de Greenwich é o meridiano inicial, ou zero, estabelecido em 1884 por acordo internacional, que tem como referência o meridiano que passa pelo Observatório Astronômico Real Inglês, na cidade de Greenwich, próxima a Londres, Inglaterra.

Uma maneira de identificar a posição de objetos na superfície da Terra, e bastante difundida na indústria de petróleo, é através do uso dos chamados sistemas de referência terrestres ou geodésicos. Estes, por sua vez, estão associados a uma superfície que mais se aproxima da forma da Terra, e sobre a qual são desenvolvidos todos os cálculos das suas coordenadas.

As coordenadas geradas pelos sistemas geodésicos podem ser apresentadas basicamente de duas formas, dependendo do tipo de superfície que for usada. Em uma superfície esférica, recebem a denominação de coordenadas geodésicas; já em uma superfície plana, recebem a denominação da projeção, a qual está associada, por exemplo, às coordenadas planas UTM que serão abordadas mais adiante.

1.4.1 Sistemas de Referência Geodésicos

As coordenadas referidas aos sistemas de referência geodésicos são normalmente apresentadas em três formas: planas, cartesianas e geodésicas (ou elipsoidais).

a) Sistema de Coordenadas Planas

As coordenadas referidas a um determinado sistema de referência geodésico podem ser representadas no plano através dos componentes norte (*northing*) e leste (*easting*) e são o tipo de coordenadas regularmente encontrado em mapas. Para representar as feições de uma superfície curva em plana, são necessárias formulações matemáticas chamadas de mapas (ou métodos) de projeções. Diferentes projeções poderão ser utilizadas na confecção de mapas; no Brasil, a projeção mais utilizada é a Universal Transversa de Mercator (UTM). Para se usar mapas de projeção, é necessário definir os chamados datums geodésicos, que serão abordados mais adiante.

Métodos de Projeção

Vários são os métodos de projeção para transformar o globo terrestre em um plano, como pode ser visto na figura 1.31. Os mapas de projeção mais usados no mundo foram desenvolvidos por Johann Heinrich Lambert e são descritos a seguir.

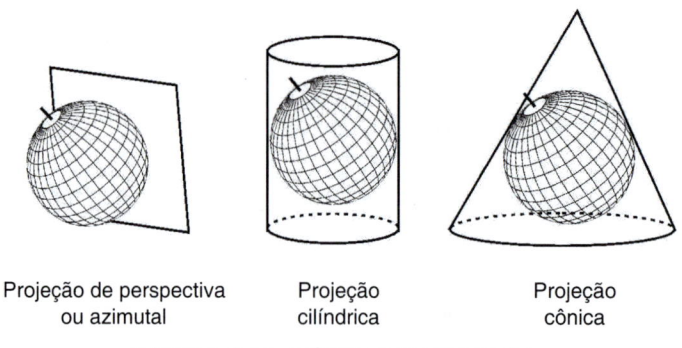

FIGURA 1.31 MÉTODOS DE PROJEÇÃO.

Projeção de perspectiva ou azimutal — Projeção cilíndrica — Projeção cônica

a) Projeção Cônica

A projeção cônica de Lambert (figura 1.32) é feita através da projeção em um cone. Este método é usado nas regiões de médias latitudes, por exemplo, EUA, e as coordenadas são geralmente dadas em pés. O seu uso, no entanto, não é comum na indústria do petróleo.

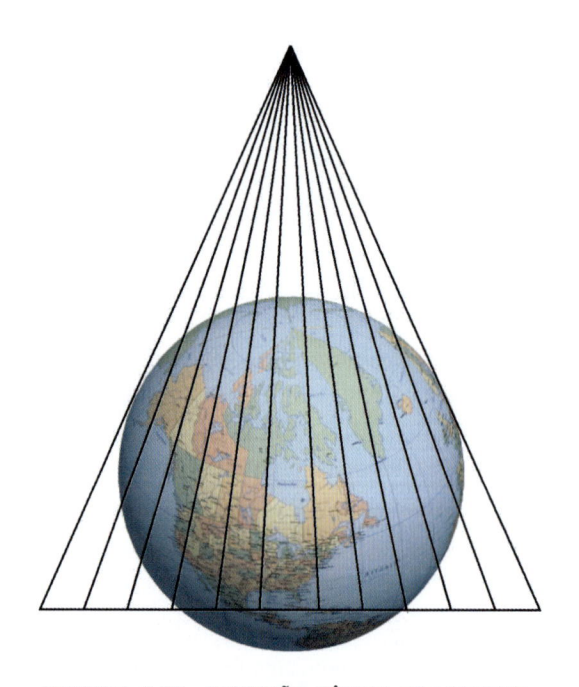

FIGURA 1.32 PROJEÇÃO CÔNICA DE LAMBERT.

b) Projeção Transversa de Mercator

O mapa de projeção mais comum é denominado transversa de mercator (TM) e foi desenvolvida por Lambert em 1772. Nesse tipo de projeção, o globo terrestre é envolvido em um cilindro para realizar as projeções e é dividido em dois tipos: padrão e transverso.

- Projeção Mercator Padrão
  Como mostrado na figura 1.33, neste método, um cilindro envolve o globo na linha do Equador, o que ocasiona distorções nos pólos. Não é usada na indústria de petróleo.

FIGURA 1.33 PROJEÇÃO MERCATOR PADRÃO.

- Projeção Mercator Transverso (**UTM** – *Universal Transverse Mercator*)
  O mapa de projeção mais usado no mundo é a *universal transverse mercator*, mais conhecida como UTM. Como mostrado na figura 1.34, neste método, um cilindro envolve o globo no meridiano, minimizando, assim, as distorções no pólo. Este método irá gerar as coordenadas UTM que são amplamente utilizadas na perfuração de poços.

FIGURA 1.34 PROJEÇÃO MERCATOR TRANSVERSO (UTM).

Este modelo é adotado por cerca de 60 países, incluindo o Brasil. Sua restrição é que não é indicado para latitudes acima de 84° norte e 80° sul, onde se utiliza o *Universal Polar Stereographic* (UPS).

A UTM projeta seções do globo sobre uma superfície plana, e cada uma destas seções é chamada de "zona", cuja largura é de 6°.

Cada zona, que tem sua origem na interseção de seu meridiano central e o Equador, é planificada por um quadrado imposto sobre ela. Por isso, suas bordas delimitadoras são curvadas quando desenhadas em um mapa plano, pois elas seguem as linhas dos meridianos do globo terrestre.

Existem 60 zonas para cobrir a terra inteira entre 84° norte e 80° sul (áreas polares não são descritas por UTM, conforme dito anteriormente). A primeira zona parte do meridiano de 180°, conforme pode ser visto na figura 1.35. As áreas leste e oeste do meridiano de Greenwich são cobertas pelas zonas 30 e 31, respectivamente.

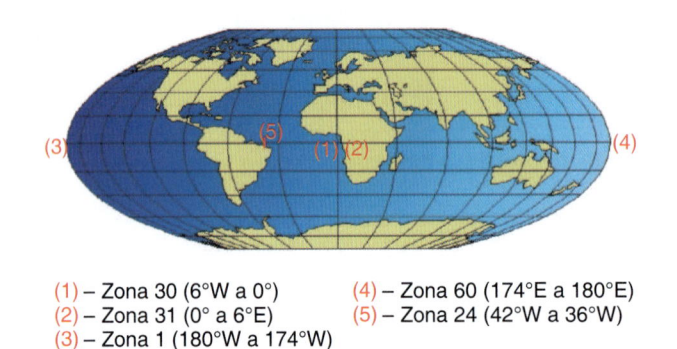

(1) – Zona 30 (6°W a 0°)
(2) – Zona 31 (0° a 6°E)
(3) – Zona 1 (180°W a 174°W)
(4) – Zona 60 (174°E a 180°E)
(5) – Zona 24 (42°W a 36°W)

FIGURA 1.35 DIVISÃO DO GLOBO EM ZONAS DA PROJEÇÃO MERCATOR TRANSVERSO (ZONAS UTM). OS NÚMEROS ENTRE PARÊNTESES MOSTRAM ALGUNS EXEMPLOS DE ZONAS UTM.

Qualquer posição de um objeto em coordenadas UTM é descrita através de três elementos: (a) a zona em que ela está, (b) o *easting* e o (c) *northing*. *Easting* é uma medida leste/oeste e corresponde grosseiramente à longitude. *Northing* é uma medida norte/sul e corresponde grosseiramente à latitude.

As coordenadas UTM norte (*northing*) e leste (*easting*) são estabelecidas da seguinte forma para cada zona UTM, conforme figura 1.36:

- *Northing* (Y): mede-se sempre a partir da linha do Equador. Acima do Equador, inicia-se com zero metro e os valores aumentam na direção norte. Abaixo do Equador, inicia-se com 10 000 000 m e os valores diminuem na direção sul.
- *Easting* (X): o meridiano central corresponde ao valor 500 000 m. Os valores crescem do Oeste para o Leste de 0 m no extremo Oeste até 1 000 000 m no extremo Leste.

Nota: A Petrobras adota a denominação X para *Northing* e Y para *Easting*. Dessa forma, todas as fórmulas contidas neste livro, seguem o padrão UTM Petrobras.

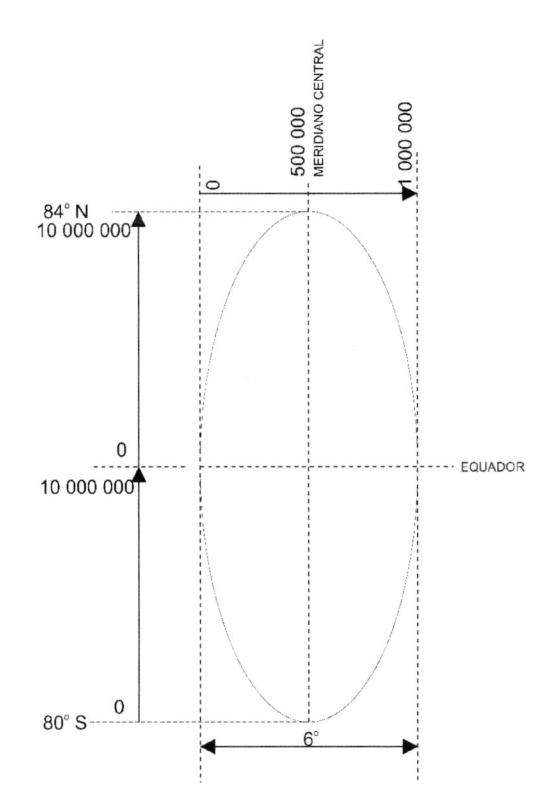

FIGURA 1.36 INTERVALO DE VALORES *NORTHING* E *EASTING* PARA CADA ZONA UTM.

As zonas **UTM** do Brasil podem ser identificadas na figura 1.37.

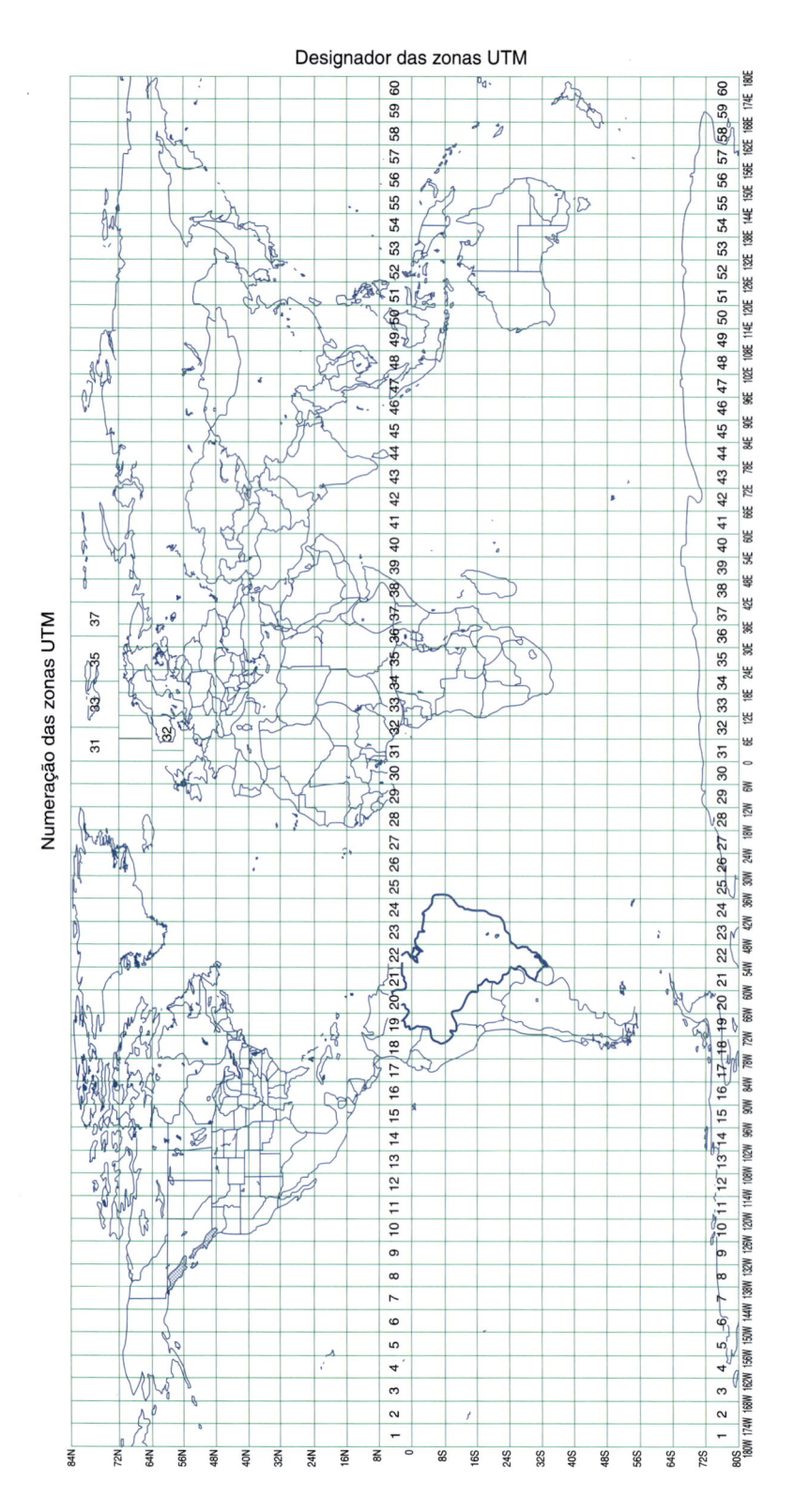

FIGURA 1.37 ZONAS DA PROJEÇÃO MERCATOR TRANSVERSO (ZONAS UTM).

Exemplo: um poço da bacia de Campos, no Estado do Rio de Janeiro, que estiver contido no meridiano central 39°W, pertence a qual zona UTM?

Solução: graficamente, podemos localizar o poço na UTM 24 sul (sul, pois corresponde ao Hemisfério Sul) e, posteriormente, conferir os limites desta fatia do globo. A zona **UTM 24 SUL** é delimitada pelos meridianos **42°W e 36°W**.

b) Sistema de Coordenadas Cartesianas

Um sistema coordenado cartesiano no espaço 3D é caracterizado por um conjunto de três retas (x, y e z) denominadas eixos coordenados, mutuamente perpendiculares. A associação do sistema cartesiano a um sistema de referência geodésico recebe a denominação de sistema cartesiano geodésico (CG) (figura 1.38) de tal maneira que:

- O eixo X: coincide com o plano equatorial, positivo na direção de longitude 0°.
- O eixo Y: coincide com o plano equatorial, positivo na direção de longitude 90°.
- O eixo Z: é paralelo ao eixo de rotação da Terra e positivo na direção norte.
- Origem: se está localizada no centro de massas da Terra (geocentro), as coordenadas são denominadas de geocêntricas, usualmente utilizadas no posicionamento de satélites.

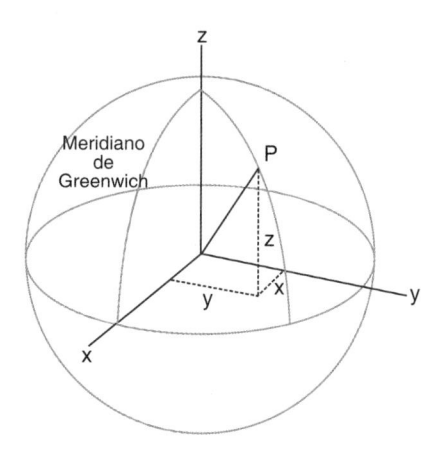

FIGURA 1.38 CORDENADAS CARTESIANAS GEOCÊNTRICAS (X, Y, Z).

Porém, embora simples, esse sistema não é utilizado na indústria do petróleo.

c) Sistemas de Coordenadas Geodésicas

Independente do método utilizado para se representar ou projetar uma determinada superfície no plano, deve-se adotar uma superfície que sirva de referência, garantindo uma concordância das coordenadas na superfície esférica da Terra. Com este propósito, deve-se escolher uma figura geométrica regular, muito próxima da forma e da dimensão da Terra, a qual permite, mediante um sistema coordenado, posicionar espacialmente as diferentes entidades topográficas. Esta figura recebe a denominação de elipsoide e as coordenadas referidas a ela são denominadas de latitude e longitude geodésicas.

As definições de coordenadas geodésicas de um ponto qualquer P na superfície do elipsoide são (conforme figura 1.39):

- **Latitude geodésica:** é o ângulo contado sobre o meridiano que passa por P, compreendido entre a normal passante por P e o plano equatorial.

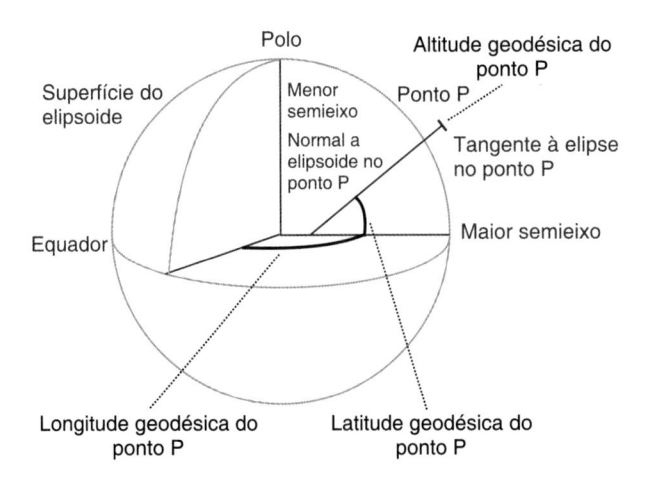

FIGURA 1.39 COORDENADAS GEODÉSICAS (LATITUDE E LONGITUDE).

- **Longitude geodésica:** é o ângulo contado sobre o plano equatorial, compreendido entre o meridiano de Greenwich e o ponto P.
- **Altitude elipsoidal:** corresponde à distância de P à superfície do elipsoide medida sobre a sua normal.

d) Sistema Local de Referência

Em muitos casos, o profissional de direcional usa sistemas locais de referências para o seu trabalho diário. Naturalmente que esses sistemas devem ter uma clara relação entre os sistemas de referências apresentados anteriormente de modo que eles possam ser intercambiáveis.

Geralmente, um sistema local de referência tem sua origem posicionada em um ponto já identificado em um dos sistemas de referências descritos anteriormente, e chamados aqui de sistemas de referências oficiais. Um exemplo comum de uso de sistema local de referência é quando se refere à posição dos poços ou aos objetivos com relação à coordenada central da plataforma. Isso é o caso de algumas plataformas marítimas de onde vários poços serão perfurados de um *template* ou *cluster* (ou conjunto de guias). Neste caso, o sistema local de referência tem origem no centro do *template*, que por sua vez foi posicionado em um sistema de referência oficial. A figura 1.40 ilustra de forma esquemática o uso de um sistema local.

Os sistemas locais de referências mais usados são baseados nos sistemas de coordenadas cartesianos ou retangulares e nos sistemas de coordenadas polares.

Os sistemas de coordenadas polares podem ser facilmente obtidos do sistema de coordenadas cartesianas discutido anteriormente. Eles são expressos em distância (afastamento) e direção (tanto em termos de quadrante como azimute), como mostra a figura 1.41.

38 PERFURAÇÃO DIRECIONAL

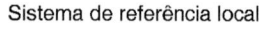

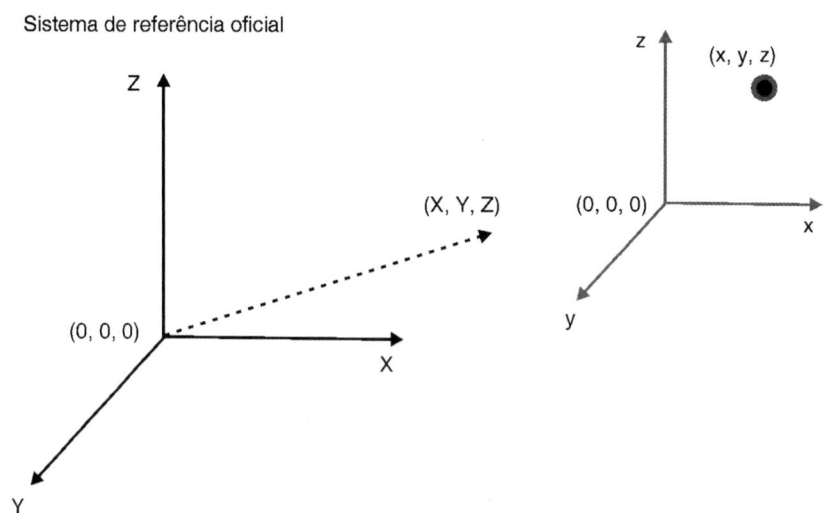

FIGURA 1.40 SISTEMA LOCAL DE REFERÊNCIA RELACIONADO A UM SISTEMA OFICIAL DE REFERÊNCIA.

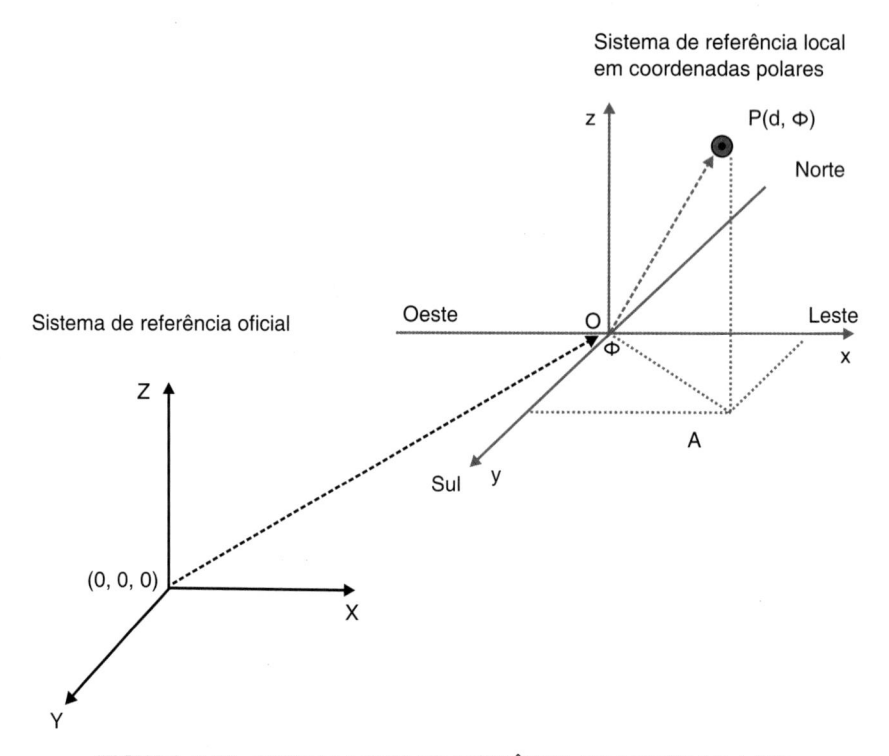

FIGURA 1.41 SISTEMA LOCAL DE REFERÊNCIA RELACIONADO A UM SISTEMA OFICIAL DE REFERÊNCIA EXPRESSO EM COORDENADAS POLARES.

1.4.2 Referencial Geodésico (*Datum*)

Referencial geodésico, também conhecido pelo termo **datum geodésico**, ou simplesmente **datum**, é um conjunto de parâmetros que definem o tamanho e a forma da Terra e a origem e a orientação do sistema de coordenadas usado para mapear a própria Terra. Centenas de diferentes tipos de **data** já foram usados para identificar posições de objetos desde que as primeiras estimativas do tamanho da Terra foram feitas por Aristóteles. **Data** evoluiriam de formas esféricas para modelos elipsoidais derivados de anos de medições feitas por satélites. É importante ter em mente que referenciar coordenadas geodésicas a um *datum* errado pode resultar em erros de centenas de metros.

Um *datum*, geralmente, consiste da definição de um elipsoide, da definição da relação desse elipsoide com a superfície da Terra (figura 1.42), da definição da unidade de comprimento a ser usada, de um nome oficial e da região da superfície da Terra de onde se pretende fazer as medições.

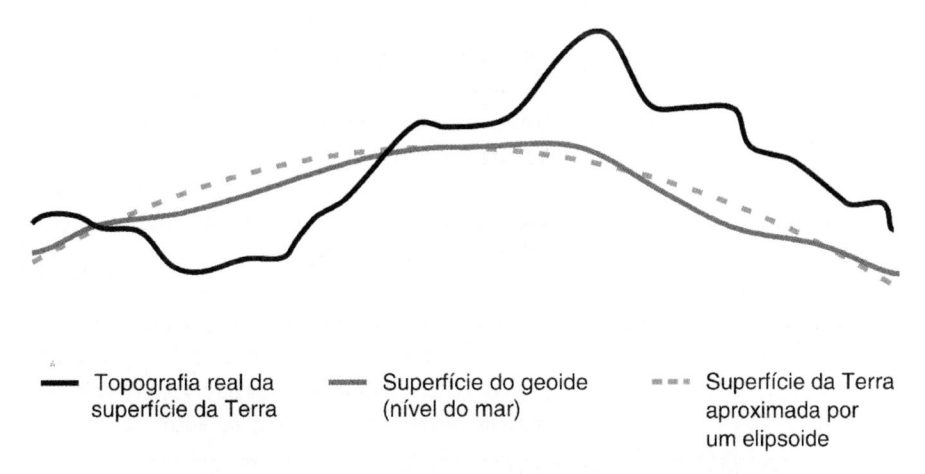

FIGURA 1.42 APROXIMAÇÃO DA TOPOGRAFIA DA SUPERFÍCIE DA TERRA POR UM MODELO BASEADO NUM ELIPSOIDE. (FONTE: WWW.COLORADO.EDU/GEOGRAPHY/GCRAFT/NOTES/DATUM/DATUM_F.HTML.)

Os estudos geodésicos mais recentes mostraram valores diferentes para os elementos do elipsoide, medidos nos vários pontos da Terra. Isso faz com que cada região deva adotar como referência o elipsoide mais indicado. Alguns *data* utilizados no Brasil são mostrados na tabela 1.3.

TABELA 1.3 ALGUNS *DATA* UTILIZADOS NO BRASIL.

Datum	elipsoide	Comentários
SAD–69	GRS-67	SAD (South American *Datum* de 1969): *datum* local considerado como referencial geodésico oficial do Brasil desde 1977. Implementado pelo IBGE, é adotado pela ANP (Agência Nacional do Petróleo) e pela PETROBRAS nas bacias de Solimões, Paraná, Parecis, Acre, Tacutu, Amazonas e São Francisco.
Córrego Alegre	Hayford*	Primeiro referencial planimétrico oficial do Brasil. Foi criado no início da década de 1960 e implementado pelo IBGE.
Aratu	Hayford*	Desenvolvido e utilizado somente pela PETROBRAS desde a década de 1950. Foi adotado como ponto-origem ou vértice VT Aratu, pertencente à Marinha do Brasil e localizado na Base Naval de Aratu/BA. A sua realização se estende ao longo das bacias marítimas e terrestres próximas ao litoral desde o Rio Grande do Sul até o Ceará.
WGS–84	GRS-80	(World Geodetic System de 1984) – *Datum* geocêntrico utilizado pelo GPS.
SIRGAS	GRS-80	Sistema de referência geocêntrico para as Américas. Sua utilização foi recomendada pela Sétima Conferência Cartográfica das Nações Unidas para as Américas em janeiro de 2001.
PSAD–56	Hayford*	(Provisional South American *Datum* de 1956): *datum* local planimétrico diretamente correlacionado aos levantamentos que utilizaram transportes geodésicos a partir da rede HIRAN no trecho que se estende pela faixa litorânea do Amapá ao Maranhão. Os trabalhos de exploração localizados na bacia de Foz do Amazonas estão, em geral, relacionados a este referencial.

* elipsoide de Hayford também conhecida como Internacional 1924.

Exemplo da Utilização do Sistema de Coordenadas Aplicado à Perfuração

O estabelecimento da posição da locação do poço e dos objetivos em um mesmo sistema referencial geodésico é o primeiro passo para o traçado de sua trajetória. Dessa forma, define-se como exemplo:

- O sistema coordenadas: UTM.
- O elipsoide ou *datum*: Aratu.
- A zona UTM: zona 24 sul (que corresponde ao intervalo entre os meridianos 42W para 36W).
- As coordenadas planas UTM: *Northing* e *Easting*.

Uma outra opção seria fornecer as coordenadas geodésicas da cabeça do poço em conjunto com seu elipsoide.

- Elipsoide.
- Latitude.
- Longitude.

A tabela 1.4 mostra dados de um poço e a correspondência entre as duas opções de coordenadas discutidas anteriormente.

De posse dessas coordenadas UTM da locação do poço (p) e dos objetivos (o), é possível calcular o afastamento horizontal (D) da sonda ao objetivo e a direção (azimute) deste afastamento, segundo as fórmulas a seguir.

$$Afastamento(D) = \sqrt{(x_o - x_p)^2 + (y_o - y_p)^2}$$

$$Direção\ (azimute) = arctg\left(\frac{y_o - y_p}{x_o - x_p}\right) = arctg\left(\frac{\Delta\ coordenadas\ leste}{\Delta\ coordenadas\ norte}\right)$$

Onde:
x_o = coordenada UTM norte do objetivo;
y_o = coordenada UTM leste do objetivo;
x_p = coordenada UTM norte do poço;
y_p = coordenada UTM leste do poço.
   Nota: Padrão UTM da Petrobras.

TABELA 1.4 EXEMPLO DE RELATÓRIO DE TRAJETÓRIA DE POÇO COM A IDENTIFICAÇÃO DAS COORDENADAS UTM E GEODÉSICAS.

PM m	Inc. deg	Azi. deg	PV m	UTM Northing m	UTM Easting m	Latitude Deg	Latitude Min	Latitude Sec	Longitude Deg	Longitude Min	Longitude Sec
2 670	70	0	2 258,04	7 769 835,62	360 516,91	20	9	47,035 S	40	20	4,762 W
2 700	70	0	2 268,30	7 769 913,81	360 516,91	20	9	46,118 S	40	20	4,754 W
2 730	70	0	2 278,56	7 769 942,00	360 516,91	20	9	45,201 S	40	20	4,747 W
2 760	70	0	2 299,92	7 769 970,10	360 516,91	20	9	44,285 S	40	20	4,739 W
2 790	70	0	2 314,88	7 769 998,38	360 516,91	20	9	43,368 S	40	20	4,731 W

PM = Profundidade medida; Deg = grau; Inc. = Inclinação; Azi = Azimute; PV = Profundidade Vertical; Min. = Minuto; Sec. = Segundo

EXERCÍCIO RESOLVIDO

A sonda P-43 foi posicionada com as coordenadas UTM *northing* (norte) e *easting* (leste) equivalentes a 8 783 845 m e 726 725 m, respectivamente. O objetivo, por sua vez, encontra-se a 8 783 190 m e 726 700 m. Calcular a direção e o afastamento do objetivo.

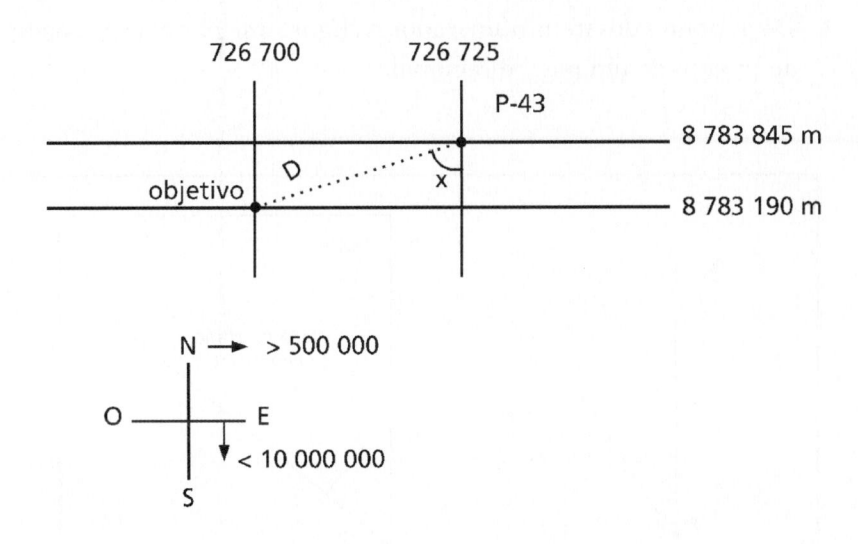

$$D = \sqrt{(8\ 783\ 845 - 8\ 783\ 190)^2 + (726\ 725 - 726\ 700)^2}$$
$$D = 655{,}5 \text{ m} \quad \text{(afastamento)}$$

$$\text{tg } x = \frac{25}{655} = 3{,}8 \times 10^{-2} \quad \text{arc tg } x = 2{,}18°$$

azimute = 180° + 2,18° = 182,18°

EXERCÍCIOS

1. Dê cinco exemplos de aplicações direcionais.
2. Como podem ser classificados os poços quanto ao afastamento e quanto ao raio? Cite os números utilizados nas classificações.
3. Quais os principais sistemas de referências usados na perfuração direcional?
4. Dê os nomes dos itens numerados na figura a seguir e relacionados ao projeto de um poço direcional.

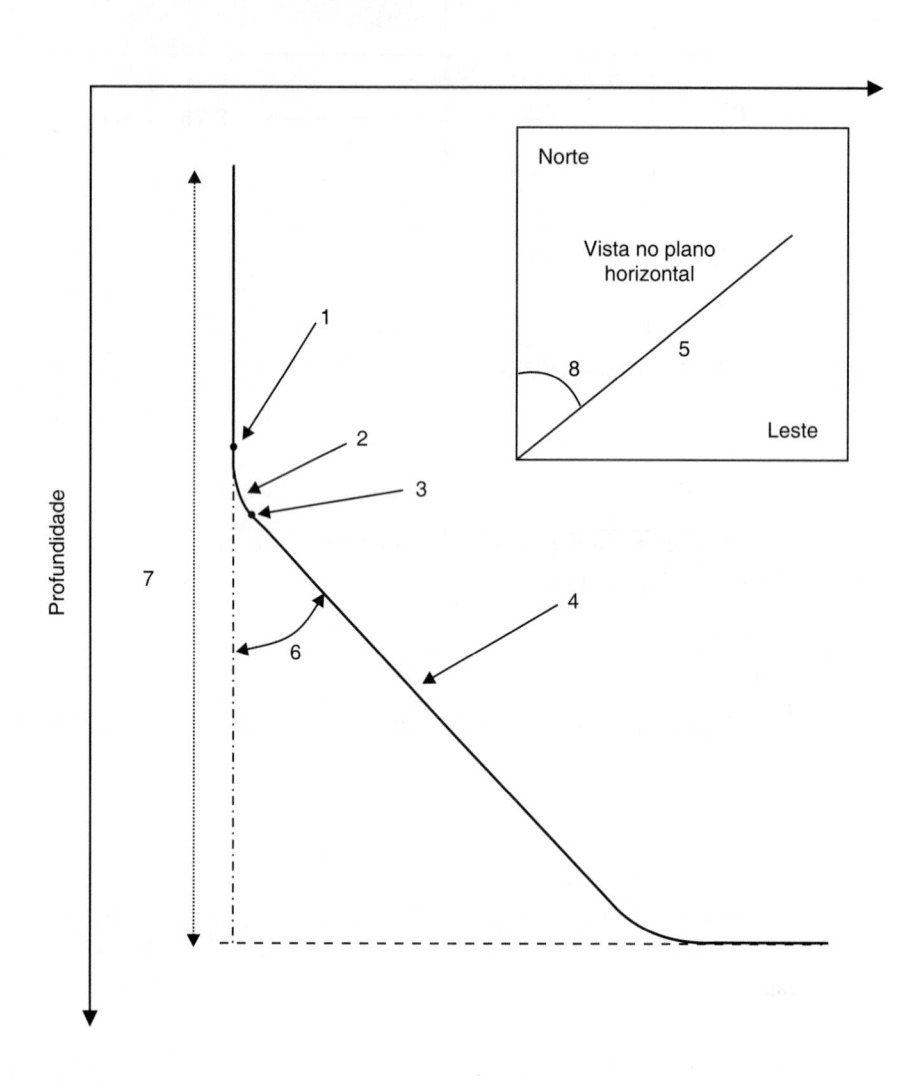

5. Um poço direcional tem as seguintes características:

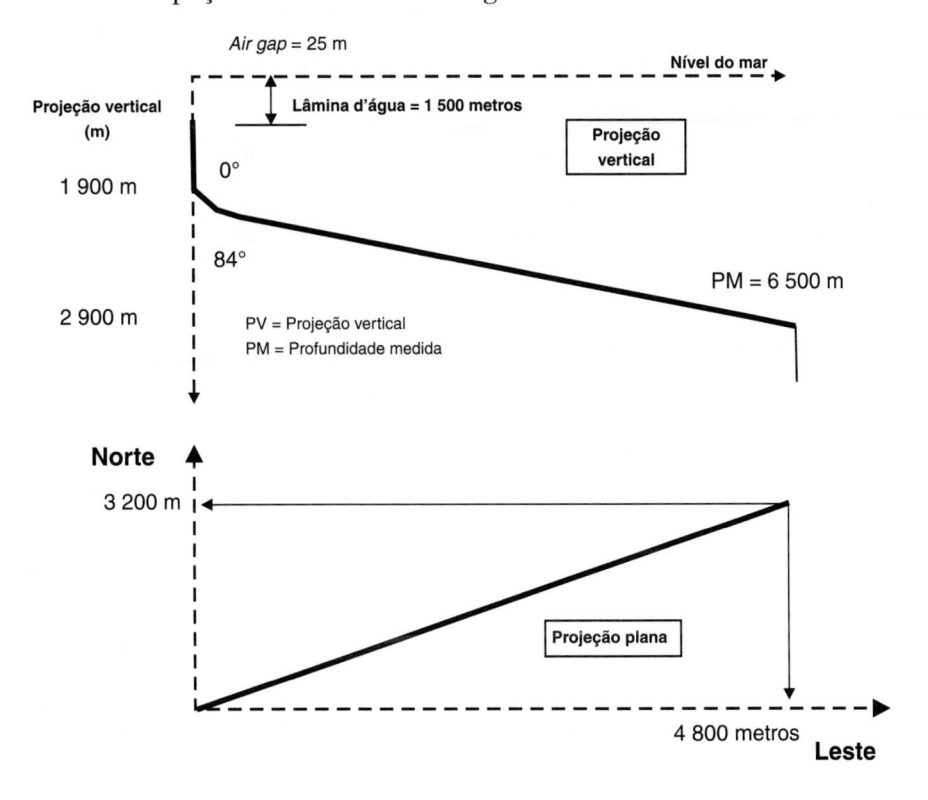

Air gap = 25 m
Nível do mar
Projeção vertical (m)
Lâmina d'água = 1 500 metros
Projeção vertical
1 900 m
0°
84°
PM = 6 500 m
2 900 m
PV = Projeção vertical
PM = Profundidade medida

Norte
3 200 m
Projeção plana
4 800 metros
Leste

a) Qual é a profundidade do KOP?
   Resposta: 1 900 m

b) Qual é o azimute desse poço?
   Resposta: 56,3°

c) Qual é o afastamento desse poço?
   Resposta: 5 769 m

d) Como você classificaria esse poço em termos de afastamento?
   Resposta: Afastamento / (PV − LA) = 4,1 (afastamento severo)

CAPÍTULO 2

Planejamento Direcional

Um adequado planejamento pode ser a chave do sucesso de um poço direcional, principalmente para aqueles mais complicados, como poços de grande afastamento ou que demandem grandes giros (*designer wells*). O planejamento envolve o estabelecimento da trajetória direcional, análises técnicas que irão auxiliar a definição da coluna de perfuração adequada e pesquisa sobre as melhores práticas operacionais para se perfurar em determinada região.

A trajetória direcional em si, além de atingir o objetivo geológico, deverá contemplar necessidades da equipe de geólogos interessada em passar por determinadas formações, assim como da equipe de perfuração preocupada com a exequibilidade da mesma. Análises de anticolisão para evitar que o projeto não entre em região de colisão com outro poço já perfurado é também de grande relevância nesta etapa.

Prévias simulações de torque, arraste e hidráulica podem indicar possibilidade ou impossibilidade de descer ou de girar uma coluna de perfuração ou de assentar uma coluna de revestimento, auxiliando, também, na construção da coluna de perfuração (BHA – *bottom hole assembly*) que será vista no Capítulo 3. Além disso, estudos de geopressões devem ser executados para uma escolha adequada da massa específica do fluido de perfuração e posicionamento das sapatas das colunas de revestimento.

O trabalho de uma equipe multidisciplinar (geólogos, técnicos de perfuração, de revestimento, de completação, de fluidos, etc.) fará com que possíveis conflitos de interesse sejam rapidamente sanados. Exemplos clássicos de conflitos de interesse são a definição dos objetivos do poço e a realização ou não de operações tipo perfilagem ou testemunhagem.

Dessa forma, o planejamento de poços direcionais deve ser suportado por estudos prévios de modo a evitar surpresas desagradáveis ou para que possíveis falhas de projeto possam ser corrigidas em tempo hábil.

Finalmente, analisar os problemas ocorridos a cada poço e implementar os aprendizados em poços futuros contribui para que todo o processo de planejamento seja realmente efetivo.

Tendo em vista os pontos descritos acima, este capítulo tem por objetivo apresentar os dados básicos para planejar a trajetória direcional, e os principais aspectos que influem nesse planejamento.

2.1 Dados Básicos

O primeiro passo no planejamento de qualquer poço é, naturalmente, definir os objetivos. Um poço direcional pode ter um ou mais objetivos, que podem ser estruturas geológicas, marcos geológicos como falhas, outros poços como nos casos de poços de alívio, ou a combinação de alguns desses.

Como foi visto anteriormente, existem várias maneiras de se referir a uma locação (coordenadas UTM, geográficas, etc.). O mesmo é verdadeiro para a posição de um objetivo, necessitando apenas que sua profundidade seja especificada. Porém, é muito comum, durante as fases de planejamento e execução de um poço, simplesmente, utilizar sistemas locais de referência baseados em coordenadas cartesianas, ou em coordenadas polares para se referir a um objetivo.

Dados básicos são apresentados aqui como aqueles necessários para se realizar um projeto direcional. Naturalmente, estes dados variam de acordo com o tipo de poço que se está planejando, ou seja, se este é exploratório ou de desenvolvimento. De modo geral, tem-se que:

a) Dados relativos a poços exploratórios incluem, entre outros:

- Informações relativas à geologia da área, como seção geológica (composição de minerais, *dip* de camadas, falhas), pressões esperadas, objetivos, riscos geológicos (*geohazards*) e fluidos do reservatório esperados.
- Dados relativos à trajetória direcional, como afastamento, profundidade vertical, direção do objetivo e taxa de ganho de ângulo.
- Operações a serem realizadas, como testemunhagem, testes de formações, perfilagem, etc.

b) Dados relativos a poços de desenvolvimento incluem, entre outros:

- Espaçamento entre os poços ou *layout* submarino.
- Informações relevantes de poços de correlação.
- Seção geológica (composição de minerais, *dip* de camadas, falhas), tipos de fluidos a serem produzidos, pressões esperadas, contato óleo-água.
- Tipo de completação (tubo rasgado, tela, ou *gravel packing*).
- Número total de poços, possibilidade de se perfurar e produzir simultaneamente.

As informações de poços de correlação da região onde se irá perfurar o poço também podem indicar a tendência natural das formações que poderão causar o desvio da trajetória do poço, os tipos de colunas de perfuração utilizadas, os parâmetros operacionais (rotação, peso sobre a broca, etc.), os melhores pontos para desvios, as zonas de perda de circulação e as zonas onde ocorreram prisões da coluna, dentre outras limitações impostas pela área.

Todos esses dados básicos irão auxiliar na construção da trajetória direcional, como, por exemplo, na determinação do ponto de desvio orientado do poço (KOP) e seção de ganho de ângulo (trecho de *buildup*). Esses dois itens do projeto direcional devem ser determinados dentro de formações de dureza e composição compatíveis com a utilização de ferramenta defletora e a taxa de ganho de inclinação desejada.

Formações moles e médias são preferíveis para se ganhar ângulo. Devem ser evitadas formações muito moles, principalmente com sedimentos inconsolidados, devido à possibilidade de desmoronamento e dificuldade de ganho de ângulo, mesmo usando motor de fundo. Por outro lado, as formações duras deverão ser evitadas devido às limitações de parâmetros impostas pelo motor de fundo (baixo peso ou alta rotação), diminuindo, consideravelmente, a taxa de penetração e a vida útil da broca. As formações plásticas podem gerar problemas de enceramento de broca e dificuldade para orientação do motor de fundo. Neste caso, a escolha do fluido de perfuração e suas características são a chave para o sucesso.

2.2 Tipos de Trajetória Direcionais

O estabelecimento da trajetória que deverá ser seguida pelo poço é um dos itens mais importantes do planejamento. É interessante enfatizar que algumas trajetórias são difíceis, outras demandam equipamentos pouco convencionais e outras são simplesmente impossíveis de serem realizadas. De maneira geral, pode-se dizer que os vários fatores que afetam a trajetória direcional incluem:

- Profundidade total do poço e afastamento.
- Limitações de torque e arraste.
- Limitações de limpeza de poço e pressões no fundo do poço.
- Presença de formações rasas e inconsolidadas que dificultam o ganho de ângulo, resultando num aprofundamento do KOP.
- Aspectos geológicos, como direção, mergulho das camadas das formações e a presença de falhas.
- Existência de formações instáveis que podem limitar a inclinação do poço.
- Requisitos de reservatórios, como profundidade de entrada, formato e direção do objetivo.
- Existência de reservatórios com muitas camadas que podem exigir poços inclinados em vez de horizontais.
- Operações futuras a serem feitas no poço, como fraturamento hidráulico, *gravel packing*, etc.
- Impossibilidade de fazer o peso dos comandos e dos tubos pesados chegar à broca em função da complexidade da trajetória.

A evolução da perfuração direcional tem permitido que as mais complexas trajetórias sejam realizadas com sucesso. De modo geral, as trajetórias direcionais planejadas podem estar compreendidas em um único plano (bidimensionais ou 2D) ou podem necessitar de mais uma dimensão até chegarem ao seu objetivo (3D).

Neste capítulo, serão abordadas as chamadas trajetórias bidimensionais dos tipos I e II, a trajetória horizontal e a trajetória tridimensional conhecida como *designer well*. Porém, com o intuito de ilustrar os passos necessários para o estabelecimento de uma trajetória, serão descritos aqui apenas os cálculos das trajetórias tipos I, II e horizontal.

2.2.1 Trajetória Tipo I (*Build-Hold*)

A trajetória tipo I, mostrada na figura 2.1, é composta basicamente de três seções:

- Seção vertical finalizada pelo **KOP** (*kickoff point*).
- Uma seção de ganho de ângulo.
- Um trecho tangente (*slant*) opcional.

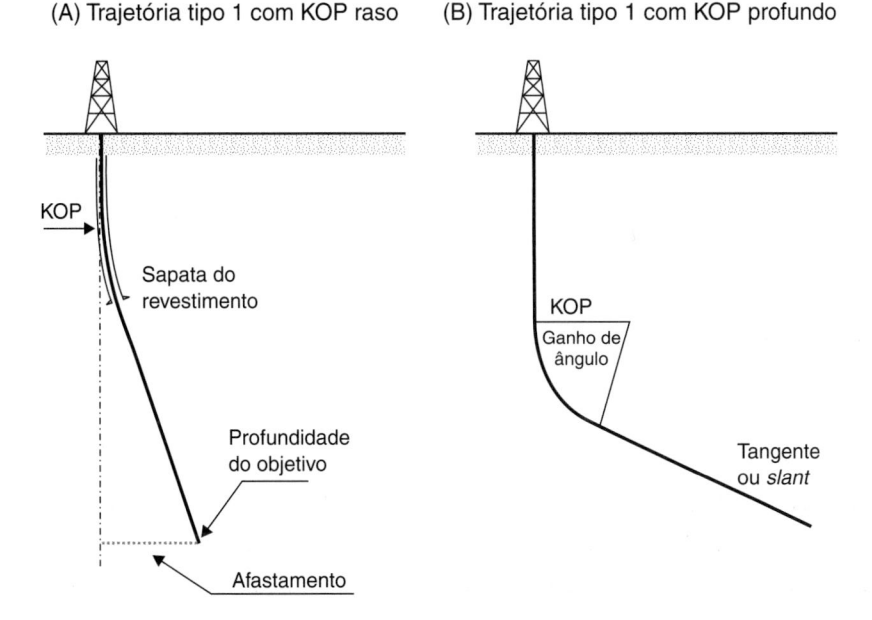

FIGURA 2.1 TRAJETÓRIA TIPO I.

A utilização de poços tipo I leva a uma natural discussão relativa ao posicionamento do KOP. A utilização de KOP rasos é comum em poços com grande afastamento horizontal de modo a minimizar o ângulo do poço, como no caso dos poços tipo I chamados de *Slant*, conforme figura 2.1A. Em contrapartida, o aprofundamento do KOP conforme as figuras 2.1B e 2.2 leva a trechos verticais mais longos nas fases iniciais do poço.

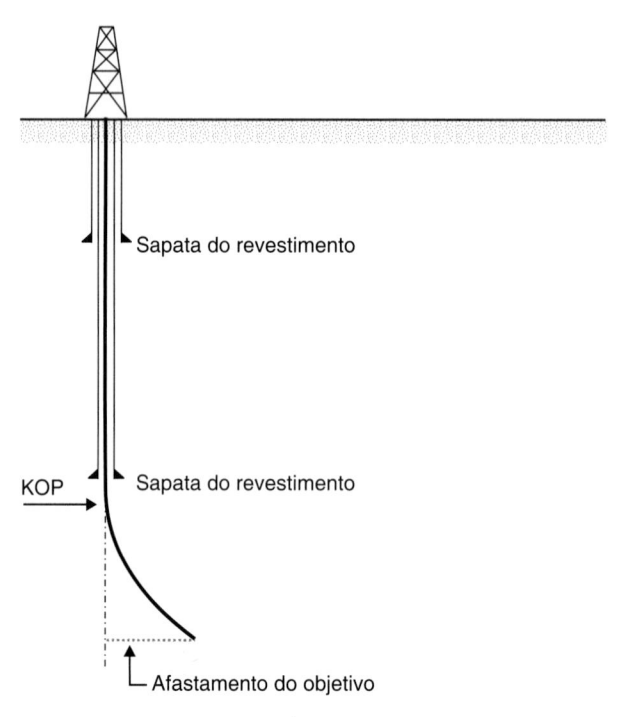

FIGURA 2.2 TRAJETÓRIA TIPO I SEM O TRECHO RETO (*SLANT*) COM KOP PROFUNDO.

KOP profundos trazem algumas desvantagens relacionadas ao ganho de ângulo inicial que pode ser mais difícil de ser atingido já que as formações se tornam mais duras e consolidadas com a profundidade. Além disso, às vezes, torna-se mais difícil atingir a orientação do *tool face* desejada com equipamentos de deflexão do motor de fundo. Um outro ponto está relacionado à plataforma com várias guias (*slots*), nos quais KOP mais profundos não permitem um rápido distanciamento dos poços, aumentando, assim, os riscos de colisão.

2.2.2 Planejamento da Trajetória do Poço Tipo I

Baseada na figura 2.3 abaixo, a sequência de cálculo da trajetória do poço tipo I é a seguinte:

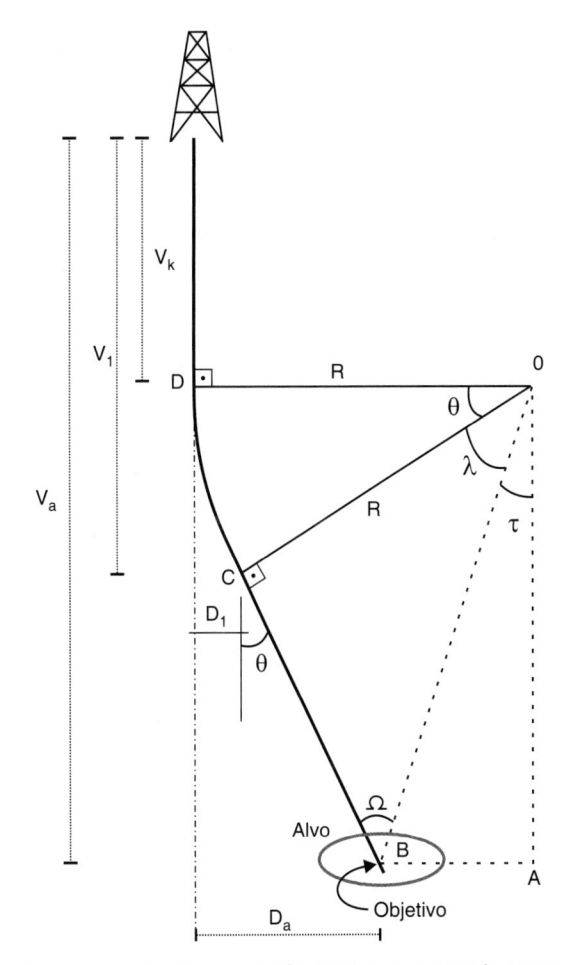

FIGURA 2.3 ESQUEMA DE CÁLCULO DA TRAJETÓRIA TIPO I.

Onde:
V_k = profundidade vertical do KOP;
V_1 = profundidade vertical do EOB;
V_a = profundidade vertical do objetivo;
D_1 = afastamento do EOB;
D_a = afastamento do objetivo;
θ = ângulo máximo do trecho reto.

(1) Determinação do raio de curvatura **R**

Onde: $R = \dfrac{180}{\pi} \times \dfrac{K}{BUR}$

(2) Determinação do ângulo máximo do trecho reto θ

Onde: $\theta = \Omega - \tau$

$\tan \tau = \dfrac{BA}{AO} = \dfrac{R - D_a}{V_a - V_K} \therefore \tau = \arctan\left(\dfrac{R - D_a}{V_a - V_K}\right)$

$\sin \Omega = \dfrac{R}{OB}$ e $\Omega = \arcsen\left(\dfrac{R}{\sqrt{(R - D_a)^2 + (V_a - V_K)^2}}\right)$

$\theta = \arcsen\left(\dfrac{R}{\sqrt{(R - D_a)^2 + (V_a - V_K)^2}}\right) - \arctan\left(\dfrac{R - D_a}{V_a - V_K}\right)$

(3) Determinação da seção DC

$L_{DC} = \dfrac{\pi}{180} \times R \times \theta$ ou $L_{DC} = \dfrac{K \times \theta}{BUR}$

(4) Determinação de D_1 e V_1

$D_1 = R \times (1 - \cos \theta)$

$V_1 = V_K + R \times \sen \theta$

(5) Determinação da seção CB

$L_{CB} = \dfrac{(V_a - V_1)}{\cos \theta}$

EXERCÍCIO RESOLVIDO

Com os seguintes dados:

Coordenadas da locação: X = 8 783 845 m e Y = 726 725 m
Coordenadas do objetivo: X = 8 783 190 m e Y = 726 700 m
Taxa de ganho de ângulo (BUR):   2°/30 m
Profundidades verticais:
  KOP – 800 m
  Profundidade vertical do objetivo – 2 060 m
  Profundidade vertical final do poço – 2 180 m

Calcular:
1) Raio de curvatura.
2) Afastamento e direção do objetivo.
3) Ângulo máximo do trecho reto.
4) Profundidades medidas e afastamentos dos pontos de interesse.
5) Profundidade medida total.

Solução:
1) Raio de curvatura

$$R = \frac{180}{\pi} \times \frac{30}{2} = 859{,}44 \ m$$

2) Afastamento e direção do objetivo

$$D_a = \sqrt{(8\,783\,845 - 8\,783\,190)^2 + (726\,725 - 726\,700)^2} = 655{,}49 \ m$$

Direção do Objetivo

$$\tan \varphi = \frac{\Delta Y}{\Delta X} = \frac{726\,725 - 726\,700}{8\,783\,845 - 8\,783\,190} = 2{,}2$$

Direção: S 2,2° W

3) *Cálculo do ângulo máximo do trecho reto*

Sendo: $R = 859,44$ m; $D_a = 655,49$ m; $V_k = 800$ m e $V_a = 2\,060$ m

$\tau = 9,19°$ e $\Omega = 42,32° \Rightarrow \theta = 42,32 - 9,19° = 33,13°$

4) *Cálculo de V_1 e D_1*

$D_1 = 859,44 \times (1 - \cos 33,13°) = 139,72$ m

$V_1 = 800 + 859,44 \times \operatorname{sen} 33,13° = 1\,269,72$ m

5) *Determinação da profundidade medida total*

5.1) *Cálculo do comprimento do trecho em* buildup

$$L_{DC} = \frac{33,13}{2°/30} = 496,95 \text{ m}$$

5.2) *Comprimento do trecho reto*

$$L_{CB} = \frac{2\,060 - 1\,269,72}{\cos 33,13} = 943,69 \text{ m}$$

5.3) *Verificação dos cálculos*

$$\tan \theta = \frac{D_a - D_1}{V_a - V_1} = \frac{655,49 - 139,72}{2\,060 - 1\,269,72} \Rightarrow \theta = 33,13°$$

5.4) *Trecho reto após o objetivo*

$$L_{BF} = \frac{2\,180 - 2\,060}{\cos 33,13} = 143,30 \text{ m}$$

5.5) *Comprimento total até o objetivo*

$L_{TOTAL} = 800 + 496,95 + 943,69 + 143,30 = 2\,383,94$ m

2.2.3 Trajetória Tipo II ou "S"

A trajetória tipo II mostrada na figura 2.4 é composta basicamente por:

- Seção vertical finalizada pelo KOP raso.
- Uma seção de *buildup*.
- Um trecho tangente.
- Uma seção de *drop off*.
- Seção tangente final opcional.

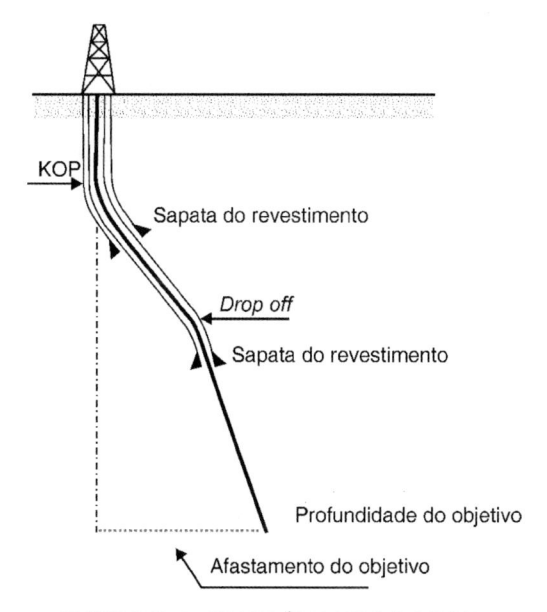

FIGURA 2.4 TRAJETÓRIA TIPO II OU "S".

É normalmente aplicada quando se necessita reduzir o ângulo final de entrada no reservatório devido a limitações de objetivos. Embora comum na indústria do petróleo, as trajetórias tipo "S" possuem algumas desvantagens, como risco de prisão por chavetas (*keyseating*), que será visto mais adiante, e aumento do torque e do arraste da coluna de perfuração. Podem ainda apresentar problemas em operações de perfilagem devido a mudanças de inclinação.

A sequência de cálculo é similar e utiliza as mesmas expressões da trajetória tipo I, com exceção do ângulo do trecho reto θ, determinando-se:

1) os raios de curvatura R_1 e R_2;
2) no caso particular em que $R_1 + R_2 < D_a$, o ângulo máximo do trecho reto θ

$$\theta = Y - arc\ cos\left[\left(\frac{R_1 + R_2}{V_2 - V_k}\right) \times sen\ Y\right]$$

onde:

$$Y = arc\ tan\left(\frac{V_2 - V_k}{R_1 + R_2 - D_a}\right)$$

3) as profundidades verticais;
4) os afastamentos dos pontos de interesse da trajetória e;
5) os comprimentos medidos entre esses pontos.

Os parâmetros que aparecem na equação do ângulo máximo do trecho reto estão definidos abaixo e mostrados na figura 2.5:

- V_k é a profundidade vertical do KOP;
- V_2 é a profundidade vertical do final do trecho de *drop off*;
- V_a é a profundidade vertical do objetivo;
- D_a é o afastamento do objetivo.

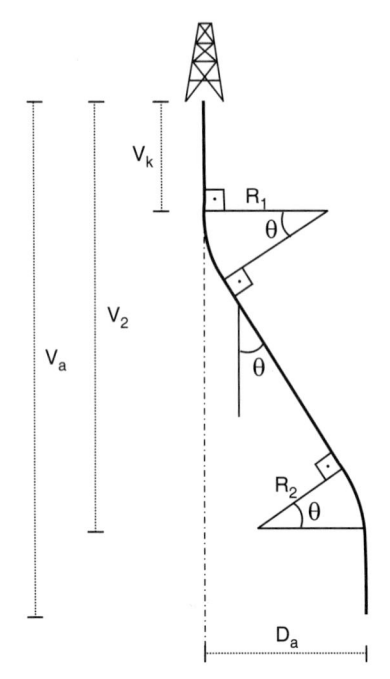

FIGURA 2.5 ESQUEMA DE CÁLCULO DA TRAJETÓRIA TIPO II. NESSE CASO $R_1 + R_2 > D_a$.

2.2.4 Trajetória de Poços Horizontais

Serão apresentados os procedimentos de cálculo para dois tipos de trajetória para poços horizontais. Primeiramente, é apresentado um poço horizontal com apenas um trecho de ganho de ângulo, mostrado na figura 2.6.

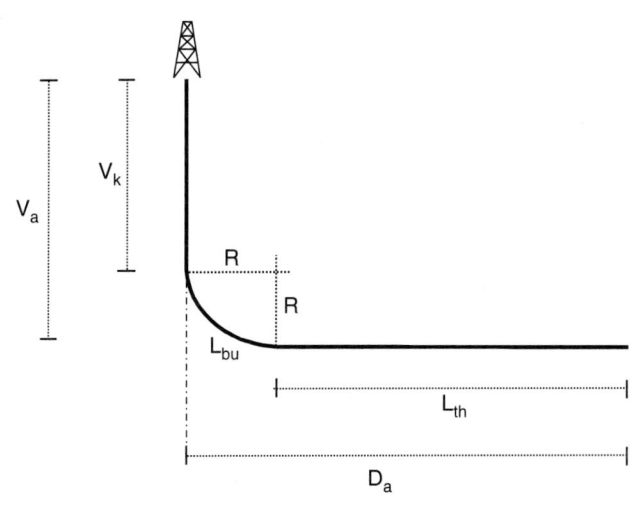

FIGURA 2.6 ESQUEMA DE CÁLCULO DE POÇO HORIZONTAL COM UM TRECHO DE *BUILDUP*.

Por definição, o ângulo do trecho reto é **90º**. O raio de curvatura é a diferença entre a profundidade vertical do alvo e a do **KOP**.

O afastamento total do poço em relação ao objetivo é dado por:

$$D_a = R + L_{th}$$

O comprimento do trecho em *buildup* (L_{bu}) é dado por:

$$L_{bu} = \frac{\pi}{2} \times R$$

O comprimento (L) ou profundidade medida (PM) total do poço é determinado por:

$$L = V_k + L_{bu} + L_{th}$$

Muitas vezes, os poços horizontais são projetados para terem dois trechos de *buildup*. Este tipo de perfil confere maior controle do poço, pois correções de trajetória no trecho reto entre os dois trechos de ganho de ângulo poderão ser feitas para garantir a chegada ao alvo. A figura 2.7 mostra esse tipo de perfil e os elementos geométricos mais importantes.

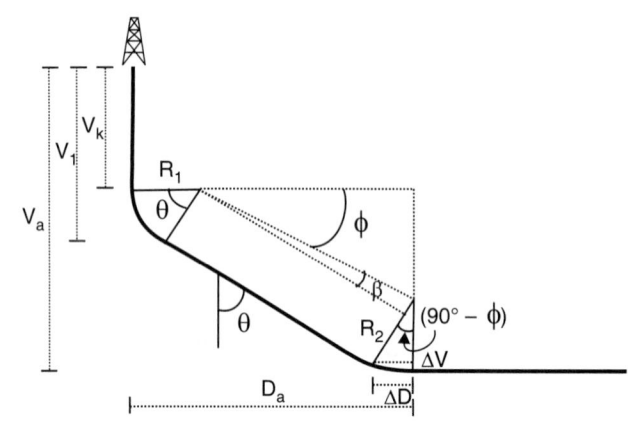

FIGURA 2.7 ESQUEMA DE CÁLCULO DO POÇO HORIZONTAL COM DOIS TRECHOS DE *BUILDUP*.

As equações para determinação do ângulo do trecho reto são as seguintes:

$$\phi = arc\ tan\left(\frac{V_a - R_2 - V_k}{D_a - R_1}\right)$$

$$\beta = arc\ sen\left(\frac{R_2 - R_1}{\sqrt{(D_a - R_1)^2 + (V_a - R_2 - V_k)^2}}\right)$$

$$\theta = 90° - \phi - \beta$$

Os comprimentos ΔV e ΔD são calculados por:

$$\Delta V = R_2 \times (1 - cos\ (90 - \theta))$$

$$\Delta D = R_2 \times sen\ (90 - \theta)$$

EXERCÍCIO RESOLVIDO

Planeje a trajetória direcional de um poço horizontal e seu respectivo poço piloto. O KOP deverá ficar a 945 m, o ângulo máximo do trecho reto será de 55° e a taxa de ganho de ângulo será de 2°/30 m. O objetivo estará a

2 068 m de profundidade vertical, o trecho horizontal será de 500 m e a taxa de ganho usada para atingir o trecho horizontal será de 3°/30 m.

Cálculo da Trajetória do Poço Piloto

a) Raio de curvatura

$$R = \frac{360 \times 30}{2\pi \, BUR} = \frac{360 \times 30}{2\pi \times 2°} = 860 \text{ m}$$

b) Profundidade medida

$V_k = 945$ m
$\Delta V_1 = R \times \text{sen } \theta = 860 \times \text{sen } 55° = 704$ m
$\Delta V_2 = V_a - \Delta V_1 - V_k = 2\,068 - 704 - 945 = 419$ m
$V_1 = V_k + R \, \text{sen } \theta = 945 + 860 \times \text{sen } 55° = 1\,649$ m

$$L_{DC} = \frac{\Pi}{180} \times R \times \theta = \frac{\Pi}{180} \times 860 \times 55° = 826 \text{ m}$$

$$L_{CB} = \frac{\Delta V_2}{\cos \theta} = \frac{418}{\cos 55°} = 729 \text{ m}$$

$PM_{piloto} = V_k + L_{DC} + L_{CB} = 945 + 826 + 729 = 2\,500$ m

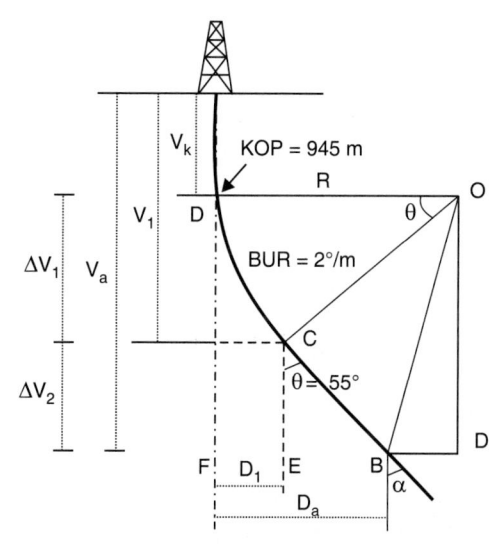

EXERCÍCIO RESOLVIDO PARA TRAJETÓRIA TIPO I.

Cálculo da Trajetória do Poço Horizontal

c) Planeje um poço horizontal desviando da trajetória do poço a partir do trecho reto (*slant*) para que este atinja o objetivo a 2 068 m. Calcule o novo KOP (KOP$_2$), a profundidade vertical e a profundidade medida desse desvio para uma taxa de ganho de ângulo de 3°/30 m. Assuma que a profundidade vertical do segundo KOP ficará 100 m acima da profundidade vertical do objetivo (ver figura).

Com base nos dados, temos que:

$\Delta V_3 = 100$ m

KOP$_2$ = 2 068 − 100 = 1 968 m (profundidade vertical do KOP$_2$)

$$R = \frac{180 \times 30}{BUR \times \pi} = \frac{1\,718{,}87}{BUR} = \frac{1\,718{,}87}{3°} = 572{,}96 \text{ m}$$

O comprimento medido do trecho curvo é dado por:

$$\Delta M_3 = 2\pi R \times \frac{(\alpha_3 - \alpha_2)}{360} = 2\pi \times 572{,}96 \times \frac{(90-55)}{360} = 350 \text{ m}$$

A profundidade medida do KOP$_2$ é dada por:

$$PM_{KOP2} = PM_{piloto} - \frac{\Delta V_3}{\cos\theta} = 2\,500 - \frac{100}{\cos 55°} = 2\,326 \text{ m}$$

Profundidade total do poço horizontal:

$$PM_{horizontal} = PM_{KOP2} + \Delta M_3 + 500 = 2\,326 + 350 + 500 = 3\,176 \text{ m}$$

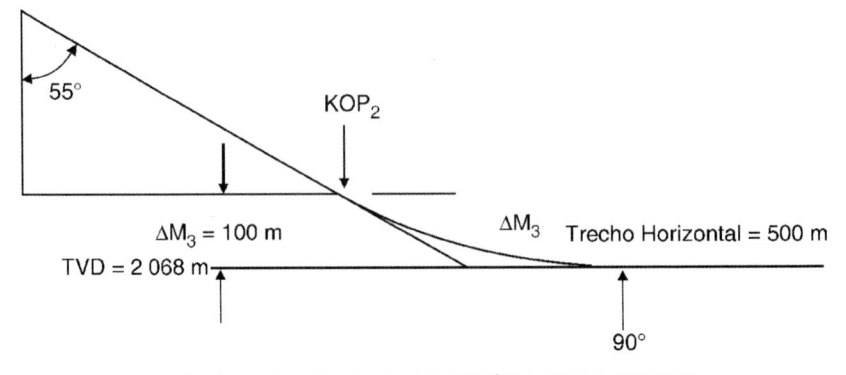

EXERCÍCIO RESOLVIDO PARA TRAJETÓRIA TIPO I ESTENDIDA COM SEGUNDO KOP E TRECHO HORIZONTAL.

2.2.5 Trajetória Direcional *Designer Wells* (3D)

As trajetórias classificadas como 3D ou *designer wells*, como mostradas na figura 2.8, apresentam as seguintes características básicas:

- Seção vertical finalizada pelo KOP.
- Seção de *buildup* com ou sem giro.
- Seção tangente.
- Seção de *drop off* com ou sem giro.
- Seção tangente (opcional).
- Direções variáveis, por exemplo, há alteração da direção e consequentemente existência de giro.

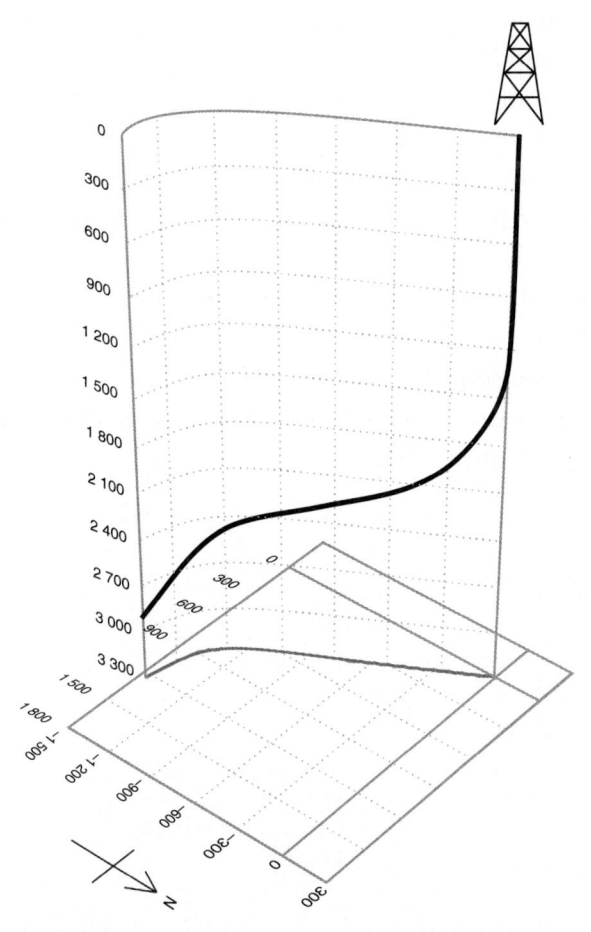

FIGURA 2.8 TRAJETÓRIA TIPO *DESIGNER WELL* (3D).

A trajetória do tipo *designer well* é aplicada normalmente em situações onde o posicionamento da plataforma é restrito, não permitindo o alinhamento da cabeça do poço com o objetivo do mesmo, ou quando há interesse de se reduzir as linhas de produção por motivos técnicos e/ou econômicos. É utilizada também quando existem múltiplos objetivos a serem atingidos, sendo este muitas vezes o caso de locações tipo *clusters* usadas em plataformas de produção.

Uma das desvantagens da utilização de *designer wells* é o fato de aumentar a probabilidade de problema mecânico durante as fases de perfuração e completação. Além disso, as constantes mudanças de ângulo acarretam aumento do arraste que pode, por exemplo, levar a problemas durante a descida da tela de produção.

Após definição do projeto preliminar em 2D, a trajetória em 3D pode ser projetada. O projeto em 3D é necessário, pois o poço não é perfurado ao longo do plano vertical que contém a locação e o alvo, em razão de fatores como a ação da broca, a geologia, a composição de fundo e das condições gerais do poço que provocam o giro da broca, ou seja, a mudança natural da direção do poço durante a sua perfuração. Assim, no início do desvio, essa mudança de direção deve ser compensada posicionando a face da ferramenta defletora (*tool face*) num certo ângulo a partir da direção do poço. Esse ângulo é chamado de ângulo guia (φ_t) e o seu sentido é contrário ao do giro da broca e numericamente é igual à metade do valor da mudança de direção ($\Delta\varepsilon$) conforme demonstrado na figura 2.9.

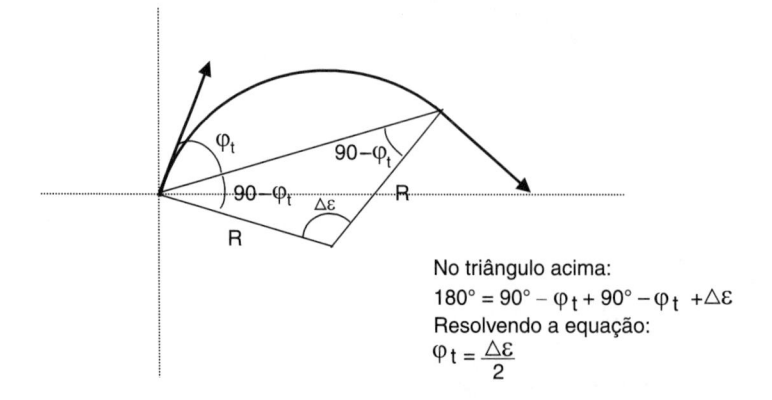

No triângulo acima:
$180° = 90° - \varphi_t + 90° - \varphi_t + \Delta\varepsilon$
Resolvendo a equação:
$\varphi_t = \dfrac{\Delta\varepsilon}{2}$

FIGURA 2.9 ESQUEMA DE CÁLCULO DE TRAJETÓRIA TRIDIMENSIONAL.

No cálculo da trajetória tridimensional, um ponto do poço é decomposto em três coordenadas através das equações mostradas na figura 2.10, onde α e ε são, respectivamente, a inclinação e a direção do poço no ponto em consideração. O projeto em 3D é executado utilizando-se o giro da broca, o ângulo guia, os dados do projeto em 2D referentes à projeção vertical e um método de cálculo da trajetória de direcional, que será visto no Capítulo 4. Na figura 2.10, o método de cálculo da trajetória utilizado foi o da tangente, a ser visto posteriormente.

$\Delta M = M_2 - M_1$

$\Delta N = N_2 - N_1$

$\Delta E = E_2 - E_1$

$\Delta V = V_2 - V_1$

$\Delta A = A_2 - A_1$

Projeção no plano vertical que contém a origem e o ponto P_1

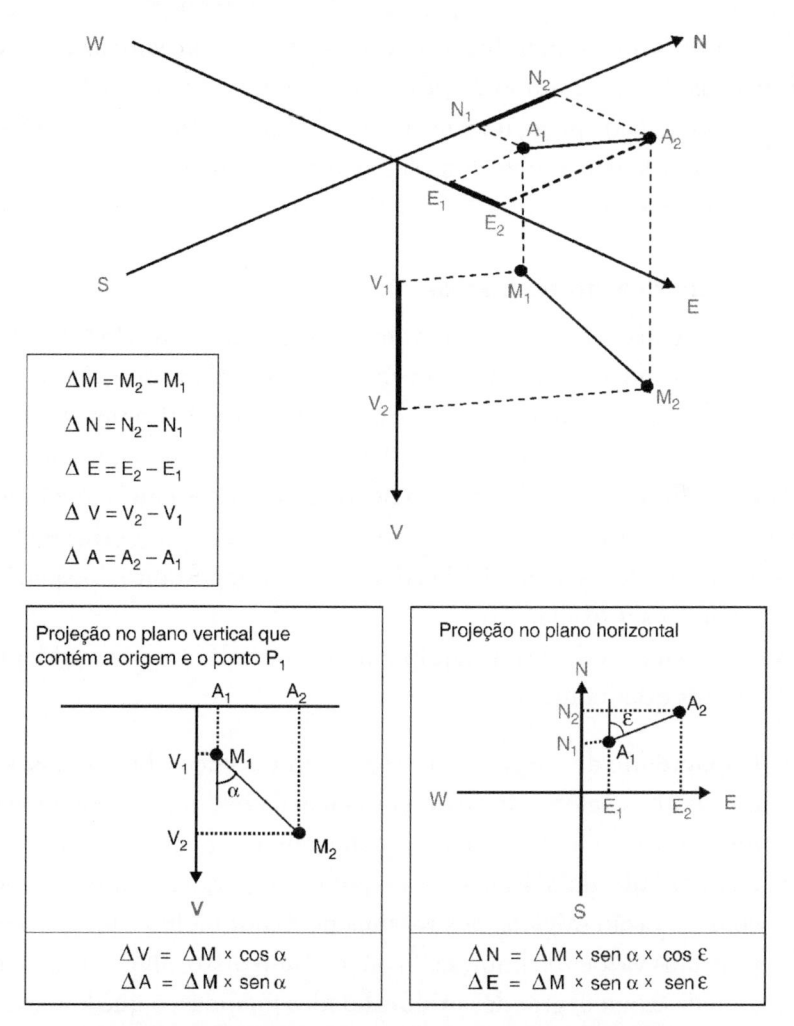

$\Delta V = \Delta M \times \cos \alpha$
$\Delta A = \Delta M \times \mathrm{sen}\, \alpha$

Projeção no plano horizontal

$\Delta N = \Delta M \times \mathrm{sen}\, \alpha \times \cos \varepsilon$
$\Delta E = \Delta M \times \mathrm{sen}\, \alpha \times \mathrm{sen}\, \varepsilon$

FIGURA 2.10 ESQUEMA DE CÁLCULO DAS COORDENADAS E DAS VARIAÇÕES DE PROFUNDIDADE VERTICAL E DO AFASTAMENTO PELO MÉTODO DA TANGENTE (CAPÍTULO 4).

2.3 Importantes Aspectos Relacionados ao Planejamento Direcional

Muito embora a perfuração de poços direcionais seja bastante comum nos dias de hoje, ainda são vários os problemas enfrentados durante a sua execução. A ideia desta seção é listar alguns aspectos e problemas típicos enfrentados pela perfuração direcional, tendo em mente que muitos deles estão relacionados a poços mais complicados, como os de grande afastamento (ERW), *designer wells* ou poços direcionais perfurados em água profunda.

Os aspectos que iremos discutir nesta seção são: especificação da sonda; trajetória do poço; fluido de perfuração; limpeza de poço; ECD; geopressões; controle de poço; torque; arraste e flambagem; revestimento; cimentação; perfilagem a cabo; completação; vibração e desempenho e custo de poços direcionais.

2.3.1 Especificação da Sonda

Atenção especial deve ser dada à escolha da sonda durante a fase de planejamento de um poço direcional. Em campanhas exploratórias, existe uma tendência ao uso de poços verticais ou direcionais relativamente simples devido ao desconhecimento da área. Dessa forma, em geral, a seleção da sonda não é função da utilização do poço direcional. O mesmo não pode ser dito para poços de desenvolvimento, que, muitas vezes, utilizam trajetórias mais complexas, como ERW, determinando, portanto, a especificação da sonda a ser usada.

A seleção da sonda e seus equipamentos deve levar em consideração vários fatores que incluem:

- **Capacidade de carga**, uma vez que muitos poços direcionais, devido aos altos valores de atrito por causa da inclinação, podem exigir uma capacidade de 30 a 50% maior que um poço vertical.
- **Capacidade do sistema de circulação**, para satisfazer as condições de vazão exigidas nos trechos de maior inclinação que requerem altas vazões de limpeza do poço. Além disso, alguns poços direcionais atingem grandes profundidades medidas, o que leva a grandes perdas de carga, exigindo sistemas de circulação que suportem altas pressões.

- **Potência dos geradores da sonda** para fazer frente às operações de retirada da coluna, bombeio de fluido e rotação da mesa rotativa em poços direcionais. É importante ter em mente que a ocorrência simultânea dessas atividades, como a operação de *backreaming*, muito comum na perfuração direcional, pode fazer com que o limite de potência dos geradores da sonda seja atingido.
- **Estado de conservação da coluna de perfuração**, a qual deve ser nova ou estar em excelente condição de trabalho para suportar os maiores esforços observados em poços direcionais.
- **Manutenção rigorosa para se evitar paradas da perfuração e acidentes**, uma vez que o trabalho em condições extremas e contínuas de vazões, pressões de bombeio, rotações da coluna (rpm), e torques e arrastes levam a um desgaste prematuro e acentuado de vários equipamentos da sonda.
- **Espaço para estocagem de materiais e acomodação de pessoal**, uma vez que poços direcionais podem atingir grandes profundidades medidas. Dessa forma, a sonda requer espaço para: (a) armazenamento de longas seções de tubos de perfuração de diferentes diâmetros; (b) produzir, estocar e descartar fluidos de perfuração, principalmente os não-aquosos; (c) acomodar as diversas equipes de trabalho, uma vez que muitas atividades especiais geralmente são requeridas durante a execução de um poço direcional.

Diante desses requisitos, a escolha da sonda ou a adaptação de uma existente para fazer frente aos desafios de se perfurarem poços direcionais especiais deve ser levada em conta no planejamento.

2.3.2 Trajetória do Poço

A trajetória direcional irá afetar todos os aspectos relevantes de um programa de poço, como, por exemplo, a escolha dos equipamentos adequados que serão utilizados na perfuração, no revestimento e na completação do poço; na limpeza do poço; no torque e arraste; na dificuldade de manobra das colunas de perfuração, revestimento e completação; nas opções de perfilagem, dentre outros.

Contudo, antes de verificar os aspectos citados, a trajetória do poço estabelecida em fase de projeto deverá ser analisada em termos de sua proximidade com os poços adjacentes, por exemplo, deve-se executar uma análise de anticolisão. Com base nessa análise, a trajetória poderá ser alterada em sua inclinação, profundidade de KOP, taxas de ganho de ângulo e direção. Este tipo de análise será detalhado nos Capítulos 4 e 5.

Um exemplo de dificuldade criada pela trajetória associada à rotação da coluna é a chaveta ou *keyseat*. A chaveta é geralmente associada a poços com *doglegs* que forçam a coluna contra a parede do poço. Parte da coluna ou de suas conexões pode desgastar a formação em determinado ponto, formando uma cavidade chamada de "chaveta", conforme ilustrado na figura 2.11. Esta, por sua vez, pode ocasionar prisão de coluna.

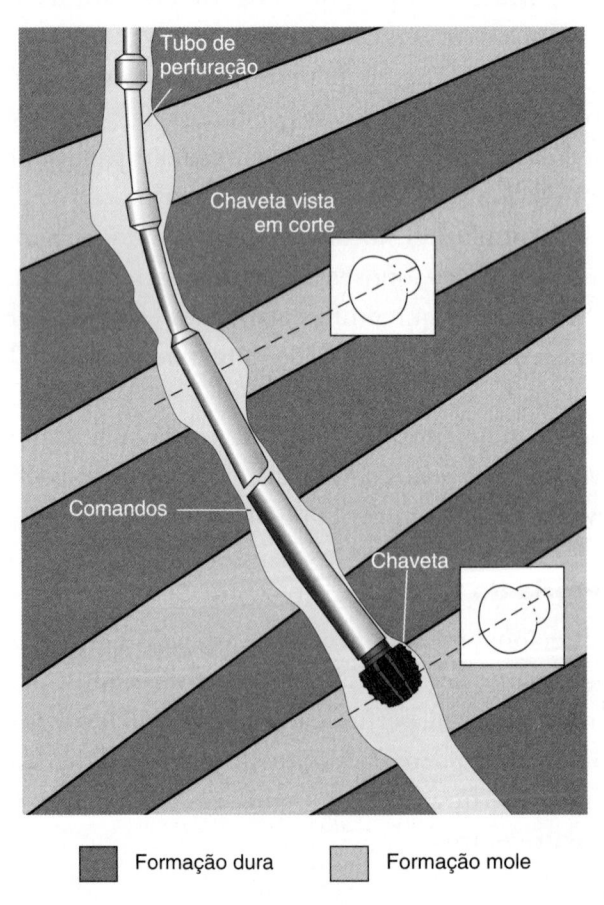

FIGURA 2.11 CHAVETA QUE PODE OCASIONAR PRISÃO DA COLUNA.

2.3.3 Fluido de Perfuração

O uso de fluidos nos processos de perfuração rotativa de poços remonta os primórdios desta técnica. Suas principais funções são:

- Remover os cascalhos gerados na perfuração evitando retrabalho da broca sobre estes e garantindo a limpeza do poço, mesmo em situações quando não há bombeio, como conexões (deve manter os sólidos em suspensão).
- Manter o controle dos fluidos contidos nas formações atravessadas pelo poço.
- Estabilizar as paredes do poço.
- Transmitir potência hidráulica à broca, turbinas e motores de fundo.
- Fornecer energia a equipamentos de LWD, MWD, Rotary Steerable, etc.
- Preservar ao máximo a formação portadora de hidrocarbonetos (mínimo dano ao reservatório).
- Não reagir com formações atravessadas.
- Formar reboco fino e pouco permeável.
- Lubrificar a coluna de perfuração.
- Resfriar a broca.
- Permitir a transmissão de informações entre o fundo do poço e a superfície.
- Não interferir nos equipamentos de perfilagem.

Os fluidos de perfuração modernos são misturas complexas de sólidos, líquidos, produtos químicos e, por vezes, até gases, objetivando a otimização da perfuração como um todo. Um programa adequado de fluidos, com dimensionamento de hidráulica, permite aumentar a taxa de penetração, prevenir contra problemas como prisões de coluna, instabilidade de poço, elevados torques e drags e ainda minimizar o dano ao reservatório corroborando para a maximização da produtividade do campo. Em alguns casos, como poços de grande afastamento, o projeto de fluidos é fundamental para viabilizar a construção do poço.

Os principais aditivos dos fluidos de perfuração e suas funções são:

- Goma xantana, bentonita (viscosificantes).

- Amido, bentonita, lignitos (controladores de filtrado).
- Cloreto se sódio, de potássio, polímeros catiônicos (inibidores de hidratação de argilas).
- Aminas (emulsionantes).
- Cal hidratada, soda cáustica (alcalinizantes).
- Baritina, carbonato de cálcio (adensantes).
- Carbonato de cálcio, fibras de celulose (materiais de combate a perda de circulação).
- Triazina (bactericida).
- Há ainda antiespumantes, anticorrosivos, floculantes, dispersantes, entre outros.

Os fluidos de perfuração podem ser classificados quanto à composição de sua fase contínua. Os de base aquosa vêm da combinação de meio aquoso, viscosificante, gelificante, alcalinizante, floculante, inibidor físico e/ou químico, dispersante, redutor de filtrado e adensante. São exemplos de fluidos base aquosa os argilosos, poliméricos e *Drill in Fluid*s (fluido adequado para perfuração de reservatórios). Já fluidos de base não aquosa apresentam a fase contínua composta por uma base orgânica. Geralmente são emulsões inversas (água em óleo), cuja fase orgânica pode ser, por exemplo, N-Parafina e Olefinas.

De modo geral, as características que o fluido de perfuração deve ter para desempenhar um bom papel incluem, entre outras, ter estabilidade química, aceitar tratamentos químicos e físicos, ser bombeável, não danificar as formações produtoras, não ser corrosivo aos equipamentos de superfície e de subsuperfície, ter custo compatível com a operação e não oferecer riscos à saúde e ao meio ambiente.

As principais propriedades do fluido que são controladas durante as operações de perfuração são as seguintes: densidade, viscosidade, forças géis, filtrado, teor de sólidos, alcalinidade, pH, teor de cloretos ou salinidade, teor de bentonita ou de sólidos ativos e resistência elétrica. Essas propriedades do fluido influenciam a limpeza do poço, a estabilidade das formações, as perdas de carga (ECD), a lubricidade, dentre outras.

Quando perfurando poços de geometria mais complexa, como os direcionais, horizontais ou de grandes afastamentos, o fluido de perfuração deve apresentar algumas características imprescindíveis, como boa tixotropia, alta lubricidade e baixa reatividade química com as rochas.

A tixotropia garante a suspensão dos cascalhos em vazões muito baixas ou paradas do bombeio, a lubricidade serve para reduzir esforços de torção na coluna de perfuração e garantir que o peso chegue sobre a broca e a baixa reatividade química com as rochas evita o inchamento ou o desmoronamento das formações perfuradas.

Historicamente, fluidos não-aquosos têm sido usados predominantemente na perfuração de poços direcionais para minimizar o atrito da coluna de perfuração com as paredes do poço. Tais fluidos também têm grande aplicação em formações sensíveis ao fluido aquoso (como exemplo, folhelhos argilosos e plásticos, formações salinas, etc.).

As principais vantagens dos fluidos não-aquosos são suas propriedades reológicas em temperaturas acima de 260ºC (500ºF) e serem mais efetivos para evitar corrosão. Têm poder de lubricidade superior ao dos fluidos à base de água, e ainda permitem peso de lama menor que 7,5 ppg (lbm/gal). Já dentre suas desvantagens, podem-se citar um maior custo inicial, necessidade de procedimentos mais restritivos de controle ambiental, comprometimento da leitura de parâmetros em alguns instrumentos de perfilagem, e, ainda, dificultam a detecção e o controle de *kick* de gás devido à solubilidade do gás na fase orgânica.

Além disso, devido ao aumento das restrições ambientais, a indústria vem buscando satisfatoriamente desenvolver outras opções de fluidos aquosos e novos lubrificantes especiais que causem menos impacto ao meio ambiente, como os à base de glicol. No caso dos fluidos não-aquosos, estão sendo desenvolvidas pela indústria nacional composições ambientalmente amigáveis, como os acetais e os ésteres.

Os fluidos não-aquosos contêm duas bases não-miscíveis, uma fase interna de água e uma fase contínua à base orgânica. Uma composição típica de fluido de perfuração não-aquoso é:
- 54% – produto orgânico – por exemplo n-parafinas ou óleos sintéticos;
- 34% – solução salina (água e os sais NaCl ou $CaCl_2$ usados para inibição de inchamento de argilas);
- 9% – sólidos de alta densidade para conferir peso ao fluido;
- 3% – outros aditivos, como emulsionantes, viscosificantes, etc.

Uma composição típica de fluido de perfuração aquoso é:
- 86% – água e sal (por exemplo, KCl inibe o inchamento de argilas na perfuração de folhelhos);

- 6% – sólidos de alta densidade ou adensantes (por exemplo, hematita e baritina);
- 5% – outros aditivos (por exemplo, polímeros, controladores de filtrado, viscosificantes, etc.);
- 3% – sólidos ativos de baixa densidade como os viscosificantes, que reagem na presença de água (por exemplo, bentonita ou outro argilo mineral).

Finalmente, a seleção do fluido de perfuração não deve ser baseada somente em seu custo, mas também na melhoria do desempenho geral do poço.

2.3.4 Limpeza de Poço

Uma boa limpeza de poço pode ser definida como aquela em que a distribuição de cascalhos e o leito formado ao longo do poço não causam problemas para a operação que está em andamento. Pode-se dizer também que, para ser considerado "limpo", um poço não precisa estar 100% livre de cascalhos. Assim, leitos de cascalhos que aparecem para cada inclinação de poço podem não causar problemas para operações de perfuração, mas vir a ser sérios problemas para operações de manobra. Nesse contexto, pode-se analisar a limpeza do poço para os três tipos de cenários de inclinação apresentados a seguir e mostrada na figura 2.12.

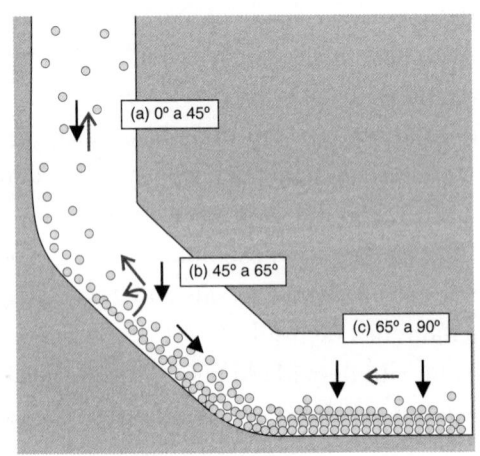

FIGURA 2.12 MOVIMENTAÇÃO DE CASCALHOS EM VÁRIAS SEÇÕES DE UM POÇO HORIZONTAL.

Poços com ângulos entre 0° e 45°, conforme mostra a figura 2.13A, fazem com que o carreamento dos cascalhos seja basicamente função da viscosidade, do limite de escoamento e da vazão do fluido de perfuração. Nesta categoria de poços, os cascalhos são levados à superfície por uma velocidade de fluido maior que a de sua queda. Quando as bombas são desligadas, o cascalho poderá manter-se em suspensão devido às propriedades gelificantes do fluido, embora alguma deposição possa ocorrer com o tempo.

Porém, essa deposição não traz problemas para a perfuração, uma vez que os cascalhos terão que percorrer centenas de metros para atingir o fundo do poço. Operações como *backreaming* e perfuração orientada (apresentada no Capítulo 3) geralmente não são prejudicadas pela limpeza do poço.

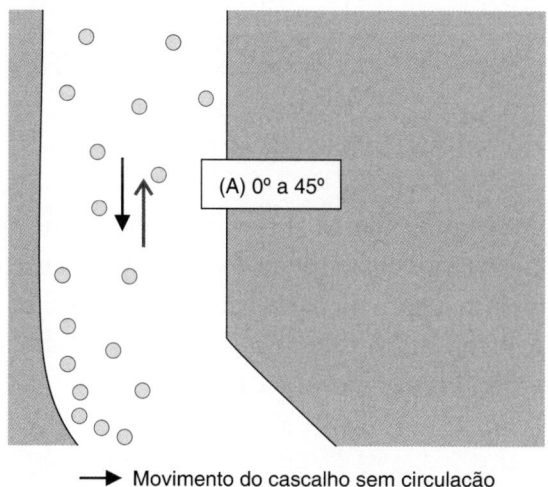

→ Movimento do cascalho sem circulação
→ Movimento do cascalho com circulação

FIGURA 2.13A MOVIMENTAÇÃO DO CASCALHO PARA POÇOS COM INCLINAÇÃO ENTRE 0° E 45°.

Poços com ângulos entre 45° e 65°, conforme mostra a figura 2.13B, fazem com que o carreamento dos cascalhos já não seja apenas função da viscosidade e do limite de escoamento do fluido de perfuração, mas também da inclinação do poço. Em poços com este intervalo de inclinação, o carreamento de cascalho não ocorre uniformemente por todo anular do poço. Uma quantidade maior desse cascalho concentra-se na parte inferior, formando uma espécie de duna que se move lentamente em direção à superfície.

Quando as bombas param, existe uma tendência de essas dunas desabarem, tipo uma avalanche, podendo causar o aprisionamento da coluna. Este intervalo de inclinação é considerado o mais crítico na limpeza do poço.

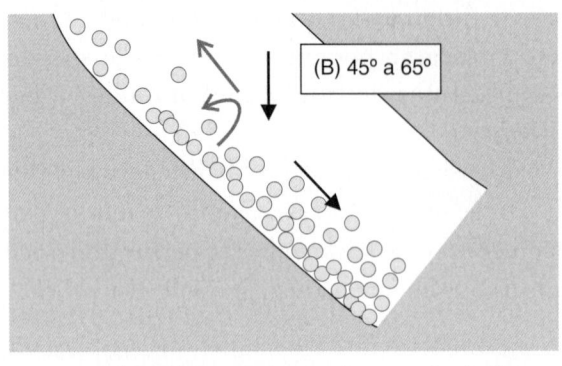

FIGURA 2.13B   MOVIMENTAÇÃO DO CASCALHO PARA POÇOS COM INCLINAÇÃO ENTRE 45° E 65°.

Poços com ângulos entre 65° e 90°, conforme mostra a figura 2.13C, são considerados como sendo de alta inclinação e para os quais os cascalhos formam um leito na parte baixa do poço, enquanto o fluido se move na parte superior dos tubos de perfuração. Assim sendo, agitação mecânica é requerida para mover o cascalho.

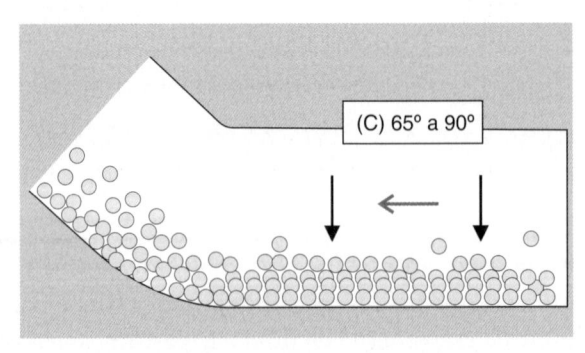

FIGURA 2.13C   MOVIMENTAÇÃO DO CASCALHO PARA POÇOS COM INCLINAÇÃO ENTRE 65° E 90°.

Uma parada da bomba faz com que os cascalhos em suspensão sejam depositados na parte inferior do poço, formando um longo e contínuo leito e causando arrastes excessivos durante a retirada da coluna.

Entre os principais fatores que afetam o transporte do cascalho, citamos:

Vazão de bombeio, que, como regra geral, deve ser sempre a maior possível para haver remoção total dos cascalhos. Neste caso, a escolha dos jatos da broca não deve levar em consideração apenas a otimização da hidráulica, mas também a vazão de limpeza do poço.

Uma limitação relativa ao uso de altas vazões fica por conta do aumento das perdas de carga no anular (ECD), que pode ultrapassar o gradiente de fratura da formação, e da possibilidade de surgirem altas velocidades de fluido no anular, que podem causar erosão da parede do poço. O problema do ECD *versus* gradiente de fratura é uma possibilidade em poços rasos com grande extensão horizontal, principalmente em águas profundas. Erosão das paredes do poço por causa das altas velocidades no anular geralmente fica restrita ao anular ao redor dos comandos, sendo mais improvável no anular dos tubos de perfuração. A tabela 2.1 fornece alguns valores de vazão para servirem apenas como um guia.

TABELA 2.1 VALORES TÍPICOS DE VAZÃO E TAXAS DE PENETRAÇÃO PARA DIFERENTES DIÂMETROS DE POÇO. (FONTE: MIMS, M.G. *et alii*, 1999.)

Diâmetro do Poço	Vazões Desejáveis	Mínimas Vazões Associadas às Taxas de Perfuração (TP)
17 1/2"	900 a 1 200 gpm	800 gpm com TP de 20 m/h
12 1/4"	800 a 1 100 gpm	650-700 gpm com TP de 10-15 m/h 800 gpm com TP de 20-30 m/h
9 7/8"	700 a 900 gpm	500 gpm com TP de 10-20 m/h
8 1/2"	450 a 600 gpm	350-400 gpm com TP de 10-20 m/h

Rotação da coluna de perfuração, que pode ser crítica para uma efetiva limpeza de poço. Em muitas situações, apenas o uso da vazão para a limpeza do poço pode ser ineficaz, exigindo rotação da coluna de perfuração. O intuito de se girar a coluna é mover o cascalho depositado na parte baixa do poço para cima, de modo a colocá-lo no fluxo de fluido e assim fazer com que ele siga em direção à superfície.

A figura 2.14 mostra uma relação entre as rotações por minuto (rpm) da coluna de perfuração e a limpeza do poço. Note que maiores rotações significam melhor limpeza do poço, e, em poços de grande afastamento, existem alguns pontos de rpm, (a) e (b), onde a limpeza acentua-se mais rapidamente. Segundo Mims, M.G. *et alii* (1999), os intervalos (a) e (b) para poços de grande afastamento são da ordem de 100 a 120 rpm e de 150 a 180 rpm, respectivamente.

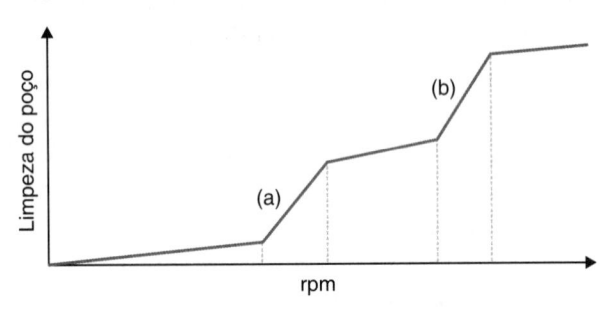

FIGURA 2.14 RELAÇÃO ENTRE LIMPEZA DE POÇO E ROTAÇÕES DA COLUNA.

Um ponto importante a ser enfatizado é que o uso de altas rpm pode ser limitado pelo tipo da broca ou pela fadiga de motor. Nesses casos, algum procedimento operacional deverá ser usado de modo a compensar a limitação de rpm. O uso de tubos de perfuração de maiores diâmetros (6 5/8", por exemplo) para aumentar a velocidade do anular, a circulação de fluido com a coluna fora do fundo com maiores rpm, ou até mesmo a perfuração com taxa de penetração controlada, podem ser algumas saídas para compensar as limitações no uso de altas rotações.

Reologia do fluido de perfuração, que será função do tipo de fluido, isto é, se este é aquoso ou não-aquoso. O objetivo da reologia a ser atingido é obter um fluido bombeável, manter os cascalhos em suspensão, principalmente na fase mais inclinada do poço, e ainda carreá-los até a superfície na porção vertical do poço.

2.3.5 Hidráulica de Perfuração e ECD (*Equivalent Circulating Density*)

A figura 2.15A mostra esquematicamente uma sonda e um poço com a coluna de perfuração dentro dele. Sempre que as bombas de lama são acionadas, o fluido de perfuração percorre um longo caminho, passando através de equipamentos de superfície, interiores da coluna de perfuração, jatos da broca e espaços anulares. Em todo esse trajeto, são geradas perdas de pressão, conhecidas como perdas de carga. Com exceção das perdas localizadas nos jatos da broca e em equipamentos específicos tais como motores de fundo, todas as perdas de carga devem-se ao atrito do fluido de perfuração durante o percurso citado acima. É importante ter em mente que o cálculo das perdas de carga é fundamental para uma boa otimização hidráulica, como, por exemplo, escolha de vazões ótimas e dimensionamento das bombas.

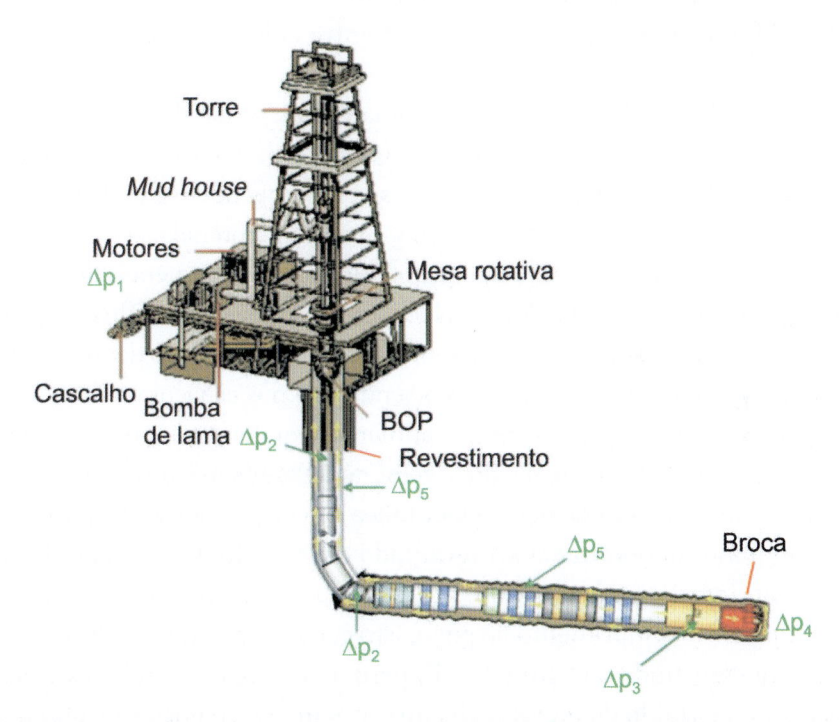

FIGURA 2.15A ESQUEMA DO SISTEMA DE CIRCULAÇÃO DE UMA SONDA E UM POÇO DIRECIONAL COM A COLUNA DENTRO.

Tendo como base a figura 2.15A, podemos dizer que a perda de carga total será a soma das perdas em diversos trechos. Assim, em termos de cálculo de hidráulica em um poço de petróleo, temos o seguinte:

$$\Delta P_{total} = \Delta P_1 + \Delta P_2 + \Delta P_3 + \Delta P_4 + \Delta P_5 + \Delta P_6$$

Onde:
ΔP_{total} = perda de carga total;
ΔP_1 = perdas de carga nos equipamentos de superfície;
ΔP_2 = perdas de carga interior da coluna de perfuração (*drill pipe*, *drill collars*, etc.);
ΔP_3 = perdas de carga localizadas (motor de fundo, etc.);
ΔP_4 = perdas nos jatos da broca;
ΔP_5 = perdas de carga nos espaços anulares.
ΔP_6 = diferença de pressão hidrostática entre coluna e anular.

Os cálculos de hidráulica para as estimativas de perdas de carga em poços de petróleo têm sido objeto de vários estudos e está descrito em Bourgoyne (1986) e em Machado (2002). Estas, por sua vez, dependem grandemente do modelo reológico utilizado (Newtoniano, Bingham, Potência, etc.) e de fatores tais como tipo de fluido e temperatura. Além disso, a sequência de um cálculo hidráulico deve sempre levar em consideração o regime de fluxo vigente, isto é, se o fluxo é laminar ou turbulento. Geralmente, o fluxo dentro das tubulações segue um regime turbulento sendo que nos espaços anulares ele é laminar. A exceção fica para espaços anulares pequenos, tais como o espaço anular ao redor do BHA onde o fluxo geralmente também é turbulento. Mais detalhes sobre limpeza de poço e hidráulica são fornecidos no Capítulo 5.

Um ponto importante a ser levantado diz respeito tanto às perdas de cargas no interior da coluna quanto nos espaços anulares, as quais aumentam com o comprimento do poço, isto é, com a profundidade medida. Conforme mostrado na figura 2.15B, perdas de carga no anular causadas pelo atrito do fluido de perfuração entre as paredes do poço e a coluna de perfuração fazem com que a pressão ao longo do poço aumente e fique maior que a pressão hidrostática do fluido de perfuração. Essa pressão, quando expressa em termos de peso de fluido de perfuração, gera o que se chama de densidade equivalente de circulação ou mais comumente de ECD (*equivalent circulating density*). Portanto, planejar fluidos de perfuração com propriedades que reduzam a perda de carga é uma boa prática a ser seguida.

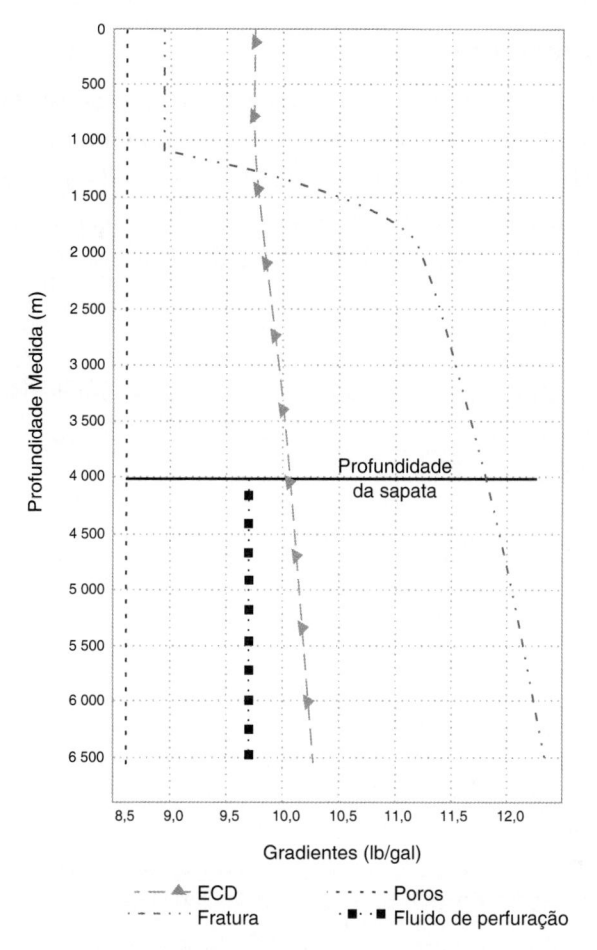

FIGURA 2.15B ECD DA FASE DE 12 ¼" DE UM POÇO DIRECIONAL ABAIXO DA SAPATA DE 13 3/8".

O ECD deverá ser analisado não só durante a fase de perfuração, mas também durante as manobras de coluna. Os efeitos de pistoneio causados pela manobra da coluna de perfuração chamados de *swab* (na retirada da coluna do poço) e *surge* (na descida da coluna no poço) irão afetar as pressões no poço, limitando a velocidade de manobra da coluna. Caso a velocidade de remoção da coluna seja elevada o suficiente para gerar uma pressão no poço menor que a pressão de poros, haverá um influxo (*kick*) da formação para o poço. Por outro lado, se a velocidade de descida da coluna for alta o suficiente para gerar uma pressão no poço maior que a pressão de fratura, haverá perda de circulação por causa da fratura da formação (figura 2.15B).

2.3.6 Geopressões

O termo geopressões refere-se aos gradientes de pressão de poros, fratura e colapso que são a base para a construção de qualquer poço. Conforme ilustrado na figura 2.16, a caracterização desses gradientes de pressões irá influenciar na escolha do peso do fluido de perfuração a ser usado e no assentamento das sapatas de revestimentos das fases do poço.

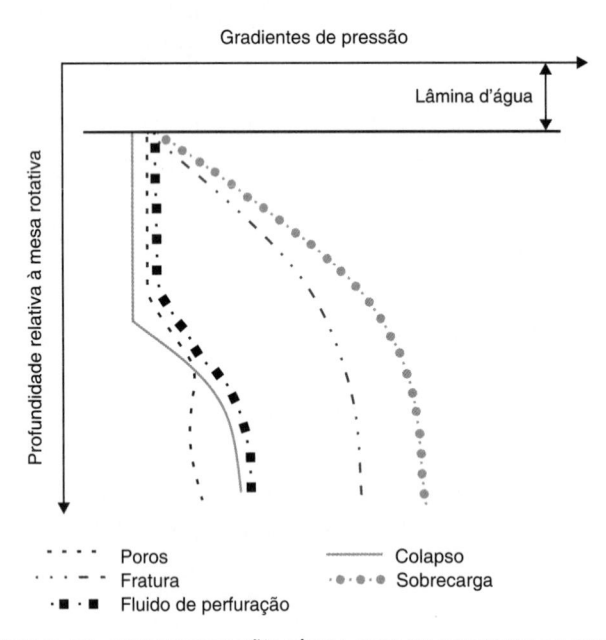

FIGURA 2.16 REPRESENTAÇÃO TÍPICA DOS GRADIENTES DE PRESSÃO.

Uma correta estimativa dos gradientes de pressão de poros é importante para evitar influxos (*kicks*). Entretanto, não existe uma relação que indique que as chances de ocorrência de *kicks* sejam maiores em poços direcionais que em poços verticais.

O mesmo não pode ser dito com relação à prisão diferencial, a qual ocorre quando a pressão exercida pela coluna de fluido de perfuração é maior que a dos fluidos de formação. Em zonas permeáveis, o filtrado da lama irá fluir do poço para a formação, aumentando o chamado reboco (*filter cake*), conforme mostra a figura 2.17. Caso a coluna de perfuração, principalmente os comandos (*drill collars*), fique por algum tempo em contato com esses intervalos permeáveis, poderá ocorrer a prisão da coluna por pressão diferencial.

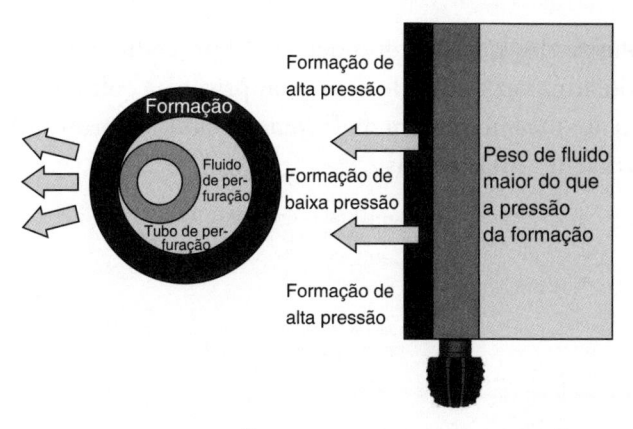

FIGURA 2.17 PRISÃO POR DIFERENCIAL DE PRESSÃO.

Como a coluna de perfuração em poços direcionais está sempre em contato com a parede do poço e muitas vezes parada devido à perfuração em modo orientado, a chance de prisão por diferencial é significativamente maior para estes poços. Uma solução, nesses casos, seria reduzir o peso de lama, reduzindo-se, assim, o diferencial de pressão entre o anular e a formação na zona permeável. Porém, esta técnica não deve ser empregada em detrimento ao controle do poço, para não ocorrer *kicks*. O uso de lubrificantes na área afetada pode ser outra saída, apesar do longo tempo despendido para tal operação. Por fim, recomenda-se a utilização de um equipamento chamado *jar* que, quando acionado, aplica força de impacto à coluna forçando a sua liberação, como será visto no Capítulo 3.

Problemas relacionados ao gradiente de colapso são conhecidos como instabilidade mecânica de poços e afetam tanto poços verticais quanto poços direcionais, dependendo do estado de tensões *in situ*, as quais são compostas por um componente vertical e dois componentes horizontais. Exceto para áreas com domos salinos (por exemplo, diápiros), onde as tensões horizontais tendem a ser maiores que as verticais, tem-se, em termos gerais, a tensão vertical (por exemplo, tensão de sobrecarga) predominando em relação às tensões horizontais. Nessas áreas, os poços direcionais tendem a apresentar gradientes de colapso elevados, o que também exige o uso de fluidos de perfuração com altos pesos específicos. A figura 2.18 mostra um gráfico típico de uma janela operacional formada pelos gradientes de colapso e fratura *versus* inclinação do poço.

Note que, neste caso, a janela diminui com o aumento da inclinação do poço, indicando que se deve fazer uso de fluidos mais pesados para se evitar o colapso das paredes do poço. Este procedimento deve ser feito com cuidado, uma vez que pode ocasionar prisão da coluna por pressão diferencial ou até mesmo fratura da formação e outras profundidades onde existam formações mais fracas.

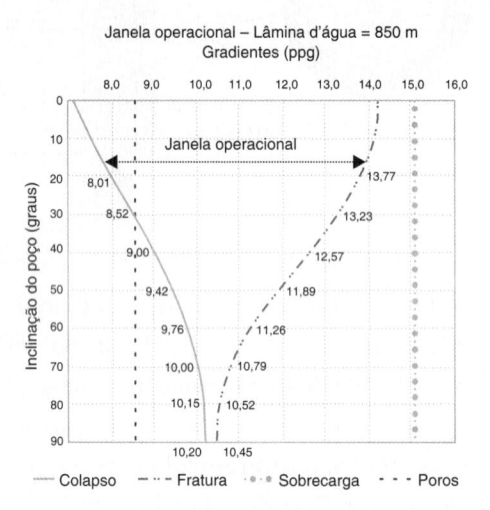

FIGURA 2.18 GRÁFICO DE GRADIENTES DE PRESSÃO *VERSUS* INCLINAÇÃO DO POÇO.

2.3.7 Controle de Poço

Tanto a detecção de um *kick* quanto o seu controle ficam mais difíceis com o aumento da inclinação e comprimento do poço. O risco de ocorrer um influxo (*kick*) devido a um *swab* durante a manobra de remoção da coluna aumenta significativamente com a inclinação do poço por diversas razões, dentre as quais:

- Pela presença de cascalhos na parte baixa do poço, que reduz a área de fluxo ao redor da broca.
- Pela maior quantidade de manobras efetuadas em poços de grande afastamento.

Kicks são mais difíceis de serem detectados em poços direcionais e horizontais do que em poços verticais. Por exemplo, um certo volume de gás invasor que ocupe 120 metros em um poço vertical, poderá chegar a ocupar 10 metros em termos de profundidade vertical em um poço de 85° de inclinação e zero metro de altura em um poço horizontal. Isto conduz a uma menor pressão de fechamento do manômetro da válvula *choke*, enquanto a pressão de fechamento do manômetro do tubo bengala será a mesma registrada no *choke*. Atentar para o detalhe de que o volume de ganho nos tanques e a vazão de retorno serão os mesmos, independentemente de o poço ser direcional ou vertical.

Além disso, poços direcionais geralmente exigem o uso de fluidos não aquosos para melhorar a lubricidade, complicando a detecção de um *kick* de gás devido à solubilidade do gás nesses tipos de fluidos, conforme dito anteriormente.

Finalmente, a dificuldade de combater um *kick* em poços direcionais aumenta com a inclinação e comprimento do poço. As razões para isso são:

- A vazão de lama usada para combater o *kick* em poços com altas inclinações geralmente não consegue deslocar totalmente os fluidos dentro do poço.
- As quantidades de lama e baritina aumentam com o comprimento do poço. Mesmo para um pequeno volume de *kick*, o tempo de preparo da lama é longo, fazendo com que o controle de poço seja demorado.

2.3.8 Torque, Arraste e Flambagem

Torque, arraste e flambagem são resultados diretos de uma série de fatores que incluem trajetória do poço, coluna de perfuração, diâmetro do poço, tipo de revestimento, limpeza do poço, fluido de perfuração e tipo de completação. Limitações devido a torque, arraste e flambagem podem ocorrer tanto na fase de perfuração quanto na completação de poços direcionais.

O limite de **torque** depende da operação e do equipamento a ser utilizado no poço e pode ser alcançado de diferentes maneiras. A operação de cimentação é um exemplo típico onde este limite pode ser atingido, devido à necessidade de se girar a coluna de revestimento ou *liner* para melhorar a qualidade da cimentação. Já os equipamentos que podem ter seus limites de torque atingidos são:

- *Top driver* e mesa rotativa.
- Tubos e conexões de perfuração e de revestimento.
- Telas de completação.

Dessa forma, o planejamento direcional deverá vislumbrar a necessidade do uso de *top drivers* mais potentes, tubos e roscas de perfuração e de revestimentos de alto torque. Para poços de grande afastamento, podem-se utilizar ainda redutores de torque acoplados ao longo da coluna.

Arraste, mais comumente referido como *axial drag* ou simplesmente *drag*, geralmente se torna um problema para poços com grandes profundidades medidas ou quando a sonda disponível tem baixa capacidade de carga. Problemas de arraste que ocorrem tanto na retirada de colunas (*pick-up drag*) quanto na descida destas (*slack-off*) aumentam com a inclinação do poço e afetam as operações de perfuração e completação. No caso da coluna de perfuração, por exemplo, o arraste *slack-off* pode limitar o trecho no qual se realiza a perfuração orientada (*slide drilling*).

Em poços de longo afastamento, o arraste *pick-up* se torna um problema em operações de retirada de longas colunas de revestimento. Nesse caso, o projeto do poço deve levar em consideração esse fato e talvez assumir uma situação em que não haverá possibilidade de retirada da coluna de revestimento.

Flambagem (*buckling*) da coluna de perfuração, do revestimento e da coluna de completação é um fenômeno relativamente comum e normalmente controlável em poços direcionais. No entanto, em poços de alta inclinação, a flambagem se torna um grande problema, fazendo com que, por exemplo, durante a etapa de perfuração, a coluna flambe dentro do poço, dificultando sua descida e principalmente a transmissão de peso sobre a broca.

O planejamento direcional deve prever, então, o uso de fluido de perfuração com lubricidade adequada, a rotação da coluna quando possível ou até mesmo pesos adicionais (*stab-in weight*) na coluna, como, por exemplo, comandos de maiores diâmetros (mais espessos) ou tubos mais pesados (*heavy-weight drillpipes*), que serão vistos mais adiante. A rotação e os pesos adicionais irão aumentar a rigidez da coluna, reduzindo, assim, a flambagem esperada.

A figura 2.19 apresenta os dois tipos de flambagem conhecidos, senoidal e helicoidal. Na perfuração direcional, pode-se conviver bem com a flambagem senoidal. Porém, a helicoidal é considerada como um caso extremo, não havendo solução contornável para o problema. Portanto, faz-se necessário o estudo prévio, na etapa de planejamento dos poços, dos efeitos de flambagem a serem encontrados durante as etapas da perfuração e na descida das colunas.

Existem algumas modelagens na literatura para o cálculo da flambagem, e a mais comumente utilizada é a de Dawson e Paslay (1984), segundo as equações abaixo.

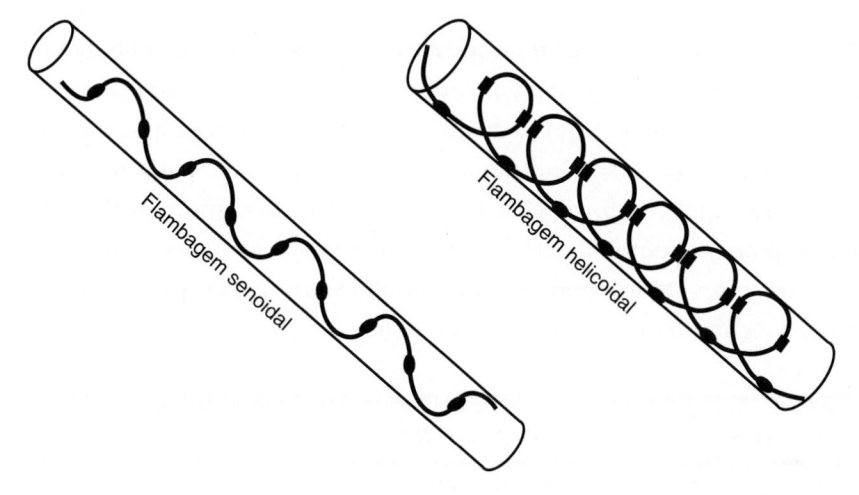

FIGURA 2.19 TIPOS DE FLAMBAGEM.

A força crítica para a flambagem senoidal pode ser calculada como:

$$FS = 2 \times \sqrt{E \times I \times w \times \frac{\operatorname{sen} \alpha}{r}}$$

Já a flambagem helicoidal pode ser calculada como:

$$FH = 2 \times \sqrt{2 \times E \times I \times w \times \frac{\operatorname{sen} \alpha}{r}}$$

Assim, FH = 1,41 × FS

Onde:
FS = força crítica de flambagem senoidal;
FH = força crítica de flambagem helicoidal;
E = módulo de *Young* (para o aço é 29 × 10^6 psi);
I = momento de inércia (pol^4);
I = π × (de^4 − di^4) / 64;
de = diâmetro externo da coluna;
di = diâmetro interno da coluna;
w = peso flutuado (lb/pé);
α = inclinação do poço;
r = raio livre do anular ou *radial clearance* (pol) = (dp − de) / 2;
dp = diâmetro do poço.

É importante notar que o torque e o arraste são extremamente sensíveis ao fator de fricção observado em cada cenário da perfuração e da completação. Este, por sua vez, depende do tipo de fluido, da rugosidade e da tortuosidade do poço, e se a coluna está em contato com a parte do poço revestida ou exposta à formação. Fatores de fricção comuns utilizados na fase de planejamento da perfuração podem ser observados na tabela 2.2. Contudo, estes valores podem ser calibrados durante as operações de perfuração e completação para sua validação.

TABELA 2.2 FATORES DE FRICÇÃO POR TIPO DE FLUIDO A POÇO REVESTIDO E A POÇO ABERTO. (FONTE: LANDMARK.)

Tipo de Fluido	Fator de Fricção a Poço Revestido	Fator de Fricção a Poço Aberto
Ar	0,35 a 0,55	0,40 a 0,60
Espuma	0,30 a 0,40	0,35 a 0,55
Lingnossulfato	0,20 a 0,25	0,20 a 0,30
Polímero	0,15 a 0,22	0,20 a 0,30
Base óleo	0,10 a 0,20	0,15 a 0,20

2.3.9 Revestimento

A figura 2.20 mostra um esquema típico de poço vertical e outro direcional de desenvolvimento. Como pode ser visto, em termos de profundidades verticais, ambos têm a mesma sequência de posicionamento dos revestimentos, embora no caso de poços direcionais a descida do revestimento possa apresentar mais dificuldades devido ao maior arraste com as paredes do poço.

Os revestimentos condutor (30") e de superfície (20") são normalmente verticais e cobrem as formações acima do *kickoff point* (KOP). Os revestimentos intermediários (por exemplo, o 13 3/8" da figura 2.20) cobrem os trechos de ganho ou de perda de ângulo e parte da seção tangente visando à estabilidade e à segurança do poço. O revestimento de produção (9 5/8", como na figura 2.20) é geralmente assentado no topo do reservatório em poços horizontais.

O dimensionamento da coluna de revestimento de poços direcionais segue os mesmos critérios utilizados nos cálculos para poços verticais. A diferença do dimensionamento fica por conta das cargas aplicadas aos poços direcionais, no que tange à flexão imposta pela curvatura do poço ao revestimento, em especial aos revestimentos intermediário e de produção. Neste caso, ganhos de ângulo excessivos (*doglegs* elevados) podem levar a um dobramento da coluna de revestimento suficiente para provocar falhas por cargas de tração e de compressão. O colapso da coluna de revestimento deverá ser verificado, uma vez que tende a aumentar nos trechos em tração da coluna.

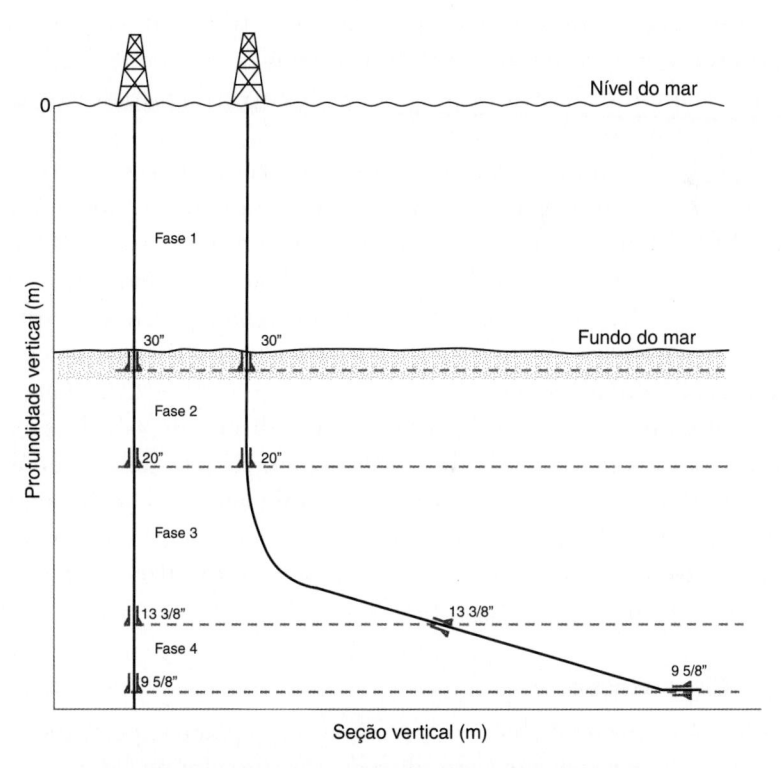

FIGURA 2.20 ESQUEMA TÍPICO DE REVESTIMENTOS EM POÇOS VERTICAIS E DIRECIONAIS.

A seleção do tipo de conexão a ser empregado em poços direcionais é função das cargas de compressão que irão atuar no revestimento. As conexões API *Buttress* e oito fios (*eight-round*) tendem a perder a sua capacidade de vedação aos fluidos oriundos do poço, quando submetidas à flexão. As conexões *Premium* são adequadas a este tipo de projeto, uma vez que são dotadas de vedação metal-metal, que garantem a estanqueidade do revestimento, mesmo quando submetidas a altos níveis de flexão.

Outro aspecto importante está relacionado ao desgaste do revestimento devido à fricção ocasionada pela rotação da coluna de perfuração utilizada na fase seguinte. Neste caso, existem simuladores computacionais capazes de prever a perda de espessura de parede, considerando os parâmetros de perfuração da fase seguinte. O projetista pode, dessa forma, aumentar a espessura da parede do revestimento para que o mesmo possa resistir aos esforços previstos no dimensionamento. Outras formas de se reduzir o desgaste dos revestimentos em poços direcionais incluem o emprego de trajetórias suaves nas seções de ganho e de perda de ângulo e o uso de protetores de revestimento de boa qualidade nos *drillpipes*.

Em poços direcionais exploratórios, é interessante revestir o trecho de ganho de ângulo imediatamente depois de ser perfurado, uma vez que as dificuldades a serem encontradas durante a perfuração destes poços podem ser imprevisíveis. Estas dificuldades podem ser de vários tipos, como perdas de circulação, influxo de água e pescaria, requerendo muitas manobras durante esta fase. Estas manobras ocorrem com muito mais facilidade se este trecho curvo estiver revestido. Este mesmo procedimento pode ser estendido a poços direcionais de desenvolvimento, para os trechos de ganho, assim como para os de grande perda de ângulo. Porém, em casos em que as complicações na perfuração são conhecidas, além das formações a serem atravessadas, é possível perfurar sem revestir o poço por alguns dias depois de finalizado o trecho de ganho de ângulo.

2.3.10 Cimentação

A cimentação tem como objetivos principais propiciar o suporte mecânico ao revestimento e a vedação hidráulica entre intervalos de formações permeáveis, evitando que fluidos migrem por trás do revestimento. Dessa forma, tanto para poços verticais quanto para direcionais, o revestimento deverá estar o mais centralizado dentro do poço, fazendo com que o cimento o envolva de forma uniforme.

Para isso, o uso de centralizadores na coluna de revestimento (detalhe da figura 2.21), principalmente na parte que ficará em contato com o trecho de ganho de ângulo, irá auxiliar a sua descida e prevenir o seu aprisionamento. Contudo, o seu uso é limitado para poços com alta inclinação, uma vez que enrijecem a coluna, dificultando a sua descida.

PLANEJAMENTO DIRECIONAL 89

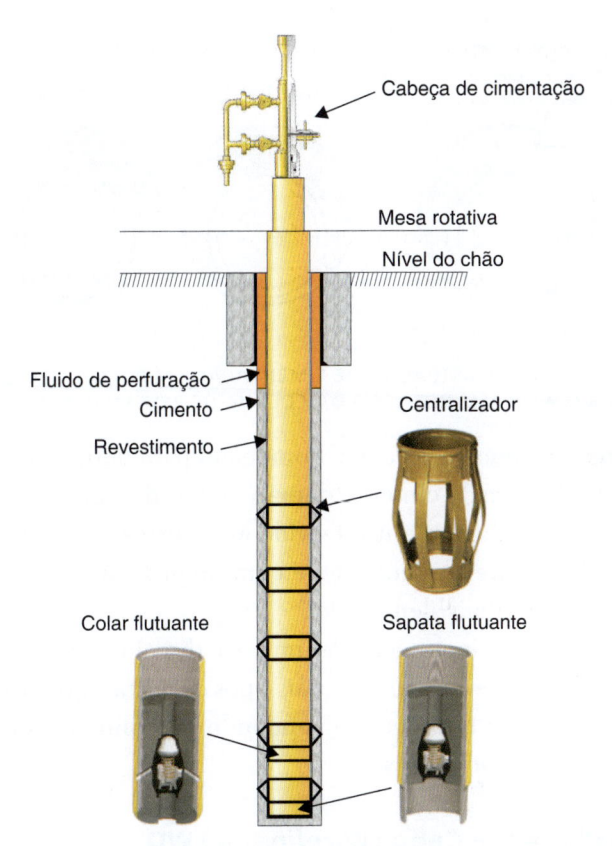

FIGURA 2.21 ILUSTRAÇÃO DE EQUIPAMENTOS DE REVESTIMENTO E CIMENTAÇÃO.

Em linhas gerais, para se obter uma boa cimentação, além da centralização do revestimento no poço, é preciso que: (a) os eventuais cascalhos depositados na parte baixa do poço direcional sejam removidos através da circulação de fluido de perfuração e (b) o reboco formado pelo fluido de perfuração na parede do poço seja removido por escarificadores ou por produtos químicos no fluido de condicionamento do poço. Em casos especiais, gira-se a coluna de revestimento durante a operação de cimentação (figura 2.22).

Entretanto, a cimentação de poços horizontais e de grande afastamento será mais complexa devido à dificuldade de centralização do revestimento, à maior deposição de cascalho, à maior dificuldade de remoção do reboco e à grande dificuldade ou até mesmo à impossibilidade de se girar a coluna. Além disso, o uso de fluidos de perfuração não-aquosos para aumentar a lubricidade não favorece uma boa cimentação. Para isso, os espaçadores deverão ter aditivos químicos surfactantes para criar uma condição de molhabilidade à água do cimento e ficar o maior tempo possível expostos à formação.

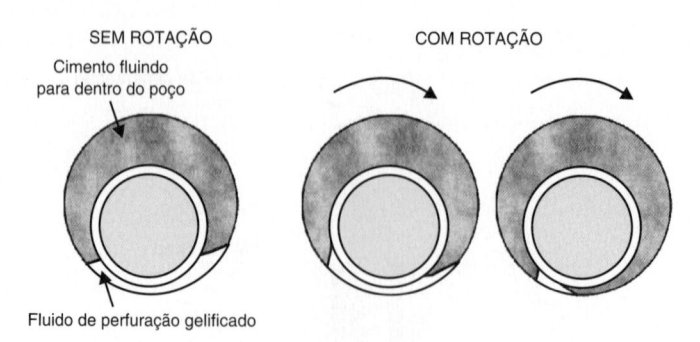

FIGURA 2.22 ILUSTRAÇÃO DE CIMENTAÇÃO EM POÇO DIRECIONAL COM OU SEM ROTAÇÃO DA COLUNA DE REVESTIMENTO.

O volume de cimento gerado e bombeado para dentro do poço e a espera do tempo de pega do cimento demandam muito tempo de sonda para os poços de grande afastamento. Devido às incertezas da temperatura de fundo de poço durante a circulação, é comum projetar pastas de cimento com tempo de pega mais demorado.

De forma geral, a cimentação de um poço direcional pode ser realizada em um estágio apenas e com um ou mais tipos de pastas, que se diferenciam pelo peso e por aditivos químicos, dependendo das condições de pressão das formações que serão atingidas.

2.3.11 Perfilagem a Cabo (*Wireline*) e LWD

A perfilagem a cabo para medir as propriedades das formações fundamentais para caracterização e avaliação econômica do reservatório é geralmente a operação realizada depois que o poço é perfurado. Em poços verticais ou direcionais de baixa inclinação, isto é, com ângulos menores que 50°, a perfilagem a cabo transcorre sem grandes problemas. Porém, para poços de alta inclinação, o atrito do equipamento de perfilagem a cabo com as paredes do poço pode simplesmente impedir que a ferramenta deslize poço abaixo. Nestas situações, a operação de perfilagem só poderá ser realizada com o auxílio da coluna de perfuração e do uso de uma ferramenta denominada *tool pusher*.

Nos dias de hoje, a perfilagem em tempo real é executada por equipamentos chamados de LWD (*logging while drilling*) e tornou-se bastante popular. Os equipamentos de LWD que fazem parte da coluna de perfuração fornecem várias informações que incluem os perfis de raios gama, densidade, neutrão, sônico e resistividade.

O uso do LWD em substituição à operação de perfilagem a cabo pode ser uma boa opção em poços de grande inclinação, com grandes afastamentos ou que enfrentem severos problemas de instabilidade das formações. Nesses casos, a redução do tempo de exposição do poço aberto será substancialmente reduzido, permitindo que estes sejam perfurados e imediatamente revestidos, isolando-se, assim, as zonas com problemas potenciais.

2.3.12 Completação

Embora a ênfase desse livro tenha sido a perfuração de poços direcionais, outro ponto desafiador está relacionado às operações de completação e *workover* que precisarão ser efetuadas no poço.

Algumas operações de completação, como *gravel packing* e descida de tela, são diretamente afetadas pela trajetória do poço. Enquanto o modelo de empacotamento a ser utilizado no *gravel packing* é função da inclinação do poço, a descida das telas para contenção de areia é afetada pelos *doglegs* do poço. Geralmente, *doglegs* acima de 4°/30 m causam arrastes altos que podem impedir a descida da tela.

A trajetória do poço deve levar em consideração o tipo de modelo de elevação e o escoamento a ser utilizado. Velocidades de produção muito baixas, ocorrendo em longas seções inclinadas, podem apresentar problemas de separação de fases com consequente redução da produção do poço. Além disso, muitas bombas de produção só podem ser descidas em seções tangentes, ou seja, que não apresentem ganhos de ângulo (*doglegs*).

Portanto, é primordial que o planejamento de um poço direcional, principalmente os de grande afastamento e os *designer wells*, leve em consideração o tipo de completação a ser usado, a vida futura do poço e as descidas de diversos equipamentos que farão parte desta. Portanto, o planejamento do poço deve considerar futuras intervenções, entre outras, as perfilagens de produção, os métodos de estimulação, as operações com *coiled tubing*, as descidas de bombas e de telas, e o abandono do poço.

A figura 2.23 mostra uma coluna de produção típica para poços direcionais de uma plataforma flutuante com árvore de natal molhada.

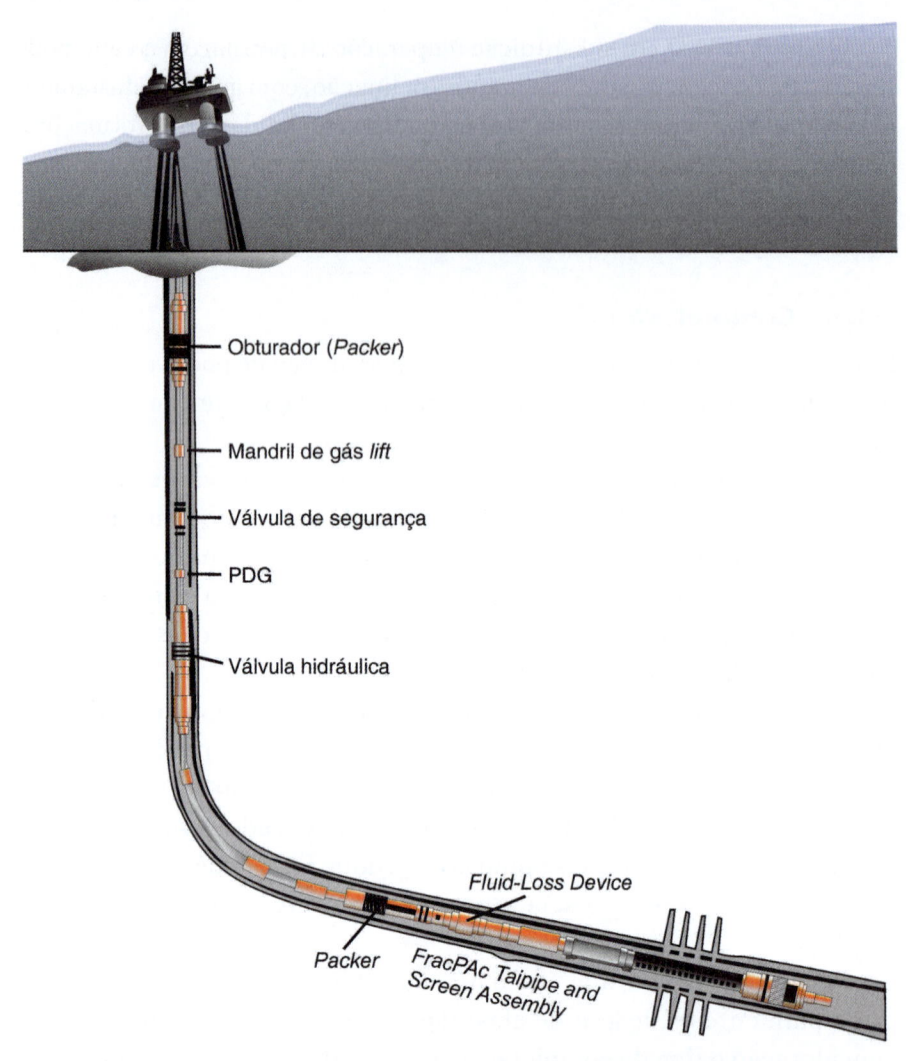

FIGURA 2.23 DESENHO ESQUEMÁTICO DE COLUNA DE PRODUÇÃO EM POÇO DIRECIONAL EM ÁGUA PROFUNDA. (FONTE: HALLIBURTON.)

2.3.13 Vibração

As análises de vibração na coluna de perfuração permitem a localização de possíveis ocorrências de falhas por causa das vibrações excessivas. As falhas podem ocorrer em função da fadiga do material, especialmente nos comandos e *drillpipes* em razão da concentração de tensões. Além disso, são associados à vibração problemas como a diminuição da taxa de penetração e a influência sobre a estabilidade das paredes do poço. A vibração na região superior da coluna onde estão os *drillpipes* é tolerável. Entretanto, a vibração na região do BHA, principalmente onde estão os sensores de LWD e MWD, deve ser evitada, uma vez que esses sensores realizam medições contínuas sobre importantes parâmetros da formação e da perfuração.

Os três tipos de esforços que aparecem por causa da vibração na coluna são os seguintes, conforme figura 2.24:
- Axial.
- Lateral.
- Torção.

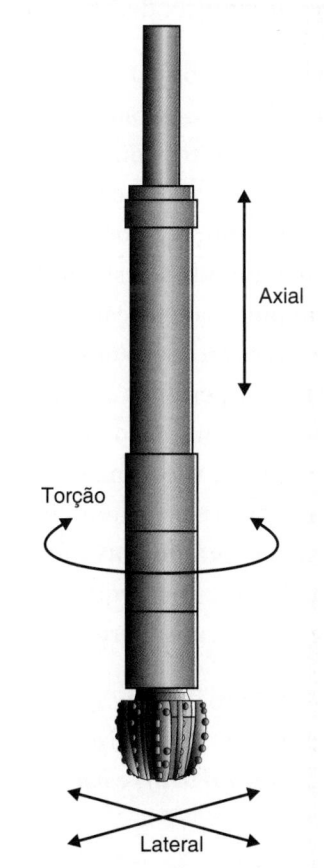

FIGURA 2.24 TIPOS DE VIBRAÇÃO.

Estes efeitos combinados ou isolados podem ocasionar alguns problemas, como:

- Falha em elementos da coluna por fadiga do material, quando ocorre a combinação dos efeitos.
- Instabilidade da parede do poço devido aos choques laterais.
- Redução da taxa de penetração devido aos efeitos de vibração axial.

Alguns termos relativos a problemas de vibração utilizados na indústria são *slip-stick*, *whirl* e *bit bounce*, descritos a seguir.

Slip-stick: é uma torção que faz a broca parar de rodar por alguns instantes. A energia então armazenada e gerada pela pausa é depois liberada, acelerando o BHA. São oscilações torsionais que induzem torques friccionais não-lineares entre a broca e a formação.

O problema de torção na coluna é normalmente considerado o maior causador de danos à mesma quando se está perfurando em baixa rotação. Esse distúrbio consiste em pulsos de torção viajando de baixo para cima e vice-versa entre a broca e a mesa rotativa em poucos segundos, forçando a broca ao **slip-stick** por extensos períodos de tempo na superfície da rocha. Em colunas com comprimento em torno de 5 000 m, a amplitude dessa torção pode ser de duas a quatro vezes maior do que a velocidade média angular (entre 30 rpm e 150 rpm) e pode aumentar com a flutuação de torque na coluna que, se estiver fora do controle, causará invariavelmente danos à broca e à coluna. Até mesmo pequenas amplitudes de **slip-stick** são consideradas como grandes causadores de desgaste da broca.

Whirl: é um movimento de "giro" descompassado da coluna e da broca. Ocorre quando a broca gira fora de seu eixo vertical. O giro da broca tem duas formas identificadas, *forward whirl* e *backward whirl*, causando vibrações laterais e torsionais.

Bit Bounce: são vibrações axiais que induzem na broca um movimento intermitente que a faz perder o contato com a formação. A broca, literalmente, "quica" no fundo do poço.

2.3.14 Desempenho e Custo

De modo geral, um poço direcional leva mais tempo para ser perfurado e custa mais que um poço vertical que tenha a mesma profundidade vertical. Alguns tipos de poços direcionais, como ERW e *designer wells*, com seções de ganho de ângulo (*buildup*) rasas, altos ângulos e longas profundidades medidas, têm custos e riscos ainda maiores. A previsão do desempenho do poço, definido aqui como a relação da profundidade *versus* tempo, é feita com base em poços perfurados na área ou em locais semelhantes. O custo por sua vez leva em consideração o desempenho do poço e os diversos custos de serviços e material que serão gastos. O resultado da previsão do custo geralmente leva em conta os seguintes itens:

a) Custos relacionados ao tempo que incluem:
- Custos diários de sonda.
- Custos diários de aluguel de equipamentos adicionais.
- Custos diários de logística (barcos, helicópteros, etc.).

b) Custos relacionados à profundidade ou comprimentos que incluem:
- Comprimento da coluna de revestimento.
- Quantidade de materiais (cimento, fluido de perfuração, brocas, etc.).

c) Custos randômicos, como:
- Custos de pescarias.
- Custos de controle de poço.

EXERCÍCIOS

1. Cite pelo menos cinco dados básicos que devem ser considerados durante o planejamento de um poço direcional.
2. Cite os principais tipos de trajetórias direcionais.
3. Planejar a trajetória 2D de um poço direcional tipo II com o **KOP** a 945 m, afastamento de 640 m e taxas de ganho e perda de ângulo de 2°/30 m.
   a) Se a profundidade vertical do final do trecho de *drop off* é 3 109 m, qual será ângulo do trecho reto?
   b) Qual será o comprimento de revestimento de produção a ser descido se a profundidade vertical final do poço é 3 309 m?

c) Um revestimento intermediário deverá ser descido a 2 503 m de profundidade vertical. Calcular o seu comprimento e o afastamento horizontal nesta profundidade.

4. Projete o seguinte poço horizontal com dois trechos de ganho:
   KOP = 305 m.
   Afastamento do início do trecho horizontal = 2 438 m.
   Profundidade vertical do início do trecho horizontal = 1 676 m.
   Comprimento do trecho horizontal = 1 000 m.
   Taxa de ganho de ângulo do primeiro trecho = 2°/30 m.
   Taxa de ganho de ângulo do segundo trecho = 1,5°/30 m.

5. Determinar o ângulo guia e a direção na qual a ferramenta defletora deve ser assentada para se atingir o objetivo que se encontra a 1 000 m ao longo do trecho a ser perfurado. A direção do alvo a partir do ponto de assentamento é N 70° E e o giro da broca é de 1°/100 m à direita.

6. Calcule a trajetória 3D de um poço de 500 m a 620 m onde o KOP está a 500 m, a taxa de ganho de ângulo é de 2°/30 m, o ângulo guia é de 10° e o giro da broca é de 1°/30 m à direita. A direção do alvo é N 30° E. Assuma que os primeiros 60 m são para assentar a ferramenta no ângulo guia. Assim, a direção deve ser mantida constante até 560 m. Calcule a trajetória espacial para cada 30 m perfurados.

7. Explique como a limpeza do poço pode afetar a perfuração direcional.

8. Quais os principais itens que devem ser considerados quando da escolha de uma sonda para perfurar um poço direcional?

9. Defina os seguintes gradientes de geopressões e explique como eles podem afetar a perfuração de um poço direcional:
   - Poros.
   - Fratura.
   - Colapso.

10. (Prova da Petrobras de 2005) Está sendo perfurado um poço direcional que deve atingir o objetivo que está a 3 000 m de profundidade e a 130 m de afastamento da sonda. Pretende-se que o poço depois do KOP (*Kick off Point*) siga numa circunferência até atingir o alvo numa inclinação de 30° em relação à vertical. Utilizando-se sen (30°) = 0,50 e cos (30°) = 0,87, a profundidade do KOP e o raio da circunferência valem.
Resposta: Profundidade do KOP = 2 500 m e
Raio da Trajetória = 1 000 m.

CAPÍTULO 3

Colunas de Perfuração Direcional

Maiores profundidades medidas, torques e arrastes elevados são algumas características típicas que diferenciam um poço direcional de um vertical. Devido a esses aspectos, grande atenção deve ser dada às colunas de perfuração direcional.

Saber compor uma coluna de perfuração é uma das tarefas mais importantes da perfuração direcional, uma vez que esta é quem determinará se o poço irá ganhar, manter ou perder ângulo. Basicamente, a coluna de perfuração é composta por tubos de perfuração (*drillpipe* – DP) acrescidos de um conjunto de ferramentas geralmente referidas como composição de fundo ou *bottom hole assembly* (BHA).

Enquanto os tubos de perfuração têm como função básica apenas transmitir rotação e conduzir o fluido de perfuração, o BHA é quem ditará o tipo de trajetória que o poço seguirá. A composição do BHA deve levar em consideração vários fatores, que incluem: tendências de ganho ou perda de inclinação, posições das linhas neutras de tração e compressão, tipo da formação, ângulo do poço, tipo de broca, parâmetros de perfuração (peso sobre a broca, rotação e vazão) e diâmetros dos componentes da coluna. É interessante mencionar que o início do ganho de ângulo de um poço (KOP) depende da tecnologia empregada para forçar a broca na direção desejada, o que, por sua vez, requer um determinado tipo de coluna de perfuração.

Basicamente, o BHA é composto por *heavyweights drillpipes* (HWDP), *drill collars* (comandos), estabilizadores, broca, motor de fundo, entre outros equipamentos mais específicos que serão discutidos posteriormente.

3.1 Componentes Básicos da Coluna de Perfuração

3.1.1 *Drill Collars* (DC – Comandos)

Drill collars (DC) ou comandos são tubos de perfuração pesados e com grande rigidez usados principalmente para colocar peso sobre a broca. Podem ser encontrados DC de paredes externas lisas ou em forma de espiral (figura 3.1). O último modelo é utilizado para reduzir o contato do tubo com a parede do poço, diminuindo, assim, o risco de prisão de coluna por diferencial de pressão. Outro tipo de DC é o não-magnético ou monel (*non magnetic drill collar* – NMDC) da figura 3.2, cuja finalidade é alojar equipamentos de leitura magnética para medições direcionais e promover o afastamento entre a parte magnetizável da coluna (comandos, HWDPs e estabilizadores) da parte da composição de fundo que não pode sofrer interferência magnética, conforme veremos mais adiante.

O comando curto (*short drill collar*), cujo comprimento varia de 3 a 5 m, é utilizado para promover maior ou menor espaçamento entre os estabilizadores, possibilitando um maior número de combinações de colunas estabilizadas.

FIGURA 3.1 COMANDO (*DRILL COLLAR*) ESPIRAL.

FIGURA 3.2 COMANDO NÃO-MAGNÉTICO (NMDC – *NON MAGNETIC DRILL COLLAR*).

3.1.2 *Heavyweight Drillpipes* (HWDP)

Heavyweight drillpipes (HWDP) são tubos que têm geralmente o mesmo diâmetro externo dos *drillpipes* (DP) comuns, porém com maior espessura de parede (figura 3.3). Além de poderem ser utilizados para dar peso sobre a broca, os HWDP são usados entre os comandos e os *drillpipes* para permitir uma mudança gradual da rigidez da coluna. Se há uma mudança de rigidez brusca dos *drillpipes* conectados imediatamente acima dos comandos, neste ponto haverá uma concentração de esforços que poderá levar à quebra da coluna por fadiga.

O uso de HWDP para colocar peso sobre a broca deve seguir algumas regras quando o poço é vertical ou de baixa inclinação. Apenas para servir de orientação, a tabela 3.1 a seguir informa o diâmetro máximo do poço para cada diâmetro de HWDP.

FIGURA 3.3 HWDP – *HEAVYWEIGHT DRILLPIPE*.

TABELA 3.1 RECOMENDAÇÃO DE USO DE HWDP EM POÇOS VERTICAIS OU DE BAIXA INCLINAÇÃO. (FONTE: DRILCO – DRILLING ASSEMBLY HANDBOOK.)

Diâmetro do HWDP (Para Usar o HWDP em Compressão)	Máximo Diâmetro do Poço Vertical
5"	10 1/16"
4 ½"	9 1/16"
4"	8 1/8"
3 ½"	7"

Conforme a tabela 3.1, não é recomendado o uso de HWDP em compressão em fases de grande diâmetro. A falta do efeito da gravidade atuando nos HWDP em compressão permite a flambagem da coluna, ao passo que a vibração e a ocorrência de esforços cíclicos causam quebras por fadiga, uma vez que os HWDP ficam colidindo com a parede do poço.

3.1.3 Estabilizadores

Estabilizadores são equipamentos de grande importância para a perfuração direcional. Como mostrado na figura 3.4, são elementos tubulares de coluna de perfuração desenvolvidos com formato específico cujas funções incluem, entre outras:

- Estabilizar a composição de fundo (BHA).
- Controlar o desvio do poço.
- Manter os comandos no centro do poço e reduzir a vibração lateral.
- Prevenir prisão por diferencial de pressão e desgaste dos comandos.

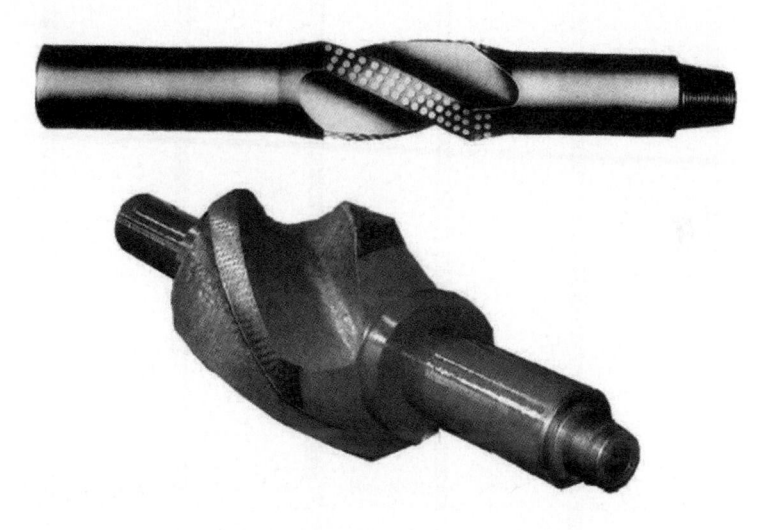

FIGURA 3.4 ESTABILIZADORES.

3.1.4 Percussor de Perfuração (*Drilling Jar*)

É um equipamento auxiliar da perfuração utilizado para facilitar a retirada da coluna do poço em casos de prisão, reduzindo os riscos de pescaria. É muito importante a sua utilização em poços direcionais porque o atrito da coluna com o poço é sempre mais acentuado do que em poços verticais.

Em geral o percussor possui dois sentidos de atuação, para cima e para baixo. O *Jar* funciona com a liberação instantânea de uma carga de impacto para vencer as forças que mantêm a coluna presa. Seu uso efetivo requer o entendimento dos esforços pelos quais a coluna passa no interior do poço.

A figura 3.5 mostra o posicionamento dos *Jars* de perfuração em diferentes configurações de coluna de perfuração.

O correto posicionamento do *Jar* leva em consideração a trajetória do poço, o atrito da coluna com o poço, o BHA, o peso do fluido de perfuração, o peso sobre a broca com o qual se planeja perfurar, o impacto e o impulso para a liberação da coluna. A energia do *Jar* provém do efeito elástico, como o de uma mola, da coluna, quando esta se alonga ou contrai.

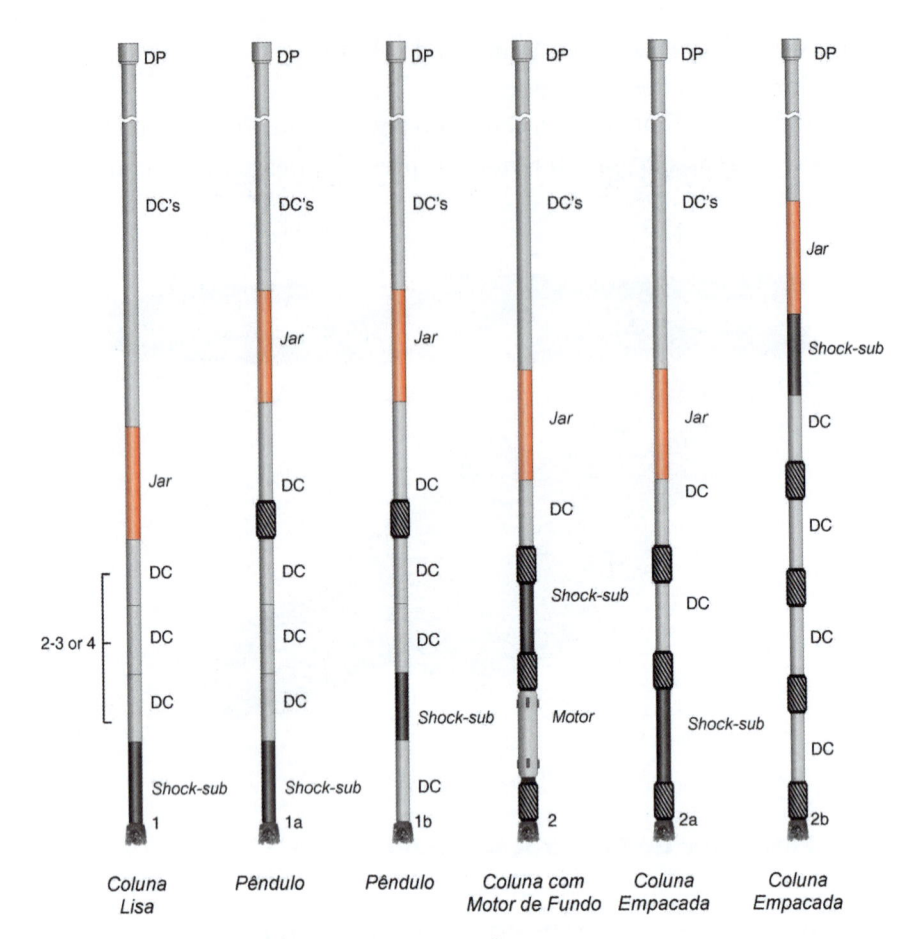

FIGURA 3.5 CONFIGURAÇÕES DE BHA COM JAR.
(FONTE: WENZEL DOWNHOLE TOOLS.)

O mecanismo que aciona o *Jar* pode ser mecânico ou hidráulico, daí a classificação do *Jar* em mecânico e hidráulico (figura 3.6). Para atuar o *Jar*, traciona-se (bater para cima) ou comprime-se (bater para baixo) a coluna até o ponto em que o *Jar* libera o mecanismo que mantém o seu mandril preso. O impacto se dá quando todo o mandril se movimenta e para bruscamente nos seus limites em um efeito parecido com um bate estacas (para baixo) ou um saca pistão (para cima).

A liberação dessa energia não vai instantaneamente para o ponto de prisão da coluna. A energia é transmitida por ondas de choque com velocidade de propagação do som em metal.

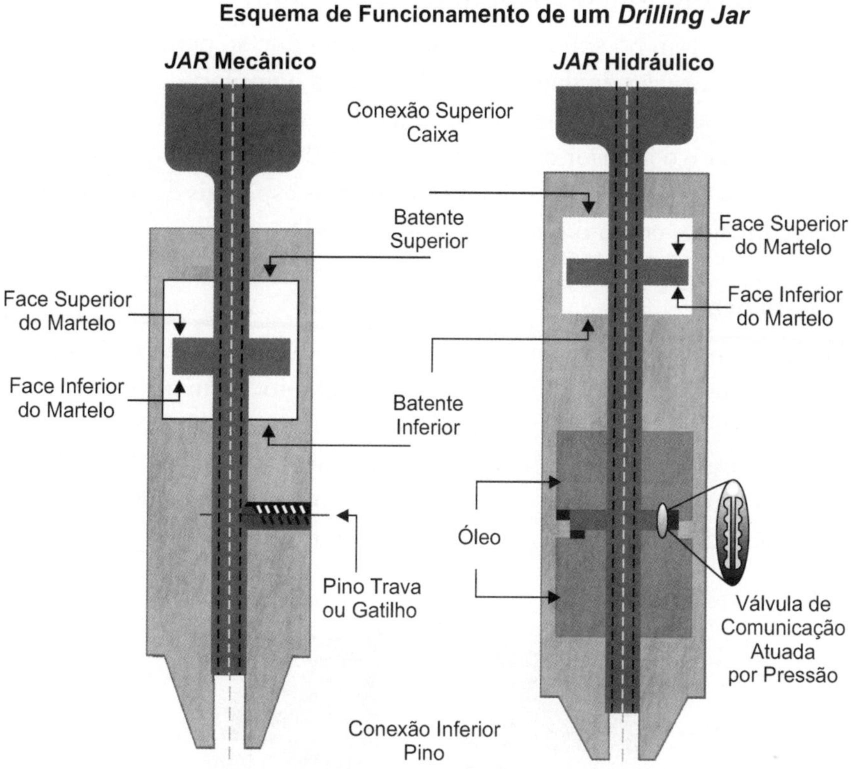

COLUNAS DE PERFURAÇÃO DIRECIONAL 105

Esquema de Funcionamento de um *Drilling Jar*

JAR Mecânico — *JAR* Hidráulico

Conexão Superior Caixa
Batente Superior
Face Superior do Martelo
Face Inferior do Martelo
Batente Inferior
Óleo
Pino Trava ou Gatilho
Válvula de Comunicação Atuada por Pressão
Conexão Inferior Pino

FIGURA 3.6 *DRILLING JAR* MECÂNICO E HIDRÁULICO.

É de fundamental importância que os operadores, acompanhando os trabalhos na sonda, estejam totalmente cientes das características do *Jar*, do peso da coluna abaixo e acima dele e o façam atuar prontamente no caso de uma ameaça de prisão. O tempo, nesse caso, é um fator complicador e pode representar uma retirada bem-sucedida da coluna ou uma prisão de difícil solução com muitos dias de tempo perdido ou até mesmo a perda de trecho do poço com parte da coluna para sempre.

Outro detalhe com relação ao posicionamento do *Jar* na coluna é a opção de colocá-lo atuando comprimido ou tracionado. De todas as maneiras, deve-se evitar colocá-lo próximo à linha neutra para evitar que se danifique por fadiga. O mais prudente é obter todas as informações normalmente fornecidas pelos fabricantes de cada modelo de *Jar* antes de iniciar qualquer estudo sobre o seu posicionamento na coluna de perfuração.

3.1.5 *Sub* com Válvula Flutuante (*Float Sub*)

É um *sub* que tem no seu interior uma válvula que só permite o fluxo do fluido de perfuração de dentro da coluna para o anular.

É usado para evitar que, em caso de desbalanceamento de pressões entre o anular e o interior da coluna, haja um fluxo reverso que venha entupir os jatos da broca ou desalojar ferramentas especiais de registro direcional contínuo, como o *steering tool* e o MWD.

3.1.6 Brocas

A broca é um dos componentes mais básicos de uma coluna de perfuração. Sua seleção é função de vários fatores, que incluem os tipos das formações a serem atravessadas e a qualidade de limpeza do poço desejada.

Embora existam vários tipos de brocas, estas podem ser classificadas de acordo com as suas partes cortantes, que podem ser móveis (*roller cone bit*) ou não (*drag bit*), conforme ilustrado na figura 3.7.

FIGURA 3.7 (A) BROCA DO TIPO ROLLER CONE. (FONTE: HALLIBURTON) E (B) DO TIPO DRAG (FONTE: HUGHES CHRISTENSEN).

Uma vantagem das brocas tipo *drag* em relação as do tipo *roller cone* é a inexistência das partes móveis que se danificam com mais facilidade. As brocas tipo *drag* podem ser agrupadas em: (a) integral com lâminas de aço; (b) diamantes naturais e (c) diamantes artificiais (PDC – *polycrystalline diamond compact* e TSP – *thermally stable polycrystalline*).

É importante ter em mente que nem todas as brocas classificadas como do tipo *drag* usam o arraste como princípio de corte. Por exemplo, algumas brocas de diamante natural trabalham por esmerilhamento e não por arraste.

As brocas tipo **roller cone** (figura 3.8A e 3.8B) podem perfurar uma gama maior de tipos de formações quando comparadas com a PDC. Contudo, quando o custo diário da perfuração é alto, preferem-se as brocas do tipo *drag* (PDC ou de diamante) em detrimento das do tipo *roller cone*.

FIGURA 3.8A BROCA TRICÔNICA DENTADA. (FONTE: SMITH INTERNATIONAL.)

FIGURA 3.8B BROCA TRICÔNICA COM INSERTOS. (FONTE: SMITH INTERNATIONAL.)

De forma geral, as brocas **PDC** (figura 3.9) possuem um melhor desempenho em seções de formação uniformes. São aplicadas para formações macias, firmes, não muito duras, não-abrasivas e que não sejam pegajosas (*gummy*), para evitar o enceramento da broca.

FIGURA 3.9 BROCA TIPO PDC COMUM NA UTILIZAÇÃO EM SISTEMAS *ROTARY STEERABLE*. (FONTE: SMITH INTERNATIONAL.)

A broca com insertos tipo **TSP** é utilizada em formações mais duras que gerem mais calor durante a perfuração, uma vez que o calor destrói a ligação entre os diamantes e a liga de cobalto utilizados na broca PDC.

Além da escolha do tipo da broca com base na formação, devem-se levar em conta as condições operacionais a que ela estará sujeita. A tabela 3.2 ilustra um exemplo das condições operacionais que limitam a aplicabilidade das brocas do tipo *roller cone* com insertos. Por exemplo, a broca com código IADC de 515 a 517 é recomendada para formações macias de baixa tensão compressível, para os limites mínimo e máximo de peso sobre a broca entre 2 000 lb a 6 000 lb por polegada de diâmetro da broca, e para rotações entre 140 e 50 rpm. Atentar que, para o limite mínimo de peso sobre a broca de 2 000 lb/in, gira-se a coluna até o limite máximo de 140 rpm.

Por fim, a broca é analisada em termos de qualidade de limpeza do poço, que se reflete na quantidade e no diâmetro dos jatos da broca. O parâmetro analisado aqui é a área total de fluxo conhecida como TFA (*total flow area*), representado pela fórmula a seguir.

$$TFA = \sqrt{\rho \times \frac{Q^2}{10\,858 \cdot \Delta P_{broca}}}$$

Onde:
TFA = total *flow area* (pol²);
ρ = peso do fluido de perfuração (lb/gal);
Q = vazão (gpm);
ΔP_{broca} = queda de pressão na broca (psi);

A vazão mínima requerida para limpar o poço limitará o valor de TFA, cuja relação entre o número de jatos e o seu diâmetro de abertura é vista na tabela 3.3. Como exemplo, para três jatos de 11/32 de tamanho, o TFA é igual a 0,278 pol².

A escolha dos diâmetros dos jatos da broca e a otimização da limpeza em poços desviados são limitadas pela pressão máxima de bombeio definida pelo diâmetro das camisas e pela potência das bombas de lama. O motor de fundo e o LWD, em geral, adicionam uma perda de carga no interior da coluna que impede que a vazão seja otimizada.

TABELA 3.2 PARÂMETROS DE PERFURAÇÃO DE BROCAS *ROLLER CONE* COM INSERTOS DE CARBONO-TUNGSTÊNIO. (FONTE: HALLIBURTON.)

Tipo de Broca	IADC	Resistência Compressiva da Formação	Range de Rotação Peso (LBS/POL. Diam. Broca) (Deca Newton = LBS X 0,445)	Range de Rotação RPM	Range de Aplicação para Motores Peso (LBS/POL. Diam. Broca) (Deca Newton = LBS X 0,445)	Range de Aplicação para Motores RPM
XT/XL/XS 00 to 05	415/417	Very Soft-Low Compressive Strength	1 000-5 000	160-70	1 000-4 000	300-80
XT/XL/XS 06 to 09	425/427	Soft-Low Compressive Strength	1 500-500	160-70	1 000-4 000	300-80
XT/XL/XS 10 to 13	435/437	Soft-Low Compressive Strength	2 000-5 000	160-70	1 000-4 000	300-80
XT/XL/XS 14 to 17	445/447	Soft-Low Compressive Strength	2 000-5 000	140-60	1 000-4 000	250-80
XT/XL/XS 18 to 23	515/517	Soft-Low Compressive Strength	2 000-6 000	140-50	1 000-4 000	250-80
XT/XL/XS 24 to 27	525/527	Soft-Medium Compressive Strength	2 000-6 000	120-50	1 000-4 000	250-80
XT/XL/XS 28 to 33	535/537	Soft-Medium Compressive Strength	3 000-7 000	100-40	2 000-3 000	220-80
XT/XL/XS 34 to 39	545/547	Soft-Medium Compressive Strength	3 000-7 000	80-40	2 000-3 000	220-80
XT/XL/XS 40 to 45	615/617	Medium-High Compressive Strength	3 000-7 000	80-40	2 000-3 000	220-80
XT/XL/XS 46 to 51	625/627	Medium-High Compressive Strength	3 500-7 000	80-40	2 500-3 500	150-80
XT/XL/XS 52 to 59	635/637	Medium-High Compressive Strength	4 000-7 000	70-40	2 000-4 000	140-60
XT/XL/XS 61 to 69	645/647	Medium-High Compressive Strength	4 000-7 000	70-40	2 000-4 000	140-60
XT/XL/XS 71 to 75	715/717	Hard-High Compressive Strength	4 000-7 500	65-35	2 000-4 500	140-60
XT/XL/XS 77 to 81	735/737	Hard-High Compressive Strength	4 000-7 500	65-35	2 000-4 500	140-60
XT/XL/XS 83 to 89	745/747	Hard-High Compressive Strength	4 000-7 500	55-40	2 000-4 500	120-50
XT/XL/XS 91 to 93	815/817	Hard-Abrasive	4 000-7 500	55-40	2 000-4 500	120-50
XT/XL/XS 95 to 97	825/827	Extremely Hard-Abrasive	4 500-7 500	50-30	2 000-4 500	120-50
XT/XL/XS 99	835/837	Extremely Hard-Abrasive	4 500-7 500	50-30	2 000-4 500	120-50

TABELA 3.3 RELAÇÃO ENTRE A QUANTIDADE E O TAMANHO DO JATO DA BROCA E O TFA EM POL^2. (FONTE: BAKER HUGHES.)

Tamanho do Jato	TFA de Um Jato	TFA de Dois Jatos	TFA de Três Jatos	TFA de Quatro Jatos	TFA de Cinco Jatos	TFA de Seis Jatos	TFA de Sete Jatos	TFA de Oito Jatos	TFA de Nove Jatos
7/32	0,038	0,075	0,113	0,150	0,188	0,226	0,263	0,301	0,338
8/32	0,049	0,098	0,147	0,196	0,245	0,295	0,344	0,393	0,442
9/32	0,062	0,124	0,186	0,249	0,311	0,373	0,435	0,397	0,559
10/32	0,077	0,153	0,230	0,307	0,384	0,460	0,537	0,614	0,690
11/32	0,093	0,186	0,278	0,371	0,464	0,557	0,650	0,742	0,835
12/32	0,110	0,221	0,331	0,442	0,552	0,663	0,773	0,884	0,994
13/32	0,130	0,259	0,389	0,519	0,648	0,778	0,907	1,037	1,167
14/32	0,150	0,301	0,451	0,601	0,752	0,902	1,052	1,203	1,353
15/32	0,173	0,345	0,518	0,690	0,863	1,035	1,208	1,381	1,553
16/32	0,196	0,393	0,589	0,785	0,982	1,178	1,374	1,571	1,767

TFA = 3 × Π × d^2/4.
d = diâmetro do jato em pol. × 32.

Esse estudo é importante, pois é muito comum que ao final de uma fase, quando a limpeza é crítica, a vazão tenha que ser reduzida por total impossibilidade de aumento da pressão de bombeio por limitações dos equipamentos de superfície. A troca das camisas das bombas por camisas de menor diâmetro e o uso de colunas de *drillpipes* de maior diâmetro são soluções paliativas e normalmente aplicadas.

EXERCÍCIO RESOLVIDO

Determine a quantidade e os diâmetros dos jatos (d) da broca, sabendo-se que a pressão de circulação na sonda é de 3 000 psi, a vazão é de 400 gpm, a densidade do fluido de 12 lb/gal e assumindo que a perda de carga na broca representa 65% da pressão de circulação.

$$TFA = \sqrt{\frac{\rho \times Q^2}{10\ 858 \times \Delta P_{broca}}}$$

$$TFA = \sqrt{\frac{12 \times 400^2}{10\ 858 \times 0{,}65 \times 3\ 000}} = 0{,}3011\ \text{pol}^2$$

$$d\ (\text{pol}/32'') = 32 \times \sqrt{\frac{4 \times TFA}{3 \times \Pi}}$$

$$d\ (\text{pol}/32'') = 32 \times \sqrt{\frac{4 \times 0{,}3011}{3 \times \Pi}} = 11{,}44$$

Pela tabela 3.3, os jatos ou são de 11/32" ou de 12/32", não há jato de 11,44/32". Dessa forma, podem-se escolher dois jatos de 11/32" e um de 12/32", cujos TFA são, respectivamente, 0,186 e 0,110, que somados dão um TFA global de 0,296 (aproximadamente 0,3).

3.2 Composições de Colunas para Perfuração Direcional Utilizando Componentes Básicos

Existem vários equipamentos que são comuns a todos os tipos de poços, sejam verticais ou não. Em termos de perfuração direcional, as ferramentas básicas para se compor um BHA são: *heavyweights drillpipe* (hwdp), *drill collars* (comandos) e estabilizadores. Diferentes posicionamentos desses componentes levam a diferentes composições de colunas que permitem ganhar, manter ou perder ângulo. Além disso, muitas vezes apenas a experiência adquirida em uma certa área permite que a tendência natural das formações guie o poço em determinada direção.

Os tipos básicos de composição de coluna que são utilizados na perfuração direcional e suas respectivas funções são:

- **Composição para ganhar ângulo (princípio da alavanca ou efeito *Fulcrum*)**, usado para aumentar a inclinação do poço.
- **Composição para manter ângulo (coluna empacada)**, usado para manter a mesma inclinação e direção do poço.
- **Composição para perder ângulo (princípio do pêndulo)**, usado para reduzir a inclinação do poço.

3.2.1 Composição para Ganhar Ângulo (Princípio da Alavanca ou Efeito *Fulcrum*)

Como mostrado na figura 3.10, o efeito de ganho de ângulo se baseia no efeito alavanca promovido pelo estabilizador colocado bem próximo da broca (*near-bit stabilizer* ou NBS), que a empurra para o lado alto do poço (*high side*) à medida que o peso do BHA curva gradualmente o comando adjacente.

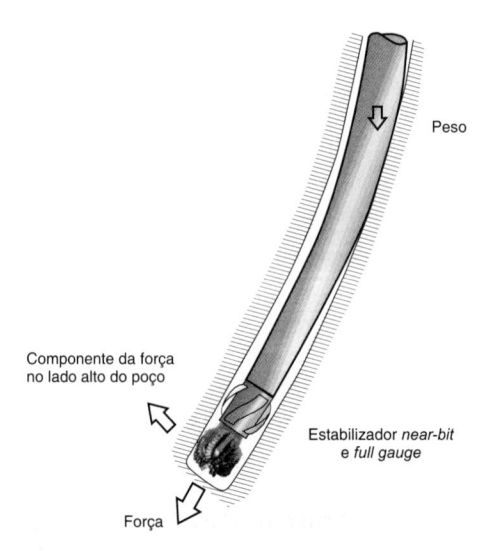

FIGURA 3.10 BHA PARA GANHO DE ÂNGULO.

Geralmente, um segundo estabilizador é colocado mais acima para mover o ponto de contato da coluna com o poço para longe da broca e permitir que a taxa de ganho de ângulo possa ser reduzida. A figura 3.11 mostra alguns tipos de BHA para ganhar ângulo.

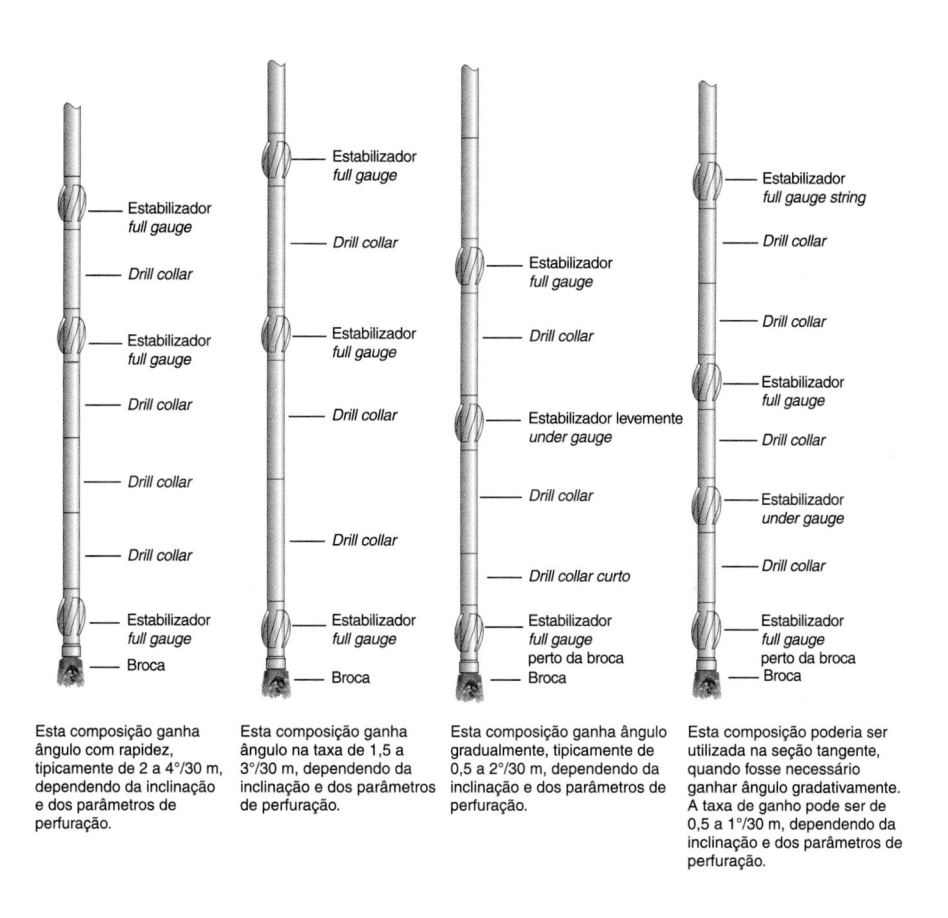

FIGURA 3.11 EXEMPLOS DE BHA DE GANHO DE ÂNGULO. (FONTE: BAKER HUGHES).

Vários fatores afetam a taxa de ganho de ângulo e alguns são descritos a seguir.

a) *Peso sobre a Broca*

O aumento do peso sobre a broca tende a empurrar o ponto de contato da coluna com a parede do poço mais para baixo, fazendo com que a taxa de ganho aumente mais rapidamente.

b) Rotação de Coluna

Uma alta rotação causará uma tendência de se perfurar em linha reta, diminuindo o ganho de ângulo. Consequentemente, menores rotações da coluna ajudam a aumentar o ganho de ângulo.

c) Diâmetro dos Comandos

A rigidez dos comandos é proporcional à quarta potência do seu diâmetro. Uma redução pequena no diâmetro externo do comando usado em um BHA de ganho de ângulo aumentará consideravelmente a taxa do mesmo.

d) Vazão

Altas vazões podem erodir a parede do poço e não permitir que o estabilizador *near-bit* toque o poço, reduzindo, assim, o efeito alavanca.

3.2.2 Composição para Manter Ângulo (Coluna Empacada)

A **coluna empacada** se baseia na ideia de que três estabilizadores em sequência depois da broca, separados por pequenas seções de comandos rígidos, farão com que a coluna resista diante de uma curva, mantendo a tendência retilínea do poço conforme a figura 3.12. Segundo a figura 3.12B, o primeiro dos três estabilizadores deverá estar imediatamente atrás da broca (NBS) e ser *full gauge*, por exemplo, com seu diâmetro externo original e intacto.

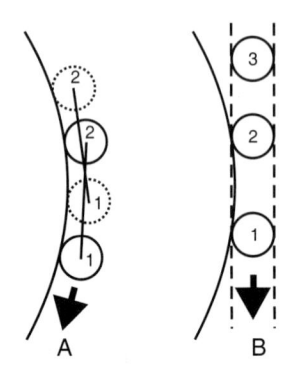

FIGURA 3.12 EXEMPLOS DE BHA COM DOIS OU TRÊS ESTABILIZADORES, (A) E (B), RESPECTIVAMENTE.

Este BHA é usado para perfurar seções tangenciais do poço direcional, mantendo, dessa forma, o ângulo e a inclinação do poço. Uma alta rotação da coluna (120-160 rpm) irá ajudar na perfuração em linha reta.

A figura 3.13 apresenta algumas composições típicas **para manter ângulo**.

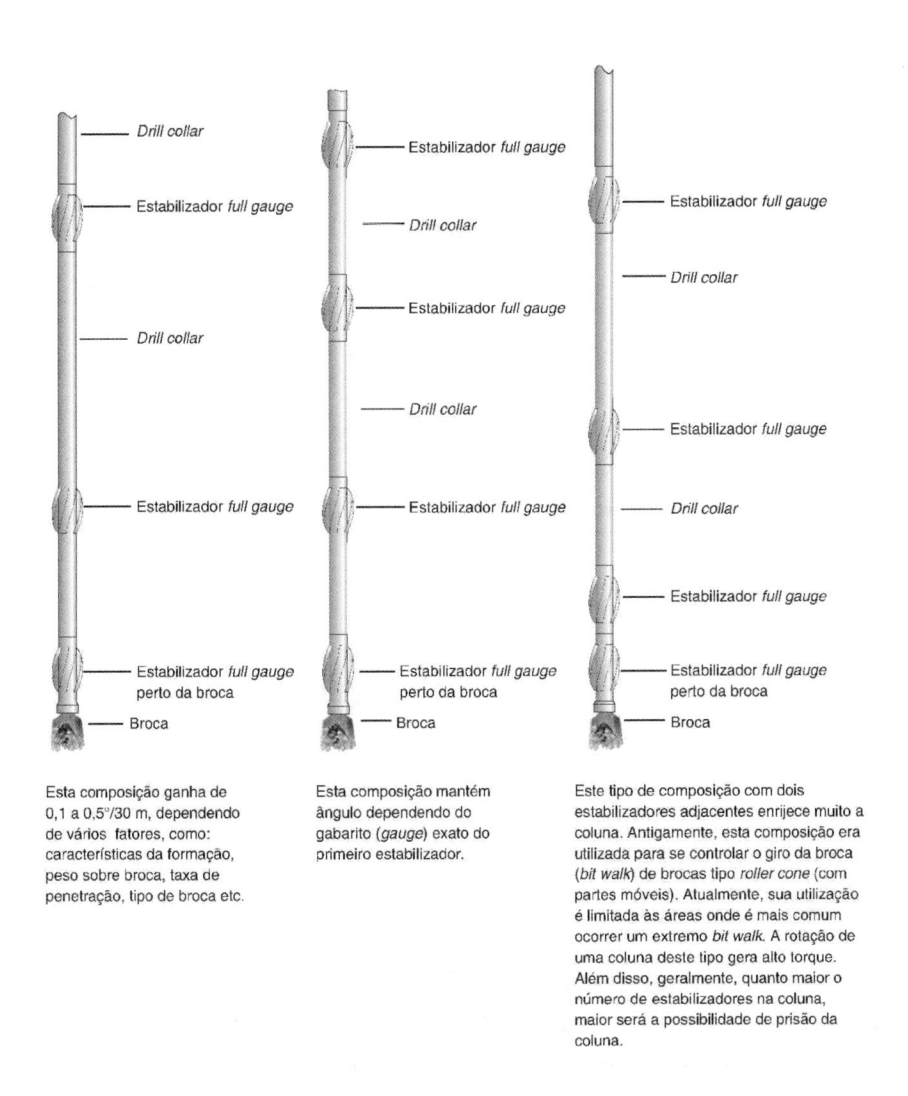

Esta composição ganha de 0,1 a 0,5°/30 m, dependendo de vários fatores, como: características da formação, peso sobre broca, taxa de penetração, tipo de broca etc.

Esta composição mantém ângulo dependendo do gabarito (*gauge*) exato do primeiro estabilizador.

Este tipo de composição com dois estabilizadores adjacentes enrijece muito a coluna. Antigamente, esta composição era utilizada para se controlar o giro da broca (*bit walk*) de brocas tipo *roller cone* (com partes móveis). Atualmente, sua utilização é limitada às áreas onde é mais comum ocorrer um extremo *bit walk*. A rotação de uma coluna deste tipo gera alto torque. Além disso, geralmente, quanto maior o número de estabilizadores na coluna, maior será a possibilidade de prisão da coluna.

FIGURA 3.13 EXEMPLOS DE BHA PARA MANTER O ÂNGULO. (FONTE: BAKER HUGHES.)

3.2.3 Composição para Perder Ângulo (Princípio do Pêndulo)

A característica principal do BHA para perder ângulo é a não utilização de estabilizador *near-bit* ou usá-lo com um diâmetro menor do que da broca (*under gauge*); um exemplo é mostrado na figura 3.14. Por este motivo, a porção do BHA que vai da broca até o primeiro estabilizador inclina-se como um pêndulo e, devido ao seu peso próprio, pressiona a broca contra a parte baixa do poço. Como na maioria dos casos que este BHA é utilizado, o fator principal causador do desvio é a força que a broca exerce sobre a parte baixa do poço. Ademais, o comprimento dos comandos após a broca também é de grande importância para a existência do efeito pêndulo.

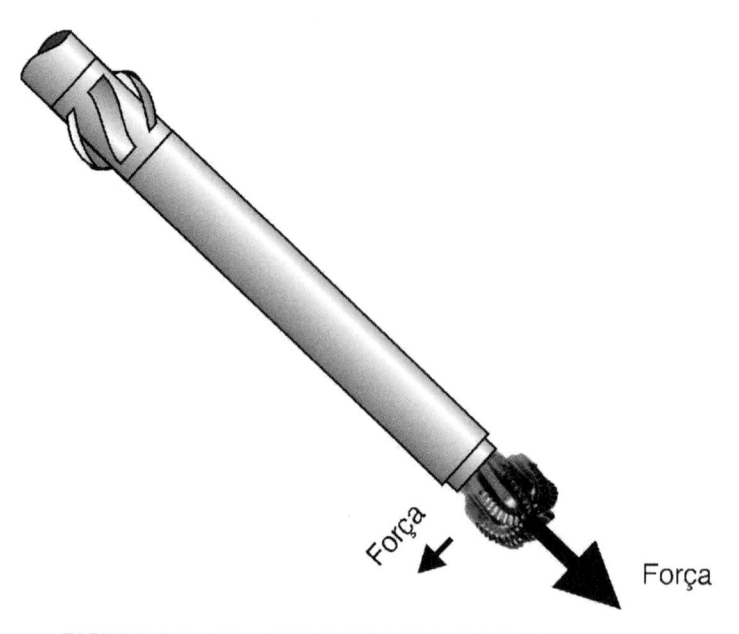

FIGURA 3.14 BHA SEM ESTABILIZADOR PERTO DA BROCA.

Se os comandos fizerem contato com a parte baixa do poço, como mostra a figura 3.15, o efeito pêndulo será reduzido, reduzindo também a taxa de perda de ângulo. Uma seleção cuidadosa de parâmetros de perfuração é requerida para reverter este problema.

Alguns pontos importantes devem ser observados quando se utiliza a composição de perda de ângulo.

FIGURA 3.15 BHA COM EFEITO PENDULAR REDUZIDO COM O CONTATO DO COMANDO NA PAREDE DO POÇO.

a) *Distância do Estabilizador até a Broca*

O efeito pendular depende da força lateral aplicada na broca e que irá forçá-la para a vertical. Por sua vez, a força lateral depende do peso dos comandos entre o ponto de contato e a broca. Essa distância pode ser aumentada através do uso de estabilizadores. Entretanto, existirá um ponto onde o estabilizador não terá nenhuma influência porque o comando irá tocar a parede do poço, agindo como se não existisse estabilizador algum na coluna. Naturalmente que o ponto de contato será função do diâmetro do comando e da distância do estabilizador até a broca. Além disso, o ponto de contato também será função do peso sobre broca sendo aplicado, já que o peso tenderá a curvar os comandos, movendo o ponto de contato para baixo.

A tabela 3.4 pode ser usada como um guia para a escolha da posição limite do estabilizador na coluna de modo que o efeito pendular ocorra. Em outras palavras, caso a distância seja menor que esta, o efeito pendular poderá ser inexistente.

TABELA 3.4 DISTÂNCIA DO ESTABILIZADOR ATÉ A BROCA ABAIXO DO QUAL NÃO HAVERÁ EFEITO PENDULAR DO BHA. (FONTE: SCHLUMBERGER.)

Diâmetro do Comando	Mínima Distância do Estabilizador à Broca (Metros)
9-9 1/2"	37
7 3/4"-8"	27
6 1/4"-6 1/2"	18

b) *Parâmetros de Perfuração*

Inicialmente, utiliza-se um baixo peso sobre broca para evitar o contato da coluna com o lado baixo do poço, o que diminui o efeito pendular. Depois do estabelecimento da tendência de perda de ângulo, pode-se aumentar o peso sobre a broca para atingir os valores desejados de taxa de penetração.

Inicialmente, utiliza-se um baixo peso sobre broca para evitar o contato da coluna com o lado baixo do poço, o que diminui o efeito pendular. Depois do estabelecimento da tendência de perda de ângulo, pode-se aumentar o peso sobre a broca para atingir os valores desejados de taxa de penetração.

Em geral, quanto maior for a rotação da coluna, maior a taxa de perda de ângulo. Isto ocorre porque estas condições tendem a mover o ponto de contato da coluna de perfuração para cima, que permite assim um maior comprimento do comando, ajudando o efeito pendular.

A figura 3.16 mostra alguns exemplos de composições de perda de ângulo.

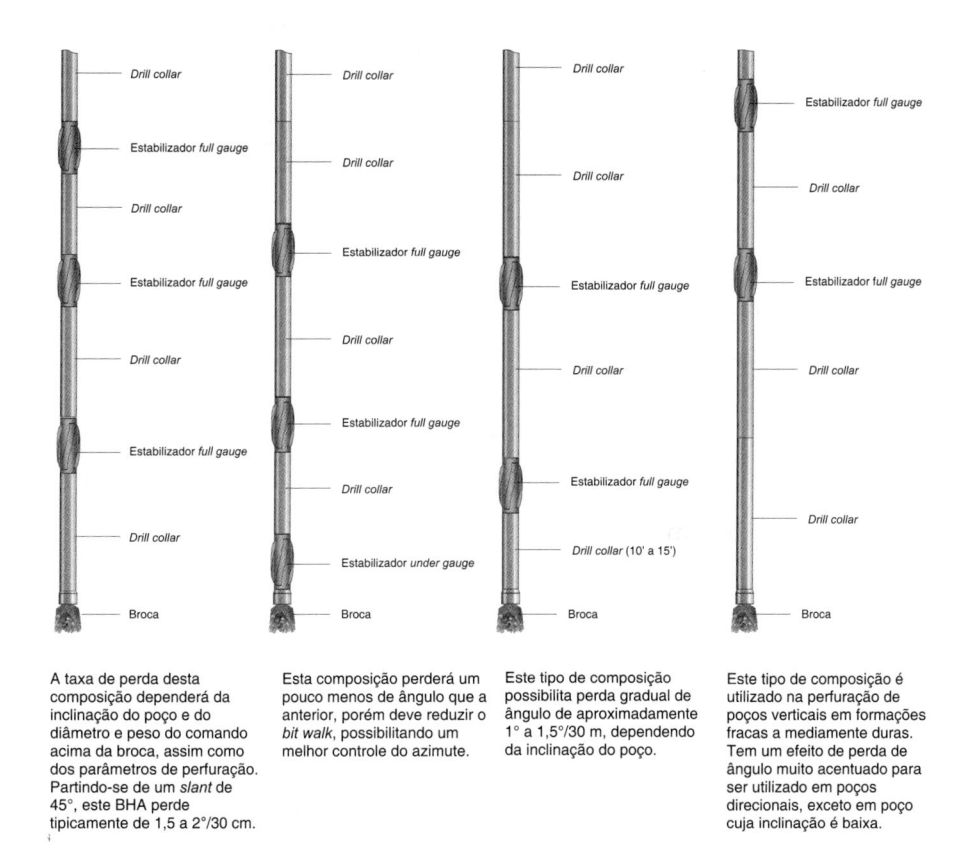

A taxa de perda desta composição dependerá da inclinação do poço e do diâmetro e peso do comando acima da broca, assim como dos parâmetros de perfuração. Partindo-se de um *slant* de 45°, este BHA perde tipicamente de 1,5 a 2°/30 cm.

Esta composição perderá um pouco menos de ângulo que a anterior, porém deve reduzir o *bit walk*, possibilitando um melhor controle do azimute.

Este tipo de composição possibilita perda gradual de ângulo de aproximadamente 1° a 1,5°/30 m, dependendo da inclinação do poço.

Este tipo de composição é utilizado na perfuração de poços verticais em formações fracas a mediamente duras. Tem um efeito de perda de ângulo muito acentuado para ser utilizado em poços direcionais, exceto em poço cuja inclinação é baixa.

FIGURA 3.16 EXEMPLOS DE BHA PARA PERDER O ÂNGULO. (FONTE: BAKER HUGHES.)

3.3 Equipamentos Especiais da Perfuração Direcional

3.3.1 Motor de Fundo (*Mud Motor*)

Hoje, uma das ferramentas básicas da perfuração direcional é o **motor de deslocamento positivo**, referido comumente como **motor de fundo**.

O **motor de fundo** é um motor hidráulico, conectado logo acima da broca e movimentado pelo fluxo de fluido de perfuração que circula em seu interior. Sua função principal é transmitir rotação e torque à broca independentemente da rotação da coluna. Inicialmente, os motores de fundo eram usados especificamente para iniciar o trecho de ganho de inclinação a partir do KOP, porém suas aplicações atuais se estendem também para poços verticais para, por exemplo, minimizar o desgaste da coluna de perfuração em formações muito duras e garantir o controle da verticalidade.

A figura 3.17 mostra um motor de fundo com estabilizador e broca. São mostrados, também, os principais componentes do motor de fundo: *dump sub/dump valve*, unidade de transmissão, unidade ou seção de potência e seção de rolamentos.

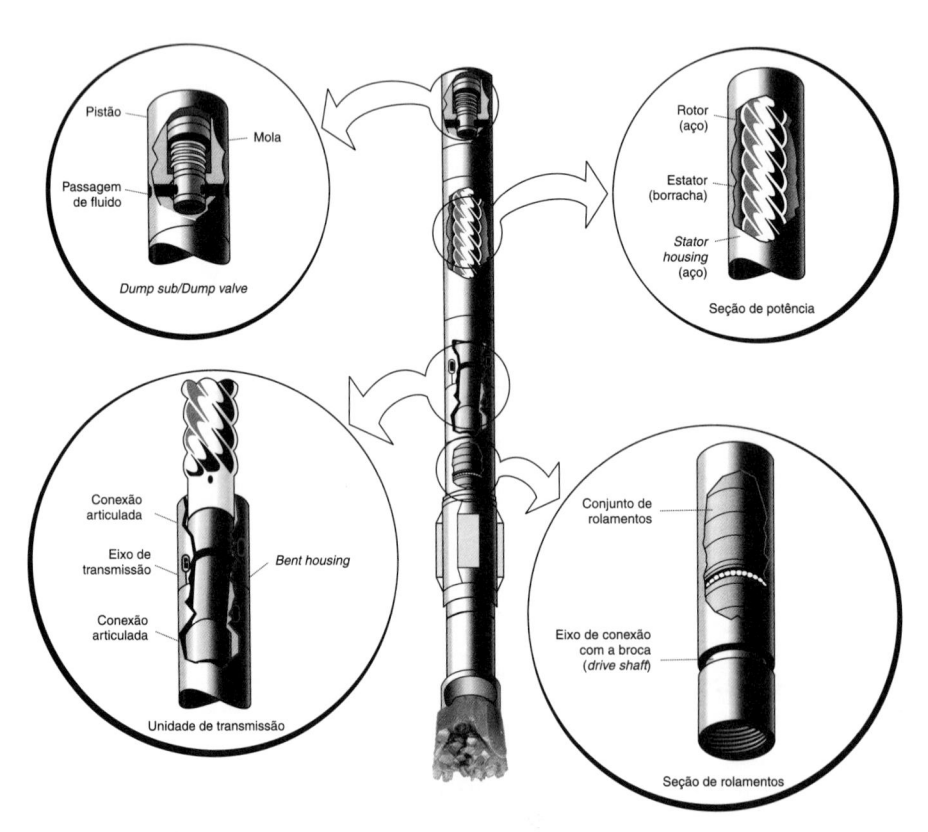

FIGURA 3.17 MOTOR DE FUNDO E SEUS PRINCIPAIS COMPONENTES, ESTABILIZADOR E BROCA. (FONTE: HALLIBURTON.)

a) Dump Sub/Dump Valve

O conjunto *dump sub/dump valve* tem a função de permitir a passagem de fluido para dentro da coluna de perfuração durante a descida e a drenagem deste mesmo fluido durante a retirada. Uma vez ligadas as bombas, a mola é pressionada pela pressão do fluido fechando as passagens e permitindo que o fluxo se dê por dentro do motor. Essa parte do motor pode ou não estar presente.

b) Seção de Potência

A potência do motor de fundo é fornecida pelo conjunto rotor e estator descrito por Moineau (1932). Tanto o rotor quanto o estator possuem lóbulos helicoidais que se misturam formando uma cavidade helicoidal selada, como pode ser visto no detalhe da **seção de potência** (*power section*) da figura 3.18. O fluxo do fluido de perfuração através desta cavidade fornece giro ao rotor. O estator sempre tem um lóbulo a mais que o rotor. A cavidade helicoidal moldada na borracha do estator somente permite a passagem do fluido se o rotor girar deformando essa borracha, que é moldada dentro de um tubo de aço que chamamos de *stator housing* (figura 3.18).

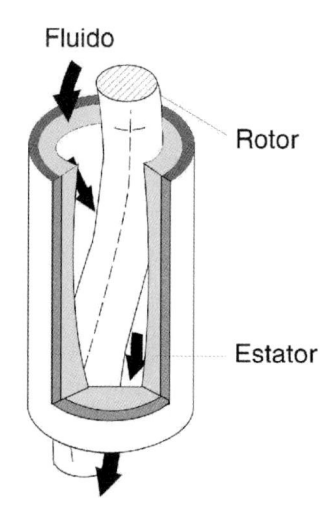

FIGURA 3.18 ESQUEMA DE CIRCULAÇÃO DO FLUIDO NA SEÇÃO DE POTÊNCIA DE UM MOTOR DE FUNDO DE CONFIGURAÇÃO 1:2.

O rotor tem a forma de uma hélice. Cada passo da hélice do estator é chamado de estágio. Quanto à velocidade de rotação, os motores (*mud motors*) são divididos em de baixas, médias e altas velocidades. Essa variação se dá de acordo com o passo da hélice do rotor e pela alteração do número de lóbulos do conjunto rotor/estator, como mostrado na figura 3.19.

A potência e o torque do motor aumentam com o aumento do comprimento da seção de potência (*power section*). Quanto maior o número de lóbulos, maior será o torque do motor e menor a sua velocidade de rotação (rpm).

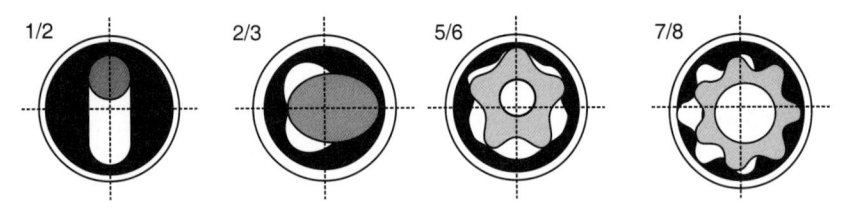

FIGURA 3.19 CONFIGURAÇÃO DE LÓBULOS DE UM MOTOR DE FUNDO. (FONTE: BAKER HUGHES.)

Uma seção de potência maior também melhora a eficiência volumétrica sem prejudicar muito a eficiência mecânica. O comprimento da seção do motor, e, por conseguinte, do equipamento como um todo, é limitado pela dificuldade de manuseio e transporte da ferramenta na sonda e pela necessidade de incorporar outros equipamentos no BHA, além do motor.

O material do estator é um elastômero que deve ser resistente o suficiente para suportar a abrasão causada pelos sólidos contidos no fluido de perfuração e flexível o suficiente para prover pressão selante entre o rotor e o estator, além de aceitar a deformação decorrente do giro do rotor.

c) Unidade de Transmissão

O rotor, por ter a forma de uma hélice, tem movimento excêntrico em relação ao eixo da coluna. Para transmitir esse giro excêntrico do rotor à broca, ou a qualquer outra ferramenta conectada abaixo do motor, faz-se uso de duas conexões articuladas (juntas universais) ou uma barra flexível (barra de torção), como mostrado na figura 3.17. São, em geral, de titânio, conectadas à base do rotor, que absorve o movimento excêntrico e o alinha com o restante das ferramentas conectadas abaixo.

d) Seção de Rolamento

A unidade de transmissão é conectada à seção de rolamento pelo eixo de conexão com a broca (*drive shaft*), como se vê na figura 3.17, que fica assentado sobre um conjunto de rolamentos. O *drive shaft* tem, normalmente, uma conexão caixa onde vai conectada a broca ou outra ferramenta (estabilizador, *hole opener*, *underreamer*, etc.). A seção de rolamento permite a transmissão de cargas axiais (peso para a broca) e laterais provenientes da coluna de perfuração.

A figura 3.20 mostra um ábaco típico de um motor de fundo. As rotações usuais conseguidas por esses equipamentos variam no intervalo de 80 a 360 rpm. Os motores têm características típicas com relação à potência e ao torque, os quais dependem da vazão de fluido e da configuração do número de lóbulos rotor/estator e número de estágios. Note, entretanto, que enquanto a rotação é quase que linearmente proporcional à vazão de fluido, o torque é proporcional à queda de pressão através da ferramenta. Dessa forma, a pressão na superfície indica a magnitude do torque, o qual, por sua vez, também é resultado da magnitude do peso colocado sobre a broca. Se a pressão na superfície aumenta, o torque aumenta e vice-versa. O aumento do peso sobre a broca causa o aumento do torque e, consequentemente, o aumento da pressão de bombeio. Porém, existem situações em que o rotor para de girar (*stall*) que se caracteriza pela pressão que se mantém constante mesmo quando o peso sobre a broca é aumentado. Quando isso ocorre, deve-se suspender a coluna para que a broca recomece a girar e observar se a pressão de bombeio retorna aos seus valores normais de operação. A constante observação da pressão na superfície é de grande importância quando se opera com motores de fundo.

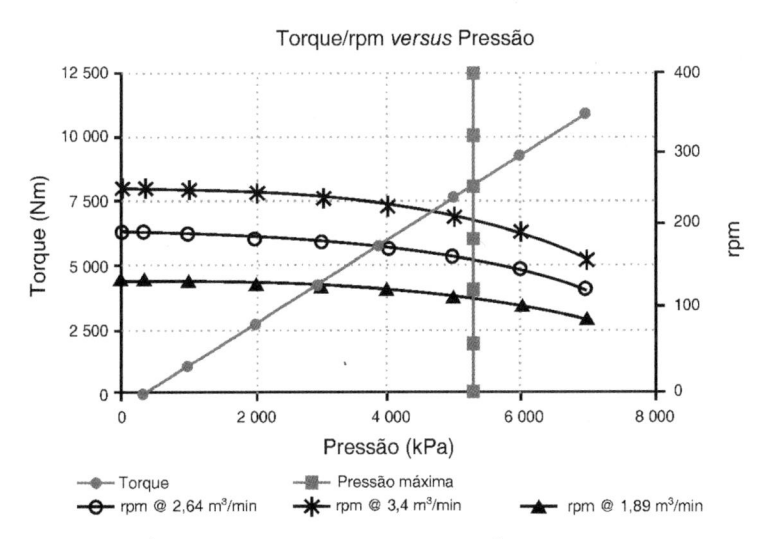

FIGURA 3.20 GRÁFICO TORQUE/RPM *VERSUS* PRESSÃO. (FONTE: DIRECTIONAL PLUS.)

Alguns diâmetros nominais típicos de motores de fundo e os diâmetros de poço (entre parênteses) são: 12" (36" a 26"), 9 5/8" (26 ½" a 12 ¼"), 7 ¾" (12 ¼"), 6 ½" (9 ½" a 8 ½") e 4 ¾" (5 7/8" a 6 ½").

A utilização de motores de fundo para perfurar poços direcionais se tornou bastante popular na indústria do petróleo. Inicialmente, utilizavam-se motores de baixo torque e alta rotação conectados abaixo de um *sub* com o pino inclinado ou torto, o ***bent sub*** (figura 3.21). As alterações de trajetória do poço utilizando esses conjuntos de motores de fundo e ***bent sub*** eram controladas com registros de inclinação e direção feitos a distâncias determinadas com ferramentas de registro simples (*magnetic single shots*) e os resultados nem sempre eram satisfatórios.

Por outro lado, esse conjunto não permitia o giro da coluna durante a perfuração e o processo básico era descer o motor com o ***bent sub***, fazer a alteração desejada na trajetória, retirar o conjunto e retornar com uma coluna estabilizada convencional, projetada para perder, manter ou ganhar inclinação. Esse procedimento, via de regra, embutia a necessidade de manobras constantes, com grande perda de tempo.

Esse procedimento se tornou comum nos anos 80 e trazia alguns sérios inconvenientes. Entre outros, eles geravam grandes ***doglegs*** localizados e não eram muito eficientes em operações de início de ganho de ângulo (*kickoff*) em formações muito duras ou muito macias.

Porém, de modo geral, a grande limitação do conjunto motor e ***bent sub*** era que eles só eram capazes de uma taxa de ganho de ângulo (BUR) para um dado ângulo de ***bent sub*** e, como dito anteriormente, não podiam ser girados com a coluna de perfuração durante essa etapa. As versões mais modernas dos motores de fundo, denominados de ***motores steerable***, já incorporam o conceito do ***bent housing*** e serão descritas neste capítulo como parte dos chamados **sistemas *steerable***.

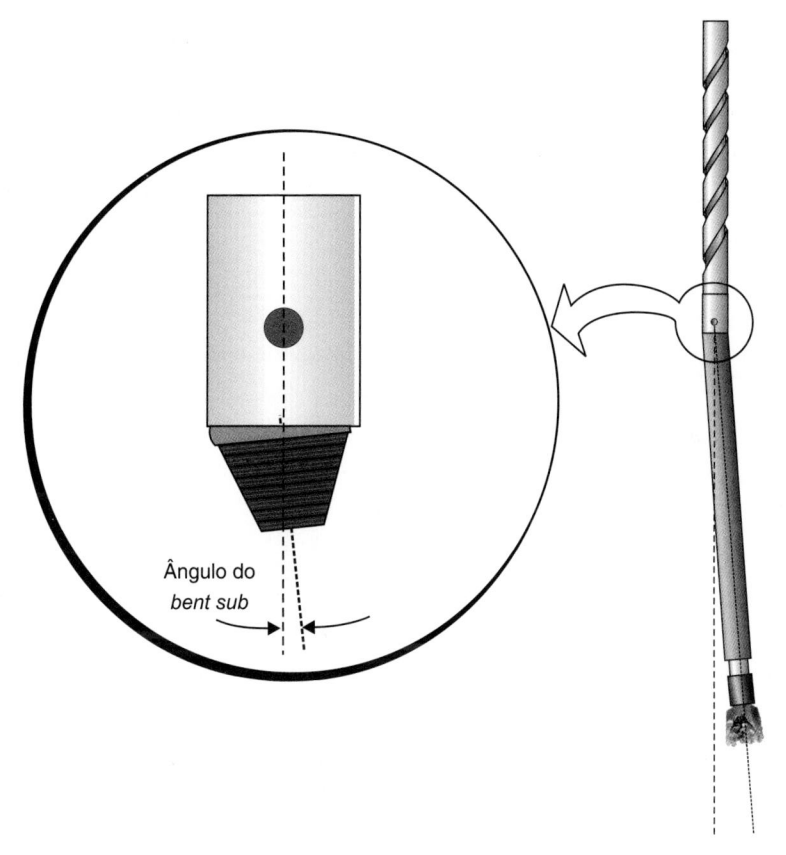

FIGURA 3.21 DETALHE DE UM TUBO DE DEFLEXÃO (*BENT SUB*).
(FONTE: VIEIRA, 2003.)

3.3.2 Sistema *Steerable*

O sistema *steerable* é sempre composto por um motor *steerable* (figura 3.22) e uma ferramenta de medição direcional contínua, o MWD, que será visto mais adiante.

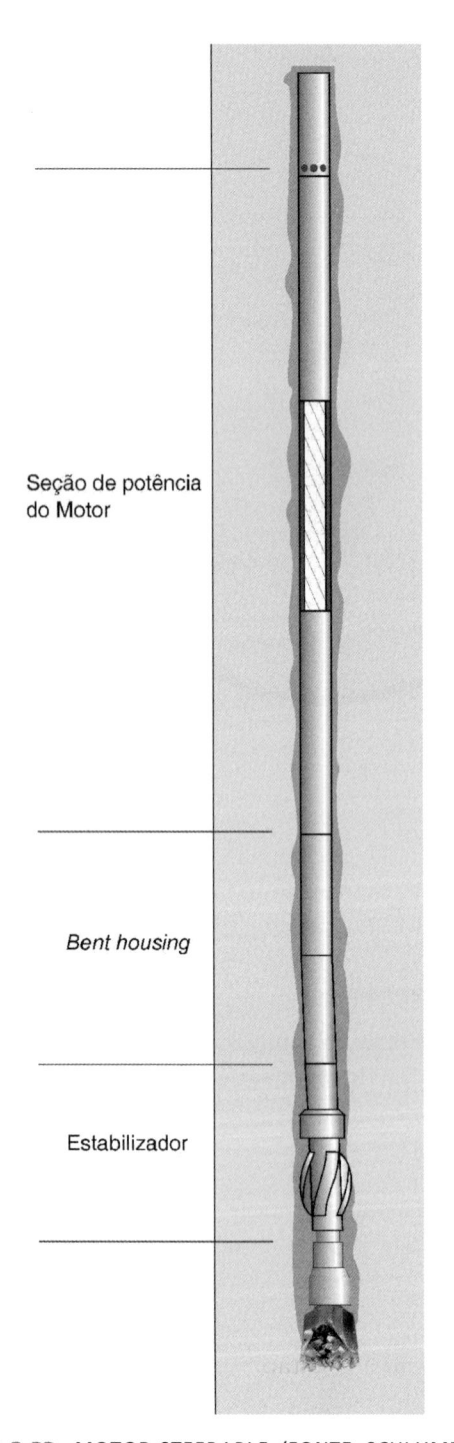

FIGURA 3.22 MOTOR *STEERABLE*. (FONTE: SCHLUMBERGER.)

Como mencionado anteriormente, os *motores steerable*, já incorporam os chamados *bent housing* (figura 3.23), os quais têm a mesma função do *bent sub* e foram criados para substituí-los.

Os ângulos mais comuns dos *bent housings* dos motores *steerable* variam de 1 a 3°. Cada combinação de ângulo de *bent housing* com diâmetro do motor de fundo e do poço determina o *dogleg* da ferramenta, que determinará o *dogleg severity* esperado quando da utilização desse conjunto.

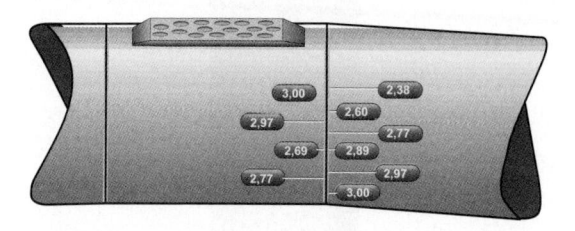

FIGURA 3.23 *BENT HOUSING* AJUSTÁVEL. (FONTE: HALLIBURTON.)

A perfuração direcional feita com sistema *steerable* se divide em dois modos: **orientado** (*sliding*) e **rotativo**.

No modo **orientado**, o motor *steerable* é orientado da superfície, girando-se a mesa rotativa ou o *top driver*, com acompanhamento da indicação da *tool face* (face da ferramenta) no painel de superfície do MWD até que a direção desejada seja obtida. Uma vez atingida essa direção, a coluna é simplesmente deslizada poço adentro (sem girá-la), mantendo a direção escolhida, conforme figura 3.24.

Uma vez que a direção e o ângulo final desejados são atingidos, inicia-se o modo **rotativo**. No modo de perfuração rotativa, a coluna inteira gira da mesma maneira que na perfuração comum e a perfuração prossegue adiante (figura 3.25).

Com base no exposto, pode-se concluir que o modo orientado da perfuração com sistema *steerable* é usado para a correção planejada da trajetória do poço. Já o modo rotativo é usado para manter a trajetória desejada.

Dentre as vantagens do sistema *steerable* em relação à perfuração com o conjunto motor e *bent sub* estão:
- Longos intervalos podem ser perfurados sem a necessidade de manobras.

FIGURA 3.24 MODO ORIENTADO DO SISTEMA *STEERABLE* (CORTESIA DE BAKER HUGHES).

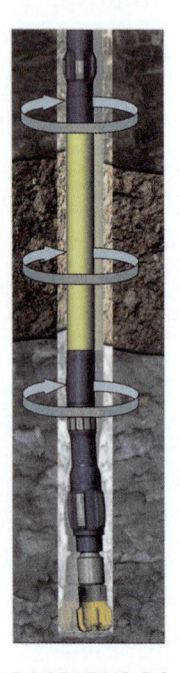

FIGURA 3.25 MODO ROTATIVO DO SISTEMA *STEERABLE* (CORTESIA DE BAKER HUGHES).

- Economia de manobras depois que um desvio é efetuado.
- Redução de torque e arraste.
- Redução do risco de prisão tanto por diferencial de pressão quanto por geração de altos *doglegs*, uma vez que a coluna fica parada por menos tempo.

Embora tenha havido evolução com relação ao sistema anterior, um dos grandes desafios que a perfuração orientada ainda enfrenta é com relação ao risco de prisão da parte não giratória da coluna. Durante o período de perfuração orientada, a coluna fica o tempo todo encostada na parte baixa do poço (figura 3.26), levando:

- À possibilidade de prisão diferencial.
- Ao aumento da chance de prisão por desmoronamento do poço.
- À deficiência na limpeza do poço, uma vez que existe uma grande tendência de acumular cascalho na parte baixa do poço.

Outro ponto a ser considerado é a potência disponível para girar a broca, a qual combinada com a força (devido à fricção) para empurrar a coluna para baixo, diminui a taxa de penetração (*rate of penetration* – ROP). Em poços com grande afastamento, essa força devido à fricção pode crescer de modo a inviabilizar a perfuração.

Em resumo, as seguintes desvantagens podem ser observadas na perfuração orientada:

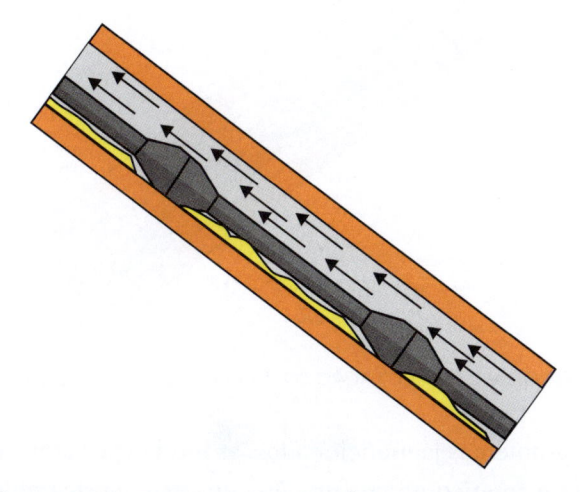

FIGURA 3.26 TUBOS DE PERFURAÇÃO APOIADOS NA PAREDE DO POÇO DURANTE PERFURAÇÃO ORIENTADA.

- Dificuldade de se deslizar a coluna.
- Dificuldades de se manter a orientação.
- Baixa taxa de penetração.
- Alta tortuosidade.
- Variações de ECD.
- Maiores chances de prisão diferencial de pressão (*differential sticking*) e por desmoronamento do poço.
- Flambagem da coluna com possível travamento.
- Redução na eficiência de limpeza do poço.

Já na perfuração rotativa (figura 3.27), são observadas as seguintes desvantagens:

- Vibrações que podem ocasionar falhas no motor e nos sensores direcionais (*measurement while drilling* – MWD).
- Desgaste maior da broca e da coluna de perfuração.
- Diâmetro de poço (*caliper*) irregular, dificultando a perfilagem do poço.

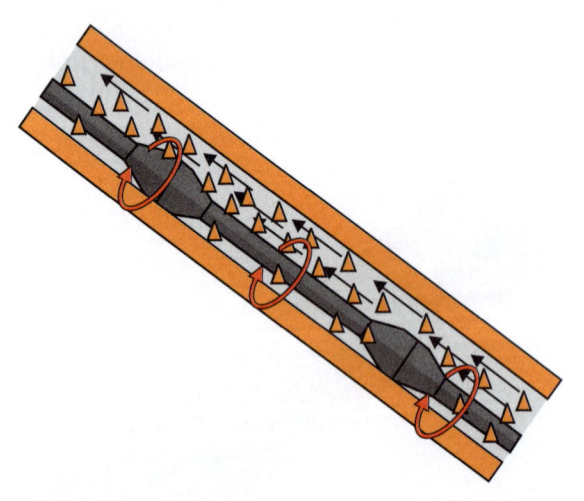

FIGURA 3.27 ROTAÇÃO DA COLUNA DE PERFURAÇÃO.

Além dos problemas já mencionados, as mudanças alternadas do modo orientado para o rotativo na perfuração com sistema *steerable* geralmente resultam em poços mais tortuosos, como mostrados na figura 3.28. As numerosas ondulações ou *doglegs* no poço aumentam a fricção total, dificultando a perfuração e a descida de revestimentos.

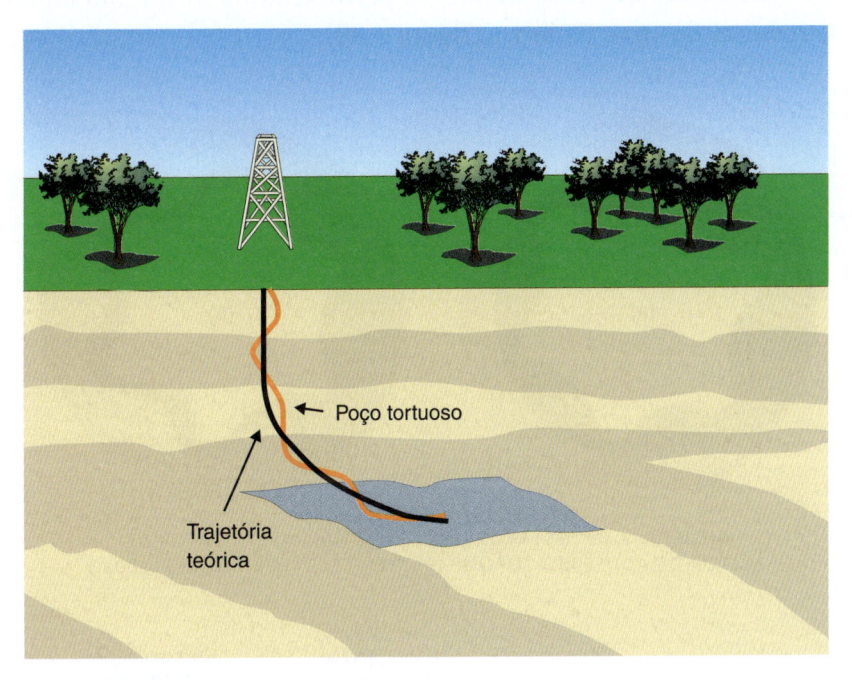

FIGURA 3.28 TORTUOSIDADE DO POÇO. (FONTE: SCHLUMBERGER.)

A indústria busca soluções para esses problemas, mas a evolução dos motores de fundo não é muito fácil e a tecnologia parece ter atingido o seu ápice.

Recentemente, motores de altíssimo torque foram lançados no mercado. Basicamente, reduziu-se a espessura de borracha dos estatores (figura 3.29) para evitar a fuga de fluido e, com isso, aumentar a eficiência. O ganho extra de torque se traduz também em maiores perdas de carga, e a utilização desses sistemas, projetados para permitir a utilização de brocas de PDC mais agressivas e capazes de gerar melhores taxas de penetração, é muito limitada pela capacidade de bombeio das sondas.

Outro avanço foi o desenvolvimento de conjuntos casados de broca de calibre longo (*long gauge*) com motores especialmente desenhados para trabalhar com essas brocas. Ao contrário dos motores e das brocas convencionais, as conexões são caixa, para a broca, e pino, para os motores. Esse sistema consegue gerar um poço de muito melhor qualidade por utilizar uma broca com calibre longo e menor vibração, uma vez que o movimento excêntrico da broca durante a perfuração rotativa é minimizado pela redução do *offset* da broca (figura 3.30).

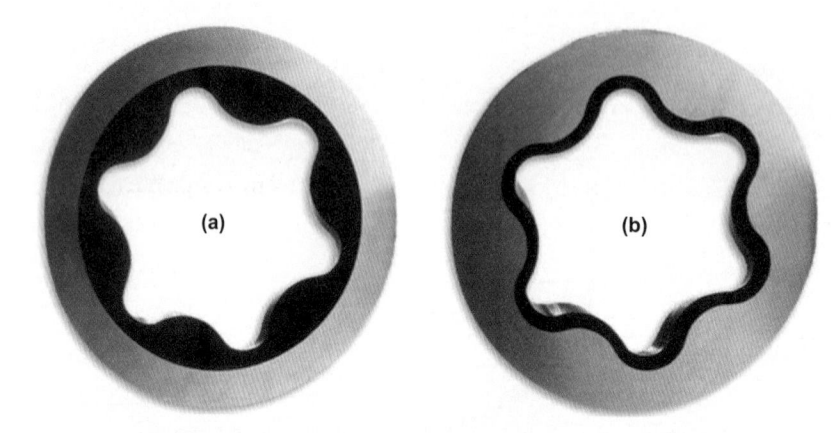

FIGURA 3.29   ESTATOR CONVENCIONAL (A) E ESTATOR DE MOTOR DE ALTÍSSIMO TORQUE (B). (FONTE: BAKER HUGHES, 2003.)

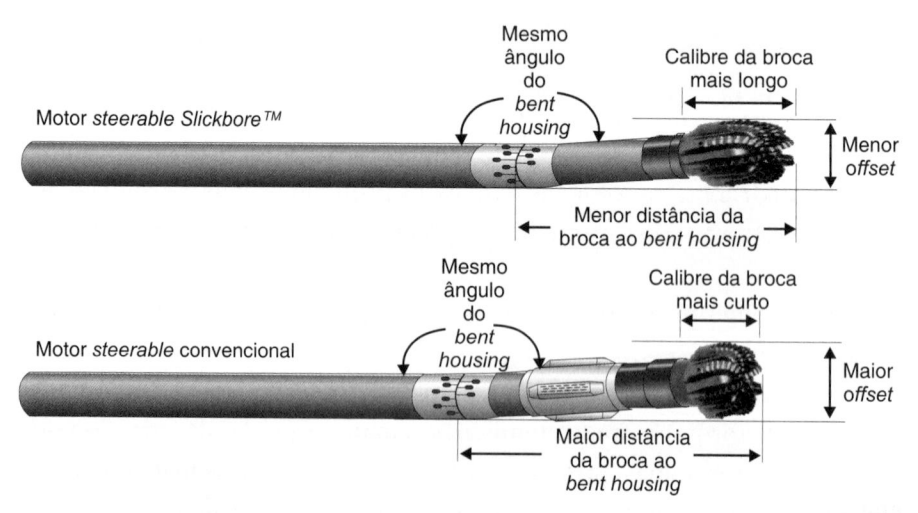

FIGURA 3.30   SISTEMA *SLICKBORE*^{TM}. (FONTE: HALLIBURTON.)

Em algumas situações, quando a necessidade advinda de um orçamento muito apertado exigir, pode ser usado um sistema misto com motor *steerable*, portanto de maior torque do que um motor convencional, e equipamento de simples foto magnética (MSS ou *magnetic single shot*) no lugar do MWD. Em geral, essa prática se justifica para projetos com sondas terrestres de baixo custo diário, poços de até 1 400 m de profundidade final, e KOP posicionados a até 800 m da superfície. No geral, essa técnica permite uma redução nos custos do serviço de perfuração direcional, porém exige perícia nesse tipo de operação por parte dos operadores, caso contrário os ganhos financeiros poderão ser perdidos em operações de reperfuração do poço. Nestes casos, deve-se optar por projetos com KOP posicionado em profundidades rasas, uma vez que, quanto mais profundo o KOP, mais difícil fica a orientação da *tool face*. Finalmente, motores *steerable* de médio ou baixo torque (configuração 2:3 ou 4:5) também devem ser preferíveis.

Apesar dos problemas mencionados, a perfuração com os sistemas *steerable*, devido ao seu custo-benefício, ainda é largamente utilizada na indústria do petróleo. Entretanto, o sistema mostrado a seguir, *rotary steerable*, veio como uma solução para minimizar os problemas de tortuosidade e viabilizar a perfuração de poços de maior inclinação e trajetórias mais complexas (3D ou *designer wells*) ou com trechos horizontais mais longos.

3.3.3 Sistema *Rotary Steerable*

O chamado *rotary steerable* é a evolução do sistema *steerable* descrito anteriormente. A grande vantagem é que esse sistema permite que a coluna de perfuração gire durante todo o tempo, inclusive durante os trechos de ganho de ângulo e alteração da direção.

Atualmente, a indústria classifica os sistemas *rotary steerable* em dois grupos: *push the bit* e *point the bit*.

No *push the bit* (figura 3.31A), uma força é aplicada contra o poço para se conseguir levar a broca para a inclinação e direção desejadas. Este sistema exige a utilização de brocas com capacidade de corte lateral ou de *gauge* ativo.

No *point the bit*, mostrado na figura 3.31B, a broca é deslocada com relação ao resto da coluna para atingir a trajetória desejada.

A utilização dos sistemas *rotary steerable* está se tornando muito popular, e tudo indica que logo será padrão na indústria do petróleo.

Vantagens e desvantagens existem nos dois sistemas descritos anteriormente, e a escolha, como em qualquer trabalho de engenharia, deve ser feita com base na disponibilidade das ferramentas e na análise do custo *versus* benefício.

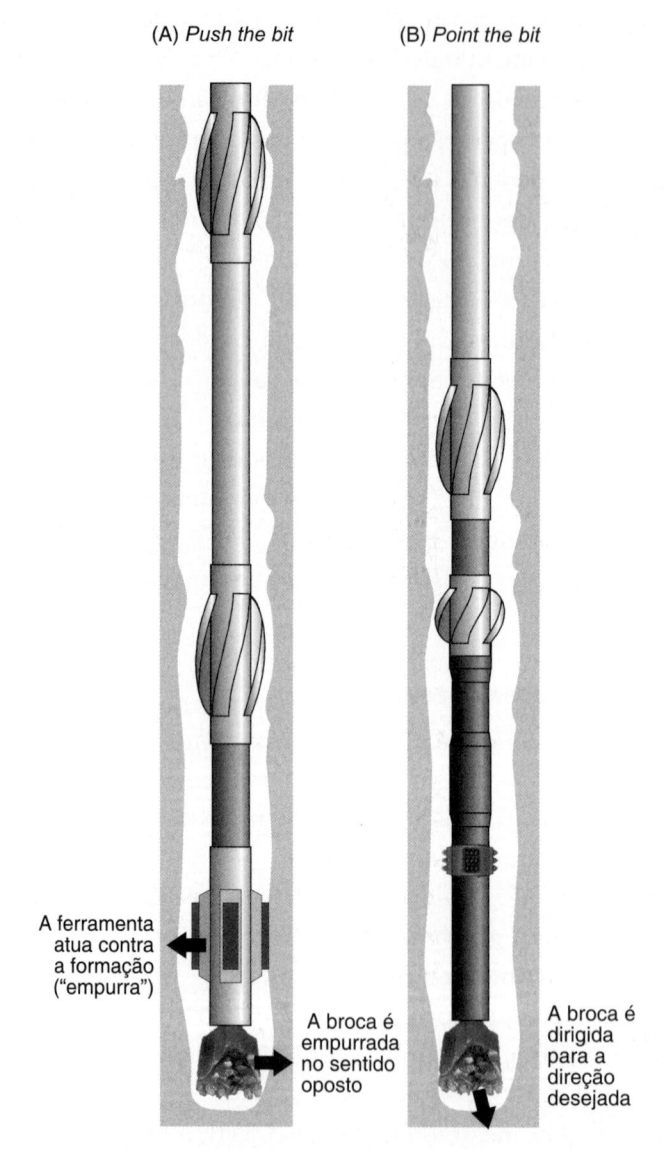

FIGURA 3.31 TIPOS DE SISTEMA *ROTARY STEERABLE*.

Por atuar por aplicação de um esforço lateral contra a parede do poço, os sistemas *push the bit* têm seu melhor desempenho em formações de dureza média. Formações friáveis e que são "lavadas" pelo fluxo de fluido de perfuração resultam em calibres mais largos do que a broca, e os dispositivos que empurrariam a coluna de perfuração contra a parede do poço não encontram apoio e se mostram ineficazes, reduzindo drasticamente a capacidade de deflexão dessas ferramentas. A necessidade de brocas de calibre ativo também resulta em poços de menor qualidade e com espiralamento, o que pode trazer dificuldades nas manobras, descidas de revestimentos ou *liners* e completação para controle de areia com *gravel packing*.

Ferramentas *point the bit* têm como desvantagens o fato de serem mais complexas na sua construção, aumentando o risco de falhas, e por necessitarem ter uma parte do seu corpo que não gire durante a perfuração para permitir uma referência quanto ao *tool face*. Para atender a essa necessidade, essas ferramentas têm dispositivos que, a depender do tipo de formação, do fluido de perfuração e da inclinação do poço, podem ter sua eficiência afetada, trazendo grandes dificuldades de operação a ponto de impossibilitar a sua utilização.

Algumas dessas ferramentas são capazes de ajustar o *dogleg severity* (DLS) gerado de acordo com a necessidade do projeto ao mesmo tempo em que se perfura rotativo, sem necessidade de parar a operação. Essas ferramentas podem ser classificadas, então, como **rotary steerables de DLS ajustável**, em contraposição àquelas que geram um DLS constante, que seriam os **rotary steerables de DLS constante**.

Um dos inconvenientes dos sistemas *steerable* que se deseja evitar continua existindo na utilização de **rotary steerables de DLS constante**. Essas ferramentas atuam alternadamente para gerar o DLS desejado, por exemplo, se o DLS máximo que a ferramenta consegue atingir em um poço de determinado diâmetro, com broca e formação geológica específicas, é de 10°/30 m, e se deseja um máximo de 5°/30 m, ajusta-se a ferramenta para atuar em 50% de um determinado trecho perfurado e deixar de atuar nos outros 50%, gerando, dessa forma, trechos com DLS de 10°/30 m e trechos retos, com a média final dentro dos 5°/30 m esperados. Nesses casos, a trajetória final do poço poderá ficar até aceitável, mas esses pontos de alto DLS podem vir a trazer dificuldades, o que se procura evitar quando se opta pela utilização de *rotary steerables*.

Por sua vez, as ferramentas de DLS ajustável permitem construir poços com curvaturas constantes e menos trechos de alteração brusca da trajetória. Por isso, são as mais recomendadas quando se desejam poços com baixa tortuosidade.

3.3.4 Sistema *Rotary Steerable* com Motor de Fundo

É inegável que a utilização de *rotary steerables* trouxe grandes ganhos de eficiência para a indústria do petróleo. Um exemplo típico foi o aumento dos afastamentos de poços que tinham atingido o limite máximo com base no uso da tecnologia *steerable*, isto é, na simples utilização de motor de fundo. A rigor, o máximo afastamento de um poço direcional passou quase que exclusivamente a ser função da fricção da coluna de perfuração com as paredes do poço e da capacidade das bombas de vencer as perdas de carga. Em termos de parâmetros mecânicos, o limite de afastamento dependerá da parcela mínima de potência fornecida pelo *top driver* da sonda que alcançará a broca, depois de ter vencido toda a fricção na coluna de perfuração.

Uma das razões para esse limite é que, a partir de um certo ponto, a perda de potência na broca, resultado do aumento da fricção na coluna de perfuração, leva ao aparecimento de vibração torsional, ou *stick-slip*. Esse fenômeno danoso à perfuração é, por sua vez, resultado da diminuição da rotação da coluna devido à fricção que cresce conforme o afastamento do poço. Na verdade, são problemas gerando outros problemas que, no final, trazem resultados indesejáveis, como:

- Redução da taxa de penetração até o ponto que não se consegue perfurar mais.
- Possíveis danos a equipamentos.
- Aumento do risco de quebra da coluna de perfuração com a perda de ferramentas de LWD/MWD dentro do poço.

Em contrapartida, para atingir taxas de penetração aceitáveis, devem ser utilizadas continuamente rotações no intervalo de 130 a 180 rpm. Embora esse nível de rotação seja bom para a taxa de penetração e para a limpeza do poço, ele geralmente está muito próximo do limite dos equipamentos da sonda. Isto, por sua vez, leva ao aparecimento de uma série de outros problemas, como aumento do tempo improdutivo (*downtime*) devido à quebra mais frequente de equipamentos ligados ao sistema de rotação e ao maior desgaste do revestimento e da coluna de perfuração.

Uma solução bastante interessante para resolver esse problema é a utilização combinada de motores de fundo e sistemas *rotary steerable*. A ideia é utilizar motores para aumentar a potência mecânica na broca sem majorar o torque na superfície, uma vez que os equipamentos da sonda terão que fornecer menores rotações à coluna de perfuração.

Naturalmente, uma perda de carga maior será observada nas bombas, mas se acredita que esse problema possa ser superado com a utilização de bombas e camisas mais adequadas. A figura 3.32A mostra um tipo de composição que combina dois conjuntos básicos de *rotary steerable* e motor de fundo.

Nesse caso, a maior preocupação deve ser relativa à concentração de tensões no motor de fundo devido à longa secção da coluna abaixo deste. Essa concentração de tensões no motor de fundo pode levar à sua falha e à perda de ferramenta localizada abaixo deste.

Uma maneira de minimizar esse problema é mostrada na figura 3.32B, na qual uma configuração de BHA similar à anterior é composta por elementos menores. Com isso, as tensões no motor de fundo serão menores, reduzindo o risco de falha deste com consequente queda da coluna de perfuração dentro do poço.

3.3.5 Turbina

Embora as turbinas sejam classificadas como motores de fundo, seus princípios de funcionamento e projetos de construção são completamente diferentes do apresentado para os motores de fundo de deslocamento positivo (**PDM**) descrito nas seções anteriores.

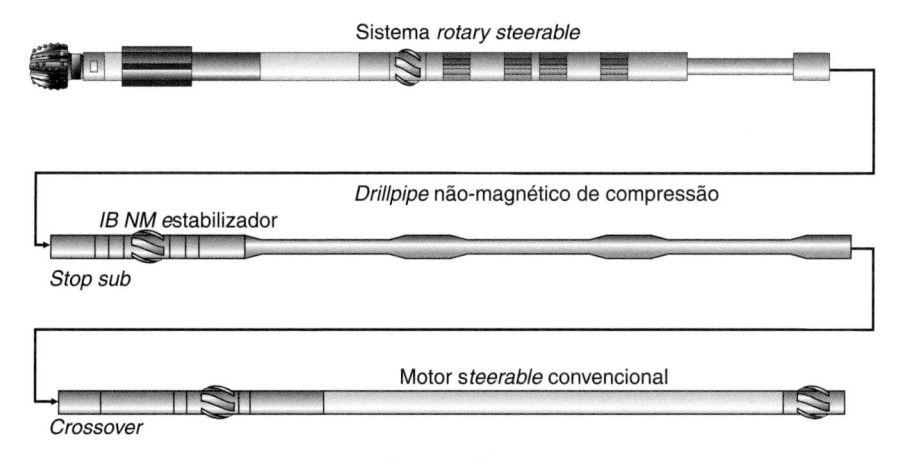

FIGURA 3.32A UTILIZAÇÃO COMBINADA DE *ROTARY STEERABLE* E MOTOR DE FUNDO. (FONTE: BAKER HUGHES.)

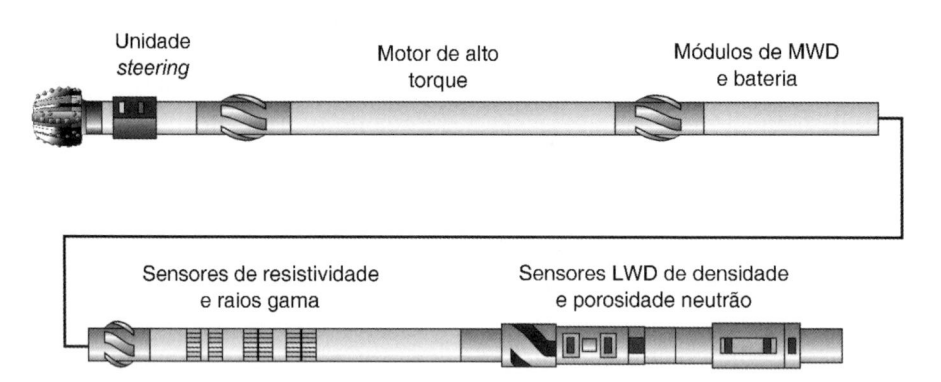

FIGURA 3.32B CONJUNTO *ROTARY STEERABLE* E MOTOR DE FUNDO MAIS COMPACTO, DE MODO DIMINUIR O ESTRESSE NO MOTOR DE FUNDO. (FONTE: BAKER HUGHES.)

Como mostrado na figura 3.33, a turbina se assemelha mais a uma centrífuga ou a uma bomba axial. Similares aos motores de fundo, as turbinas são compostas basicamente de uma seção de potência, onde se encontram o conjunto estator/rotor e uma seção de rolamentos. Entretanto, a grande diferença com relação ao **PDM** é que o rotor é formado por hélices ou lâminas que giram à medida que o fluido de perfuração é bombeado através delas. O componente axial da força gerada pela vazão de fluido acaba criando grandes forças sobre o rotor, as quais devem ser suportadas pelos rolamentos (seção de rolamentos) ou balanceadas pelo peso sobre a broca, se as condições de perfuração permitirem.

COLUNAS DE PERFURAÇÃO DIRECIONAL 139

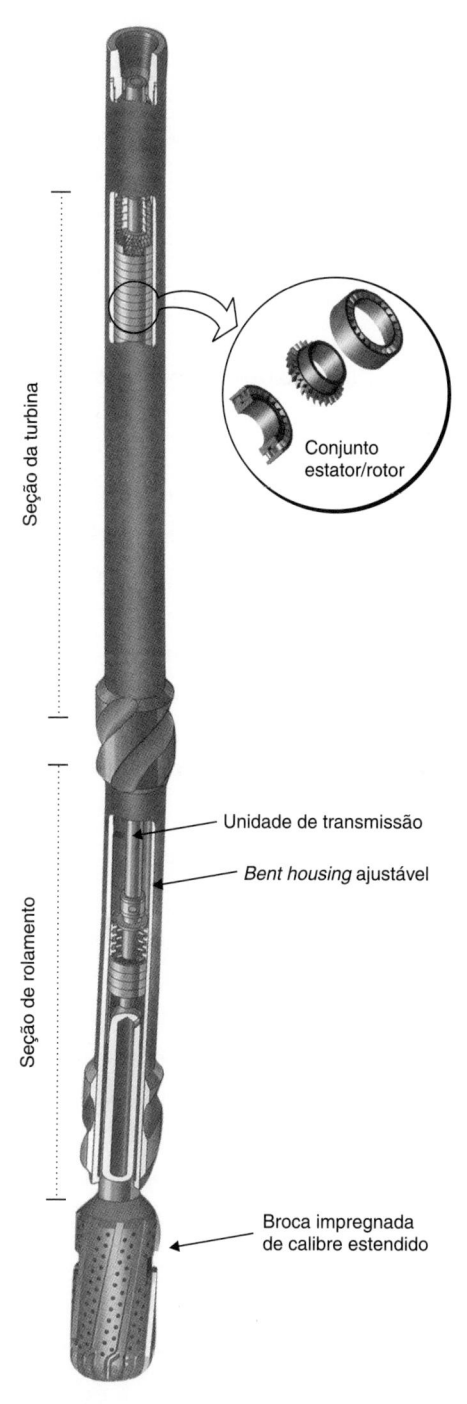

FIGURA 3.33 TURBINA E SEUS PRINCIPAIS COMPONENTES. (CORTESIA: DE SMITH INTERNATIONAL.)

Atualmente, as turbinas também já são do tipo *steerable*, isto é, são ferramentas que possuem o *bent sub* incorporados nelas. Alguns valores de rotações típicas obtidas por turbinas de perfuração são:

- 500 a 850 rpm para turbinas de 9 ½" diâmetro (brocas de 12" a 17 ½");
- 700 a 1 400 rpm para turbinas de 4 ¾" diâmetro (brocas de 5 ⅝" a 6 ¾");
- 1 100 a 2 000 rpm para turbinas de 2 ⅞" diâmetro (brocas de 3 ¼" a 4").

Melhorar o desempenho de poços verticais, perfurar poços direcionais e horizontais, realizar *side tracks*, reduzir o desgaste dos revestimentos e perfurar poços com altas temperaturas são algumas das aplicações geralmente indicadas para as turbinas. Entretanto, as melhorias conseguidas pelos conjuntos broca e motores de fundo de deslocamento positivo fazem com que o uso de turbinas, hoje, fique restrito a poucas aplicações.

3.3.6 LWD (*Logging While Drilling*) e MWD (*Measurement While Drilling*)

Como mostrado na figura 3.34, o BHA pode conter um ou mais sensores de **LWD** (*logging while drilling*), cujos tipos são: (1) **raios gama**, para identificar a argilosidade das formações; (2) **resistividade**, para identificar o tipo de fluido contido nos poros das rochas; (3) **sônicos** e de **densidade neutrão** (estes dois últimos chamados de perfis radioativos), que indicam a porosidade das rochas; (4) **ressonância magnética**, que identificam e tipificam os fluidos contidos na rocha (água, gás, óleo) e quanto deste fluido poderá ser extraído e (5) **testes de pressão**, que fazem tomadas de pressão em pontos de interesse para identificar trechos do reservatório que estão com pressão original ou depletados.

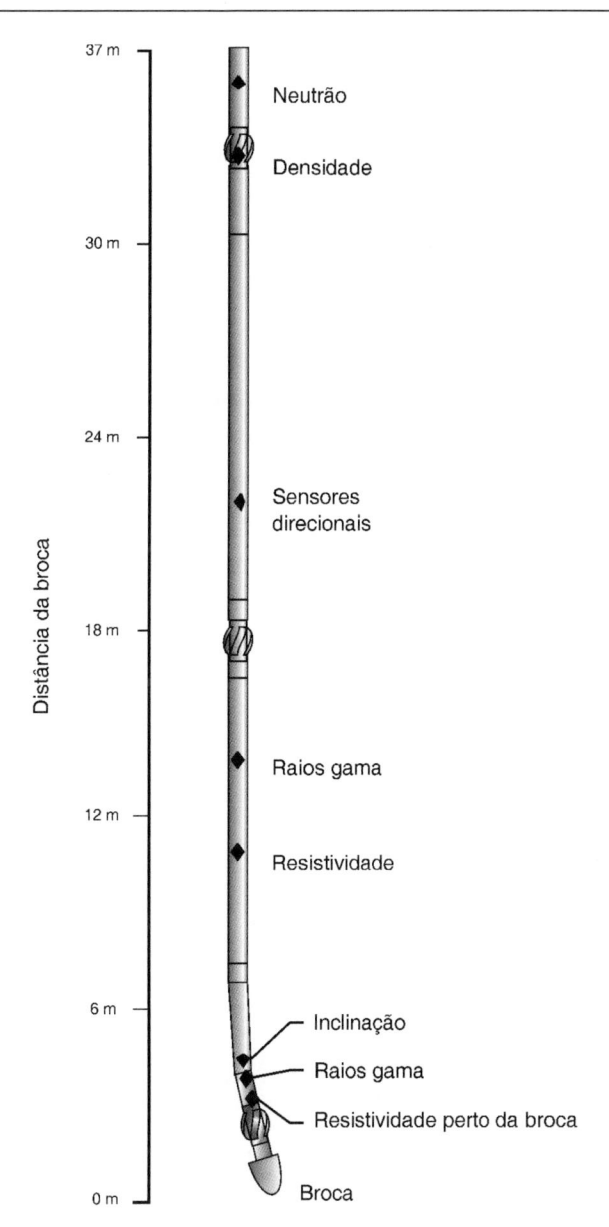

FIGURA 3.34 ESQUEMA ILUSTRATIVO DE POSICIONAMENTO DOS SENSORES DE LWD E MWD EM UM BHA. (FONTE: HALLIBURTON.)

Associado ao uso de LWD está um outro importante equipamento chamado MWD (*measurement while drilling*). Essa ferramenta é responsável pelo registro direcional que dirá a inclinação e direção azimutal do poço, e será apresentada com mais detalhes no Capítulo 4.

3.4 Geosteering

Os sistemas direcionais descritos anteriormente fornecem somente informações geométricas, como direção e inclinação do poço. Entretanto, a crescente complexidade dos poços como resultado da necessidade da indústria de petróleo de maximizar os intervalos produtores perfurados dentro dos reservatórios, onde se localizam as jazidas de óleo e gás, fez com que uma nova técnica fosse criada.

Essa técnica de navegação (termo tipicamente usado na perfuração direcional), conhecida como *geosteering*, baseia-se na utilização de ferramentas defletoras (motor ou *rotary steerable*) equipadas de um conjunto de LWD localizados na coluna, o mais perto possível da broca, que permitem não só um grande controle da trajetória do poço em tempo real, mas também identificar tipos de formação, porosidade e fluidos contidos nos poros das rochas (figura 3.35).

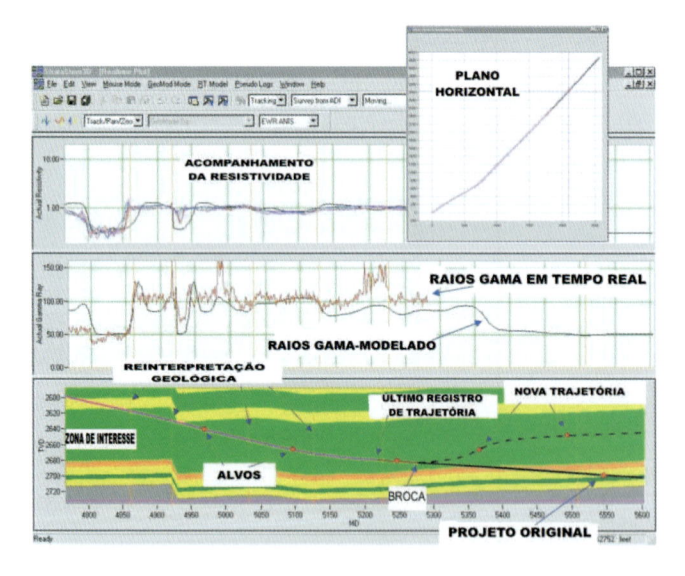

FIGURA 3.35 ILUSTRAÇÃO DE *GEOSTEERING* COM IMAGEM DE SEUS PERFIS. (CORTESIA DA HALLIBURTON.)

Recentemente, com o advento das ferramentas azimutais de LWD, esse trabalho ficou mais completo e complexo. As ferramentas azimutais (resistividade, raios gama, densidade, pressão da formação, etc.) permitem avaliar de que quadrante do poço veio uma descontinuidade da formação e assim ajustar a trajetória na direção mais apropriada (figura 3.36).

Por exemplo, imagine que se deseje navegar em uma camada que tenha uma determinada resistividade. Em determinado momento, perde-se essa camada por atravessar uma falha geológica. Sem a ferramenta azimutal seria necessário perder uma boa extensão do poço navegando para cima e para baixo em busca da camada desejada. Utilizando-se a ferramenta azimutal, é possível perceber a partir de que ponto e em que direção houve a aproximação da camada indesejada e corrigir a trajetória do poço de forma muito mais precisa.

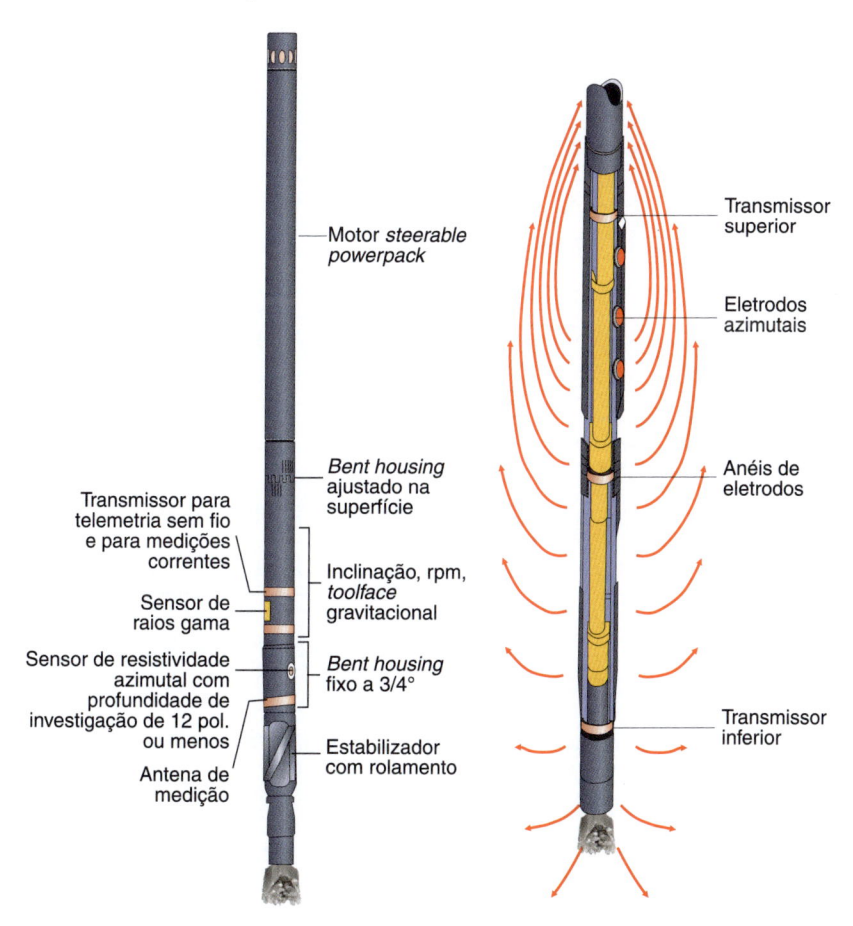

FIGURA 3.36 SISTEMA *GEOSTEERING* COM FERRAMENTA DEFLETORA E SENSORES AZIMUTAIS DE LWD. (FONTE: SCHLUMBERGER.)

Por se tratar de um sistema que coleta informações de várias áreas, a utilização de um *geosteering* implica a formação de equipe multidisciplinar, formada por engenheiros, geólogos, geofísicos, etc. Neste caso, não se trata somente de cumprir uma trajetória, mas sim estar dentro da melhor parte do reservatório, pois os sensores que fazem parte do BHA permitem que a formação seja "avaliada" enquanto o poço é perfurado (figura 3.37).

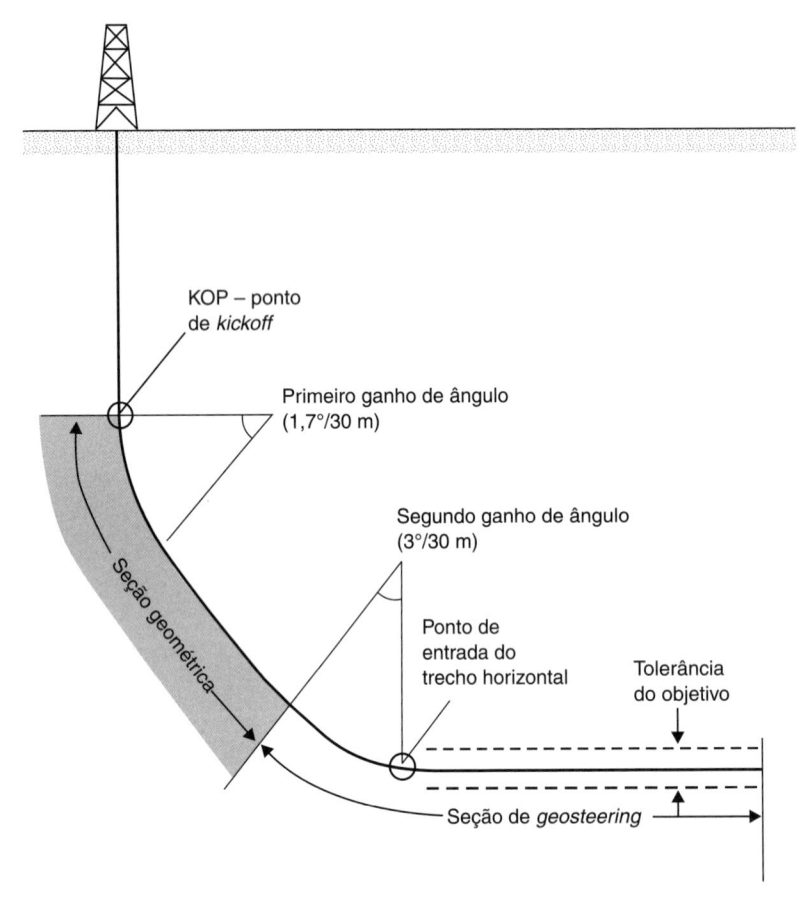

FIGURA 3.37 UTILIZAÇÃO DO *GEOSTEERING* PARA PERFILAGEM DA SEÇÃO DE INTERESSE DENTRO DO RESERVATÓRIO. (FONTE: SCHLUMBERGER.)

Os trabalhos de *geosteering* evoluíram para uma grande integração de equipes, feita através de *softwares* com grande poder de visualização e colocados em salas especiais como mostrado nas figuras 3.38 e 3.39. A figura 3.38 mostra uma sala de visualização onde uma equipe multidisciplinar trabalha para manter a trajetória do poço dentro do planejado. O fato é que esse novo ambiente multidisciplinar colaborativo tem possibilitado muito um melhor posicionamento do poço dentro do reservatório.

COLUNAS DE PERFURAÇÃO DIRECIONAL 145

FIGURA 3.38 SALA DE VISUALIZAÇÃO. (CORTESIA DA HALLIBURTON.).

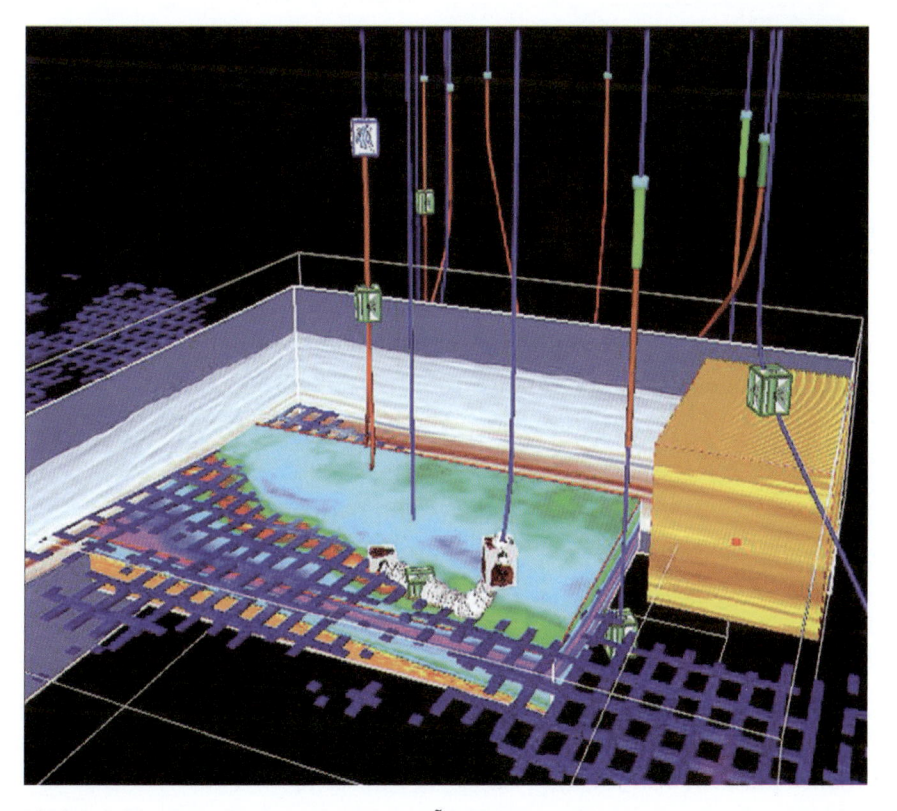

FIGURA 3.39 APLICATIVO DE VISUALIZAÇÃO 3D PARA TRABALHO DE PLANEJAMENTO E DE ACOMPANHAMENTO COM EQUIPE MULTIDISCIPLINAR. (CORTESIA DA HALLIBURTON.)

A figura 3.40 mostra a comparação do modelo geológico definido antes da perfuração do poço através da sísmica com os dados obtidos em tempo real através do *geosteering* (que incluem a trajetória e os perfis).

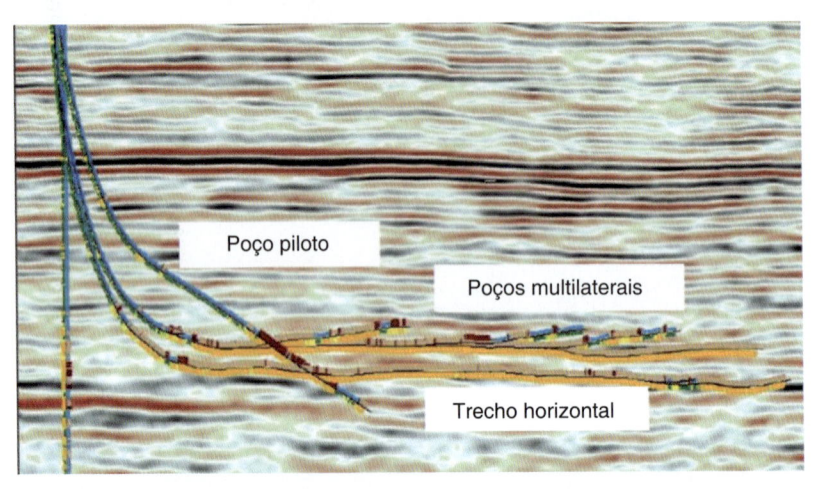

FIGURA 3.40 UTILIZAÇÃO DO *GEOSTEERING* PARA ATUALIZAR MODELO GEOLÓGICO DA SÍSMICA E PARA CORRIGIR A TRAJETÓRIA EM TEMPO REAL. (FONTE: HALLIBURTON.)

Essa comparação permite, então, que a equipe multidisciplinar consiga melhorar o posicionamento do poço dentro da zona produtora em tempo hábil.

Finalmente, uma outra utilização do *geosteering* é a navegação de formações delgadas e com muitas intercalações de folhelhos de poços de grande alcance (ERW), como mostra a figura 3.41.

COLUNAS DE PERFURAÇÃO DIRECIONAL 147

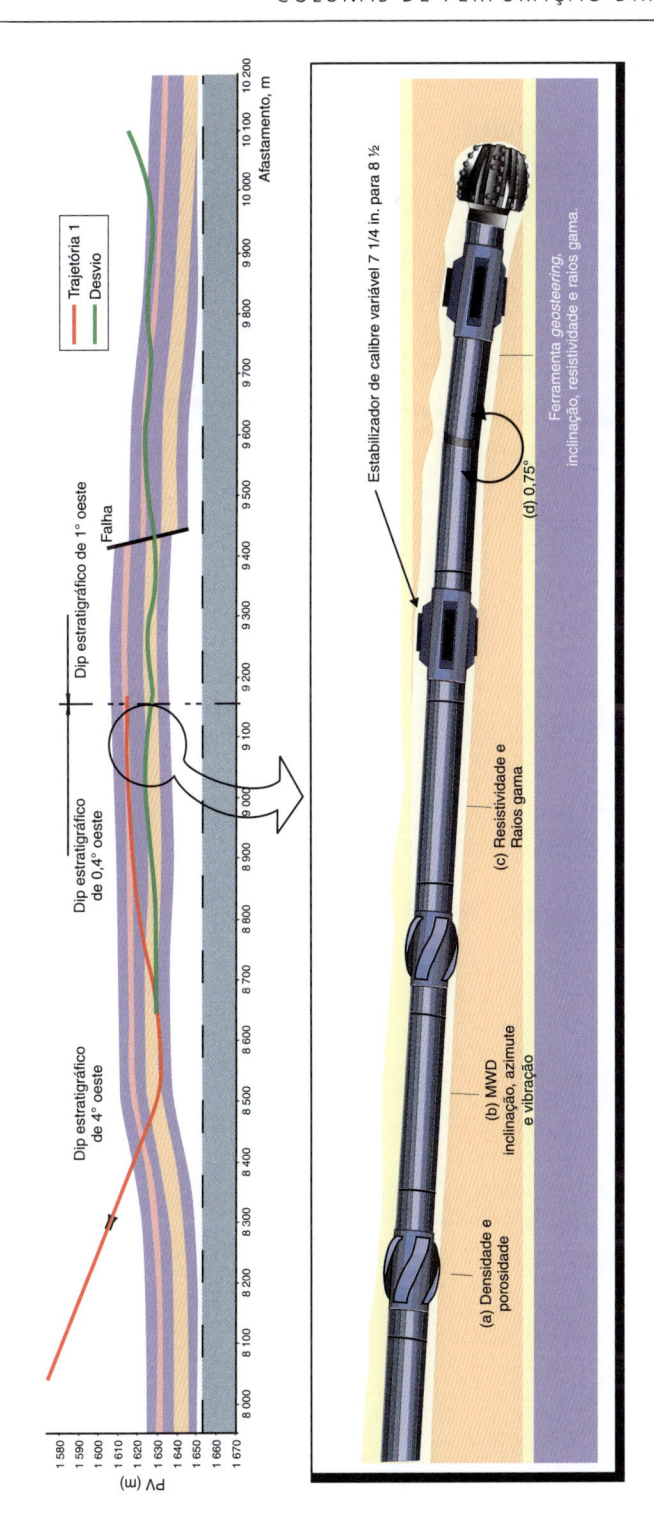

FIGURA 3.41 UTILIZAÇÃO DO *GEOSTEERING* PARA NAVEGAÇÃO DE FORMAÇÕES DELGADAS. (FONTE SCHLUMBERGER).

EXERCÍCIOS

1. Descreva os equipamentos básicos usados no BHA de uma coluna de perfuração direcional.
2. Quais os tipos básicos de coluna de perfuração usados para ganhar, manter ou perder ângulo?
3. Quais as principais diferenças entre uma coluna usada para se perfurar um poço direcional e um horizontal?
4. Quais as diferenças entre um sistema *steerable* e um sistema *rotary steerable* e quais os principais ganhos de se usar um ou outro?
5. O que é *geosterring* e onde geralmente é aplicado?

CAPÍTULO 4

Acompanhamento Direcional

Durante a perfuração direcional, os registros (fotos) de inclinação e direção, realizados a um intervalo predeterminado, definem um vetor tangente à trajetória nesse ponto. A trajetória seguida por um poço direcional é calculada através de métodos que envolvem hipóteses relacionadas ao traçado da trajetória esperada entre duas **estações**, isto é, os pontos onde são feitos os registros direcionais.

Tradicionalmente, a determinação da trajetória direcional é feita através dos seguintes métodos:

- Tangente.
- Tangente balanceada.
- Ângulo médio.
- Raio de curvatura.
- Mínimo raio de curvatura (é o método mais usado na indústria atualmente).

Nesta seção, serão descritos os equipamentos de registro direcional e os métodos de cálculo mais usados para se estabelecer a trajetória percorrida por um poço direcional. Note que, embora relativamente simples, esses métodos requerem um grande esforço de cálculo que não será objeto desse livro, uma vez que existem na indústria inúmeros *softwares* para serem usados. Finalmente, serão abordados ainda aspectos relacionados à análise de anticolisão, aos modelos de erro (erros de equipamentos), aos cones de incerteza e aos métodos de rastreamento de poços adjacentes.

4.1 Equipamentos de Registro Direcional

As medições direcionais comumente chamadas de *surveys* ou "fotos" são requeridas para que a trajetória do poço seja definida e para que este seja localizado no espaço. As fotos são obtidas com equipamentos especiais que serão descritos mais adiante e incluem a inclinação e a direção do poço. A obtenção de tais medições é fundamental, por exemplo, para que:

- Os objetivos geológicos sejam atingidos.
- As colisões entre poços sejam evitadas.
- Os poços em *blowout* sejam combatidos através da perfuração de poços de alívio.
- O posicionamento correto de *sidetracks* e de poços multilaterais seja efetuado.
- Os *doglegs* e o *dogleg severity* sejam identificados, minimizando os pontos onde possa haver dificuldade de manobra para execução de operações posteriores à perfuração.

Além de importantes, as medições direcionais não se justificam somente na fase de perfuração. Na verdade, elas serão usadas também em fases subsequentes como a completação, a produção e o abandono do poço. De forma geral, podem ser agrupadas em:

- Controle direcional.
- Verificação de posição.
- Orientação.
- Produção.

Para cada uma dessas áreas, existem os mais diversos tipos de instrumentos. Cada tipo de sistema de medição será utilizado com base em critérios técnicos e econômicos. Porém, de modo geral, pode-se dizer que os objetivos de qualquer boa medição direcional são: (a) obter e manter informações da localização dos poços; (b) assegurar que os dados satisfaçam à precisão requerida e (c) realizar as medições de forma eficiente em termos de custo sem comprometer as exigências de precisão dos dados.

Portanto, entre os diversos fatores que influenciam na seleção do instrumento de registro direcional citamos:

- Tamanho do objetivo. Isto irá definir, em parte, as exigências de precisão da ferramenta.
- Latitude do poço. A latitude do poço afeta os instrumentos magnéticos, assim como a precisão de instrumentos giroscópicos.
- Direção do objetivo. Fotos a leste/oeste requerem procedimentos especiais para ambos os sensores, magnéticos e giroscópicos.
- Tipo da instalação da perfuração. Interferência magnética é inerente a algumas instalações com várias guias (muitos poços na mesma sonda).
- Custo da sonda. Melhores sondas são caras (aluguel mais caro, por exemplo) e, em geral, escolhe-se um instrumento melhor e mais caro, como no caso do MWD.
- Máxima inclinação de projeto. Algumas ferramentas possuem limitações operacionais para poços mais inclinados.
- Condições do poço e formação. Alguns diâmetros de poços muito instáveis podem limitar o uso de alguns instrumentos.
- Orçamento do poço. Assim como no custo da sonda, este fator irá impactar na escolha da melhor ferramenta em termos de custo-benefício.
- Temperatura do poço. Todos os instrumentos direcionais possuem limites operacionais quanto à temperatura do poço.
- Poço aberto ou poço revestido. Poços revestidos afetam os instrumentos magnéticos, limitando sua utilização apenas a trechos de poços abertos.

No escopo da perfuração, existem vários tipos de equipamentos disponíveis no mercado para efetuar os chamados registros direcionais. Em termos de tipo de medição, os equipamentos podem ser classificados como **magnéticos** ou **giroscópicos**. Em termos de número de medições, estes podem ser classificados como **equipamentos de registros simples**, **múltiplos** ou **contínuos**. Possuem diferentes aplicações, precisões e preços, onde geralmente menor preço tipicamente resulta em medições com menor precisão.

Os principais equipamentos de registros direcionais são:
- Magnético de registro simples (*magnetic single shot* – MSS).
- Magnético de registro múltiplo (*magnetic multishot* – MMS).
- Giroscópio de registro simples (*gyroscopic single shot* – GSS).
- Giroscópio de registro múltiplo (*gyroscopic multishot* – GMS).
- Sistema de navegação inercial (*inertial navigation system* – INS).
- Medição contínua a cabo (*steering tools*).
- Medição contínua sem cabo (MWD e GWD).

4.1.1 Equipamentos Magnéticos

Os equipamentos magnéticos não podem ser utilizados dentro ou próximo de poços resvestidos. Assim, a utilização desses equipamentos requer o uso de **comandos não-magnéticos** que, como mencionado anteriormente, têm como função alojar sensores magnéticos de registro direcional. Esses comandos são construídos com uma liga não-magnética chamada monel, cujo intuito é o de diminuir a interferência magnética provocada pela coluna de perfuração.

a) Equipamento Magnético de Registro Simples
(Magnetic Single Shot – MSS)

É um equipamento composto de uma bússola magnética, um inclinômetro e uma câmara fotográfica, posicionado dentro de um comando não magnético (monel) conforme mostra a figura 4.1A. Registra, simultaneamente, a direção magnética, a inclinação e a orientação *tool face* de poço não revestido em um disco de filme individual (figuras 4.1B e C). A direção dos registros obtida deverá ser corrigida da declinação do local de acordo com o mapa magnético local, conforme será visto mais adiante.

É utilizado para monitorar o progresso do poço e a orientação da coluna de perfuração.

b) Equipamento Magnético de Registro Múltiplo
(Magnetic Multi Shot – MMS)

É um instrumento que registra, simultaneamente, em um filme fotográfico ou em um módulo de memória de estações múltiplas (figura 4.2), a direção magnética e a inclinação do poço. Os registros são tomados geralmente quando o BHA é retirado do poço. Assim como o anterior, o equipamento é posicionado dentro de um comando não-magnético. É utilizado para investigar todo o poço depois da perfuração ou na orientação de testemunhos.

ACOMPANHAMENTO DIRECIONAL 153

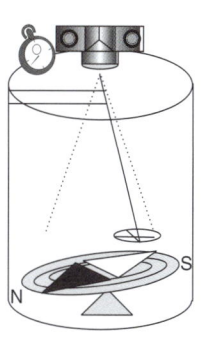

FIGURA 4.1B *SINGLE SHOT* MAGNÉTICO.
(FONTE: HALLIBURTON.)

FIGURA 4.1A CONJUNTO DE EQUIPAMENTOS DO *SINGLE SHOT* MAGNÉTICO.
(FONTE: BAKER HUGHES.)

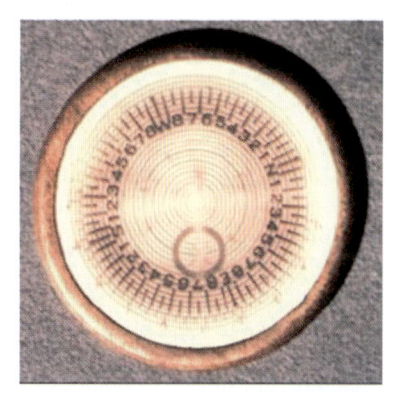

FIGURA 4.1C REGISTRO DE FOTO DO *SINGLE SHOT* MAGNÉTICO.
(FONTE: BAKER HUGHES.)

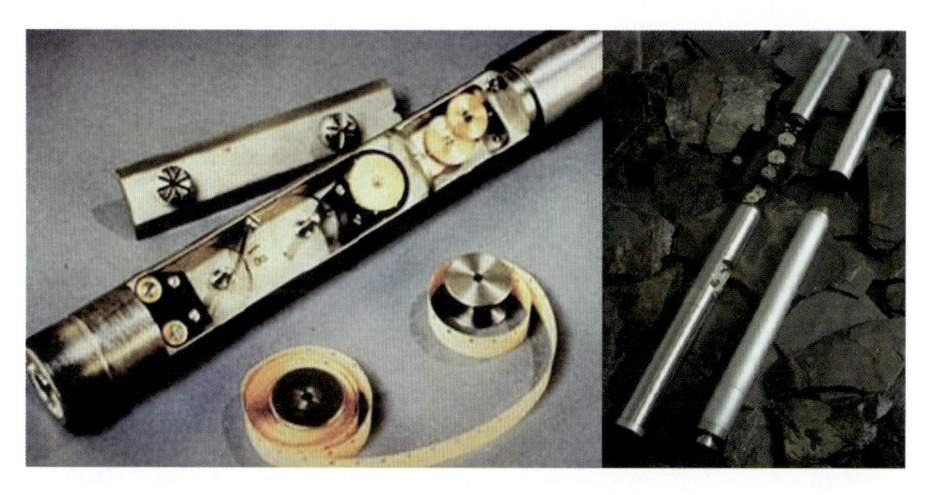

FIGURA 4.2 CONJUNTO DE EQUIPAMENTOS DO *MULTI SHOT* MAGNÉTICO.
(FONTE: BAKER HUGHES.)

4.1.2 Equipamentos Giroscópicos

Diferente dos equipamentos magnéticos, os instrumentos giroscópicos (figura 4.3) possuem a grande vantagem de não sofrerem a influência magnética, possibilitando investigações dentro de revestimentos e, em certos casos, dentro de revestimentos de produção.

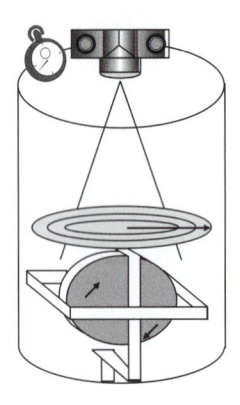

FIGURA 4.3 MECANISMO DO GIROSCÓPIO. (FONTE: HALLIBURTON.)

a) Giroscópico de Registro Simples (Gyroscopic Single Shot – GSS)

Este equipamento grava a direção e a inclinação do poço em um simples filme em forma de disco (figura 4.4). O registro de direção é feito por uma bússola giroscópica em vez de um equipamento magnético. Por isso, é indicado onde possa haver interferência magnética de revestimentos ou poços adjacentes.

FIGURA 4.4 GIROSCÓPIO DE REGISTRO SIMPLES (GSS). (FONTE: BAKER HUGHES.)

b) Giroscópico de Registro Múltiplo (Gyroscopic Multi Shot – GMS)

A operação do giroscópio de registro múltiplo pode ser feita através de cabo, no qual a ferramenta (figura 4.5) é parada na posição de interesse, onde os registros são, então, gravados.

FIGURA 4.5 GIROSCÓPIO DE REGISTRO MÚLTIPLO (GMS). (FONTE: BAKER HUGHES.)

Contudo, esta ferramenta também pode ser descida usando um *slick-line* dentro do revestimento ou pode ser lançada no poço através da coluna de perfuração, na qual o registro é tomado durante a manobra de retirada da coluna. Em ambos os casos, existe uma economia de tempo de sonda por não utilizar o cabo de perfilagem.

O GMS convencional a cabo é eficiente até uma inclinação de aproximadamente 20°. Dessa forma, quando se realiza um trabalho em poços de alta inclinação, utiliza-se o modo contínuo de operação do GMS inicializado a partir de 15° de inclinação do poço. Nesse modo contínuo, o giroscópio não precisa ser parado para coletar os registros que ficam atrelados ao ponto de inicialização.

É importante salientar que os instrumentos giroscópicos de registro múltiplo podem ser agrupados em duas categorias, que são:

- Giroscópios livres: são mais antigos e menos precisos, pois devem ser referenciados a uma direção na superfície (na plataforma), acarretando em um erro de leitura, além de sofrer um desvio (*drift*) ao longo da descida no poço.

- Giroscópios de taxa de mudança (*NorthSeekingGyro*): instrumentos de alto grau de precisão que buscam o referencial do norte verdadeiro continuamente e, com isso, não sofrem desvios e não ocorre propagação de erro sistemático como no anterior.

4.1.3 Sistema de Navegação Inercial (*Inertial Navigation System* – INS)

Faz parte de uma família especial de ferramentas que determinam a posição e a velocidade de um corpo em movimento tridimensionalmente. O INS (Figura 4.6) é capaz de achar o norte magnético pela rotação da Terra. A ferramenta é descida no poço como o giroscópio.

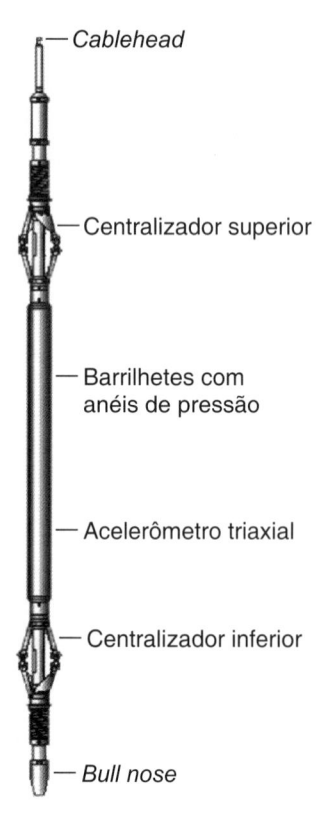

FIGURA 4.6 SISTEMA DE NAVEGAÇÃO INERCIAL. (FONTE: BAKER HUGHES.)

4.1.4 Equipamento de Medição Contínua a Cabo (*Steering Tool*)

É composto por um sensor magnético de direção e um sensor gravitacional de inclinação (*probe*), que transmitem os dados para a superfície através de um cabo elétrico (figura 4.7A). Utilizado com motor de fundo, fornece a cada instante a posição do poço (direção e inclinação), não podendo ser usado durante a perfuração rotativa, pois sua transmissão é feita através de cabo. Um computador na superfície decodifica os sinais e faz os cálculos direcionais (figura 4.7B). Possibilita, dessa forma, o acompanhamento durante a perfuração e transmissão de dados em tempo real.

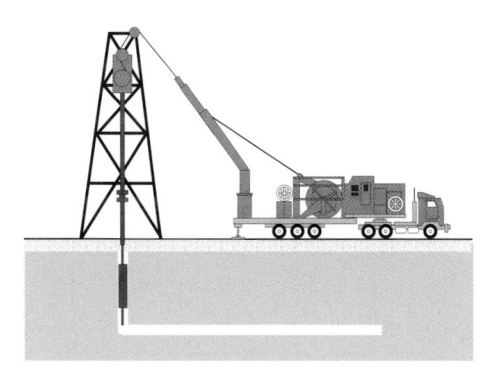

FIGURA 4.7A DESENHO ESQUEMÁTICO DE MEDIÇÃO COM FERRAMENTA TIPO *STEERING TOOL*.

FIGURA 4.7B CONJUNTO DE EQUIPAMENTOS DE SUPERFÍCIE COM O *STEERING TOOL*. (FONTE: HALLIBURTON.)

4.1.5 Equipamento de Medição Contínua sem Cabo (*Measurement While Drilling* e *Gyro While Drilling*)

Os equipamentos de medição contínua sem cabo, conhecidos como *measurement while drilling* (MWD), são similares ao *steering tool*. A diferença é a transmissão de dados, que é feita em forma de pulsos de pressão através do fluido de perfuração no interior da coluna e captados na superfície em tempo real.

O MWD (figura 4.8) é parte da coluna de perfuração, e pode ser usado tanto na perfuração rotativa quanto com motor de fundo; neste caso, os registros são feitos continuamente e apresentados em um mostrador remoto. O MWD possui várias vantagens em relação aos outros equipamentos, como:

- Redução de tempo de sonda.
- Sistema de medição mais acurado na operação com motor de fundo.
- Registro direcional contínuo do poço.

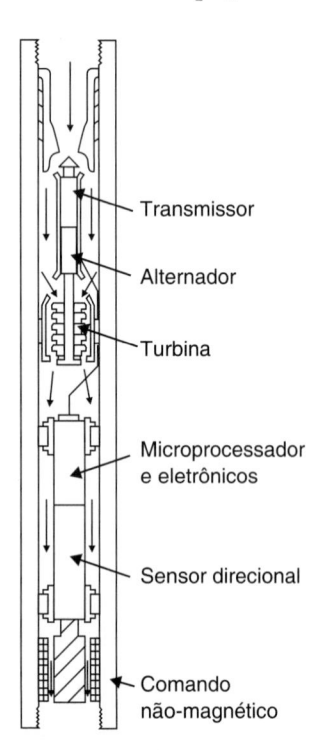

FIGURA 4.8 DESENHO ESQUEMÁTICO DE UMA FERRAMENTA MWD. (FONTE: PETROSKILLS.)

Contudo, como os sensores magnéticos do MWD sofrem interferência magnética, o BHA requer um espaçamento mínimo de monéis, conforme dito anteriormente. Para poços de alta inclinação, é comum utilizar um giroscópio a cabo para confirmar os resultados provenientes do MWD, demandando assim tempo de sonda.

Para resolver este problema, a indústria de petróleo já conta com uma nova tecnologia chamada GWD (*gyro while drilling*). O giroscópio é descido em conjunto com o sistema de MWD e utiliza o transmissor de dados (*pulser*) do MWD para enviar sinal em tempo real à superfície. A figura 4.9 apresenta um BHA esquemático com o GWD. Este sistema agrega ao MWD os benefícios dos registros giroscópicos em tempo real, dentre os quais uma menor incerteza da medição, por exemplo, uma menor elipse de incerteza, como será visto posteriormente.

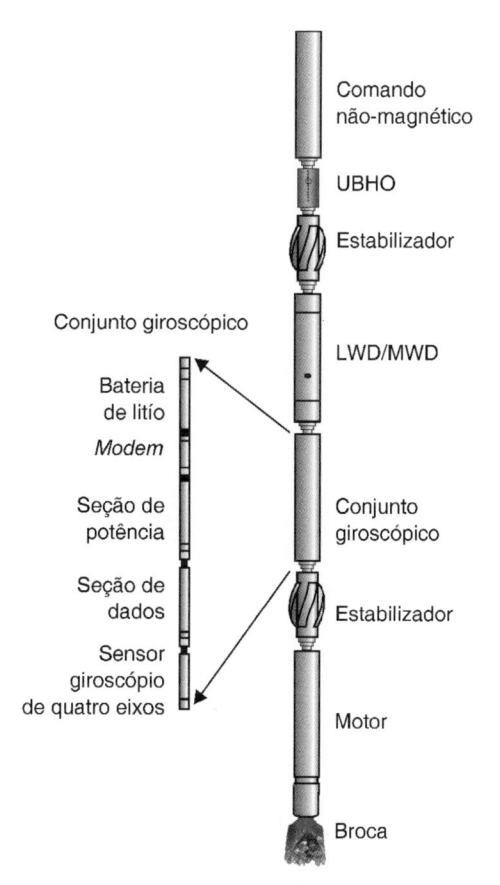

FIGURA 4.9 DESENHO ESQUEMÁTICO DE UMA FERRAMENTA GWD. (FONTE: GYRODATA.)

4.2 Influência do Referencial Norte na Determinação da Trajetória do Poço

Os sensores direcionais utilizados na perfuração de poços e descritos anteriormente medem a direção com base no norte magnético (*magnetic north* – MN) ou no norte verdadeiro (*true north* – TN). Por outro lado, muitos relatórios de perfuração de poço informam a direção com base no norte verdadeiro (TN) ou nos chamados norte *grid* (*grid north* – GN). Além disso, os sensores do tipo magnético sofrem influência do campo magnético da Terra (figura 4.10), que varia com o passar do tempo. Portanto, faz-se necessário conhecer melhor os conceitos de referências de norte e de correção azimutal devido à grande influência exercida no cálculo da trajetória do poço e para que se tenha dados históricos confiáveis depois da perfuração.

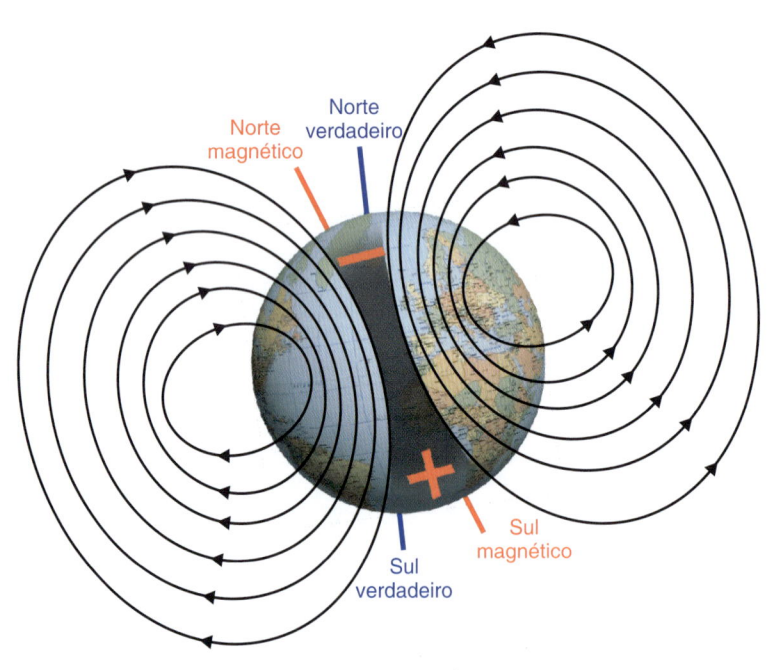

FIGURA 4.10 LINHAS DO CAMPO MAGNÉTICO DA TERRA QUE AFETAM OS SENSORES DIRECIONAIS MAGNÉTICOS. (FONTE: BAKER HUGHES.)

4.2.1 Definições de Referências de Norte

*a) Norte Verdadeiro (*True North – *TN)*

São linhas em direção ao polo norte geográfico, paralelas às longitudes. É uma referência absoluta para o mapeamento da Terra. É imutável (figuras 4.11 e 4.12).

*b) Norte Grid (*Grid North – *GN)*

São linhas paralelas entre si e perpendiculares à linha do Equador (figura 4.11).

*c) Norte Magnético (*Magnetic North – *MN)*

São linhas em direção ao norte magnético que mudam com o passar do tempo (figura 4.12).

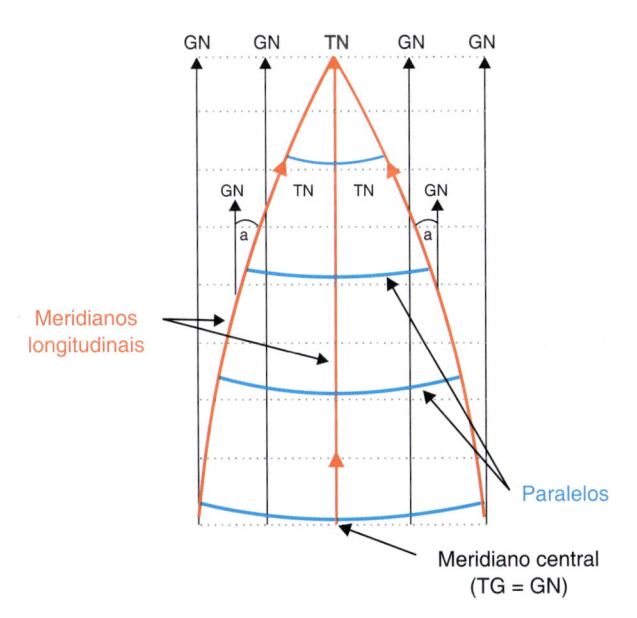

FIGURA 4.11 LINHAS DO *NORTE GRID* E DO NORTE VERDADEIRO.

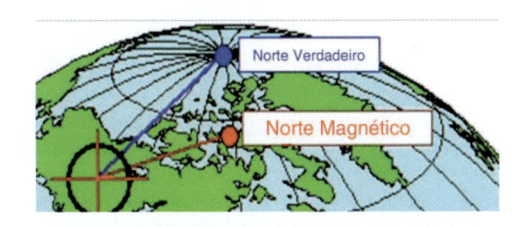

FIGURA 4.12 LINHAS DO NORTE VERDADEIRO E DO NORTE MAGNÉTICO. (FONTE: BAKER HUGHES.)

4.2.2 Correção da Direção Azimutal

Conforme dito anteriormente, os sensores direcionais medem a direção azimutal em relação a um norte magnético ou verdadeiro. Para padronizar essas informações provenientes da "boca do poço" e inseri-las em um banco de dados para futuras análises de anticolisão, é necessário corrigir o azimute.

a) Declinação

Os azimutes referenciados ao norte magnético são transformados para o referencial do norte verdadeiro utilizando o valor da **declinação**, que é o ângulo formado no sentido do norte magnético (MN) para o norte verdadeiro (TN).

O cálculo da **declinação** é obtido através de modelo geomagnético vigente, já que o norte magnético varia com o passar do tempo, levando-se em conta a intensidade do campo magnético e as coordenadas geodésicas (latitude e longitude) da região.

Existem *softwares* que calculam o valor da declinação magnética, contudo o Observatório Nacional fornece um gráfico no qual se podem estimar tais valores. A figura 4.13 apresenta a declinação segundo US/UK *World Magnetic Chart* (Epoch 2000). De posse do valor da declinação (D), corrige-se o azimute magnético (A_{MN}) para o azimute verdadeiro (A_{TN}), conforme mostra a figura 4.14.

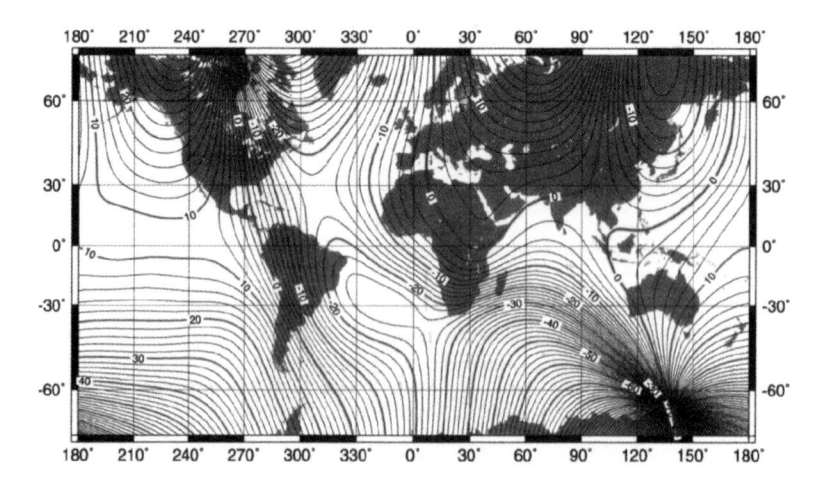

FIGURA 4.13 MAPA DA DECLINAÇÃO EM GRAUS, INTERVALO DE CONTORNO EM 2° E PROJEÇÃO DO MAPA TIPO MERCATOR. (FONTE: US/UK WORLD MAGNETIC CHART – EPOCH 2000.)

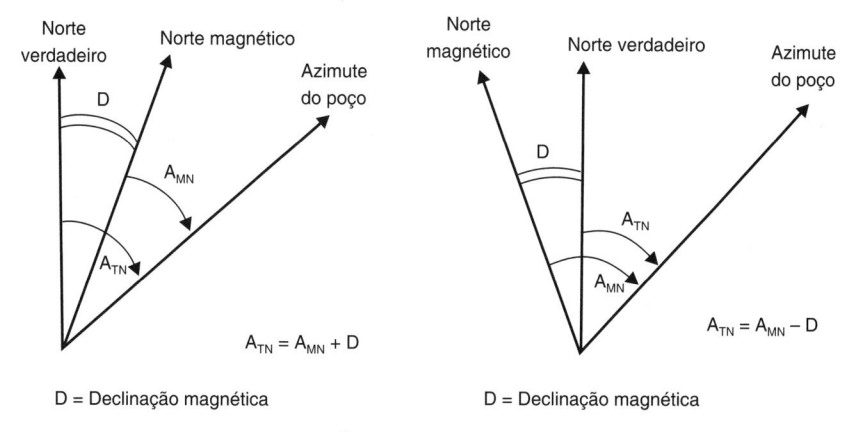

FIGURA 4.14 CÁLCULO DO AZIMUTE VERDADEIRO.

b) Convergência

Os azimutes referenciados ao norte verdadeiro ainda podem ser transformados para o referencial do *grid* norte, conforme preferência de algumas das operadoras da área de petróleo. Essa correção é feita através do valor da **convergência**, definida como o ângulo formado no sentido do norte *grid* (GN) para o norte verdadeiro (TN), conforme mostra a figura 4.15.

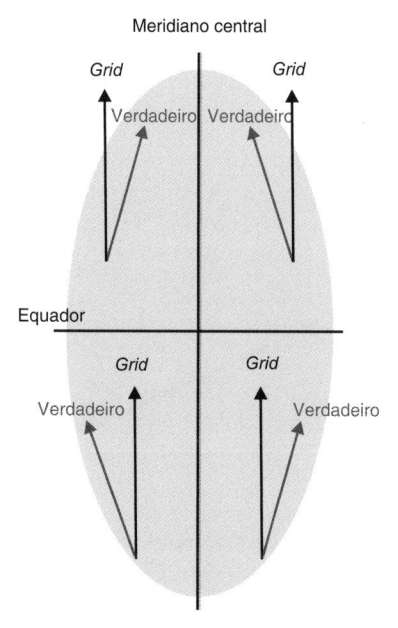

FIGURA 4.15 LINHAS DO NORTE VERDADEIRO E DO NORTE *GRID* DE UM POÇO PARA OS DOIS HEMISFÉRIOS DO GLOBO TERRESTRE.

De posse do valor da convergência (C), corrige-se o azimute verdadeiro (A_{TN}) para o azimute *grid* (A_{GN}), conforme mostra a figura 4.16.

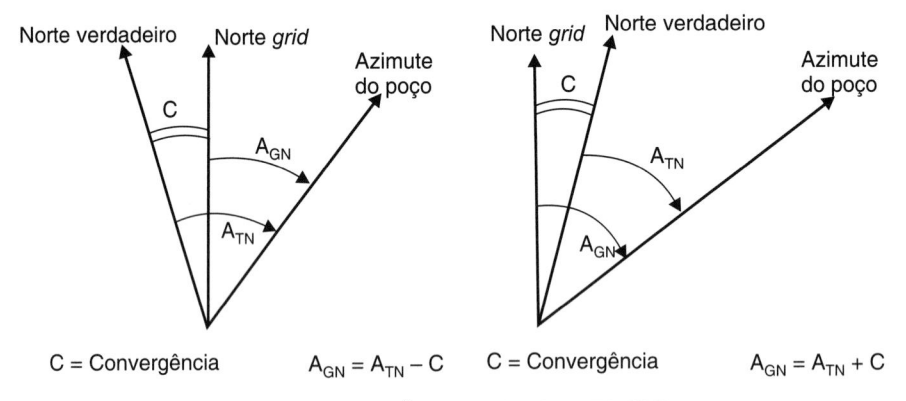

FIGURA 4.16 CÁLCULO DO AZIMUTE *GRID*.

4.3 Frequência e Qualidade dos Registros Direcionais

Como já mencionado, os parâmetros obtidos por esses instrumentos de registro direcional (inclinação e azimute), juntamente com a profundidade medida, irão localizar o poço no espaço. De posse do conjunto de fotos, obtém-se a trajetória do poço (figura 4.17) através de metodologias de cálculo, como a de mínimo raio de curvatura, que serão discutidas posteriormente.

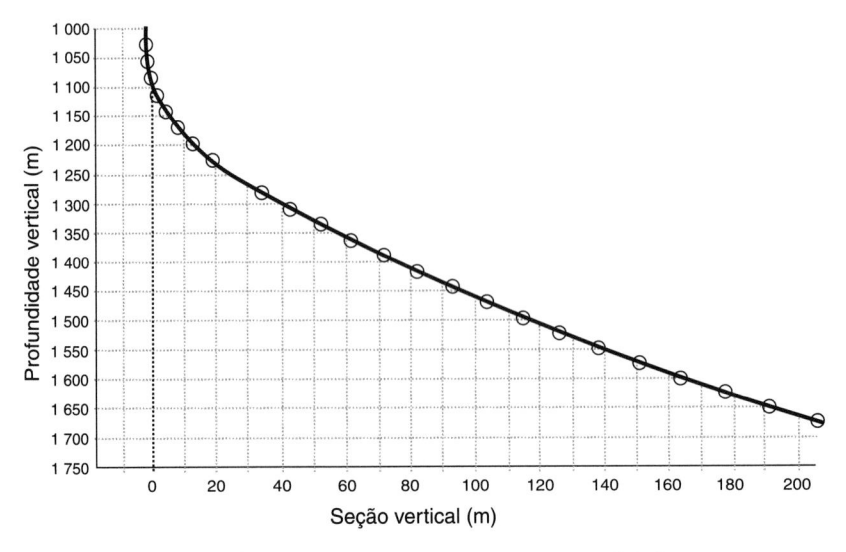

FIGURA 4.17 FOTOS DE UM POÇO DIRECIONAL.

Espera-se que quanto maior o número de fotos, mais realista seja a representação da trajetória perfurada. Contudo, a precisão da trajetória dependerá também do grau de confiabilidade do instrumento de registro direcional. De modo geral, fotos precisas em grande quantidade levarão a trajetórias mais confiáveis.

A figura 4.18 apresenta de forma comparativa o grau de precisão e de incerteza entre os instrumentos de registro direcionais. A base da pirâmide mostra o instrumento de baixa precisão e maior incerteza.

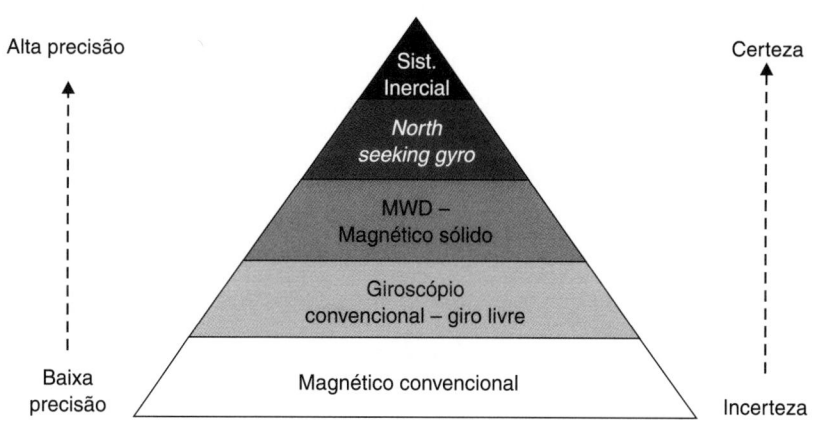

FIGURA 4.18 RELAÇÃO ENTRE PRECISÃO E INCERTEZA DOS INSTRUMENTOS DE REGISTRO DIRECIONAIS.

Outro ponto importante é que o espaçamento com que as fotos são registradas não afetará o curso da trajetória caso o perfil da mesma seja regular, por exemplo, sem mudanças bruscas de direção, ou de inclinação, ou de profundidade. Como exemplo, uma regra geral conservadora consiste em assumir que as fotos realizadas pelo instrumento de registro direcional *magnetic single shot* (MSS) tenham um espaçamento máximo de 50 m, diminuindo-se na seção de ganho de ângulo (*buildup*) para 10 a 20 m, e com maior espaçamento dentro do reservatório.

Com o intuito de poupar tempo, os registros com MWD são feitos a cada conexão, ou seja, aproximadamente 28 ou 29 m quando for seção e 9 m quando for tubo. Nos casos de severidade de *dogleg* elevada (altos DLS), ou de poços com alvos reduzidos, ou quando há risco de colisão entre os poços, deve-se analisar a conveniência de realizar os registros a cada

15, 10 ou até 5 m. Este é um pequeno tempo a mais perdido na perfuração que pode garantir o sucesso do poço.

Com relação aos instrumentos giroscópicos, o GMS convencional realiza registros a cada 30 m ou 50 m, ao passo que o GMS contínuo pode obter fotos a cada 1 m ou 10 m, de acordo com a necessidade. Em relação ao modo *steering*, o giroscópio faz basicamente leitura da orientação *tool face* e não está funcionando em modo contínuo. Portanto, não é tão preciso como no modo contínuo.

Muitos poços direcionais requerem longas seções tangenciais e altos ângulos antes de atingirem o objetivo. Dessa forma, a utilização de equipamentos de medição de alta confiabilidade e a necessidade de se ter um objetivo bem definido para a empreitada podem ter grande impacto positivo na construção do poço.

A maneira como o objetivo é definido afeta diretamente o tempo de perfuração do poço, o custo e a escolha da ferramenta de medição a ser usada. A posição do alvo e seu ângulo de entrada, por exemplo, podem causar grande impacto, pois podem levar a poços muito complicados, como o mostrado na figura 4.19.

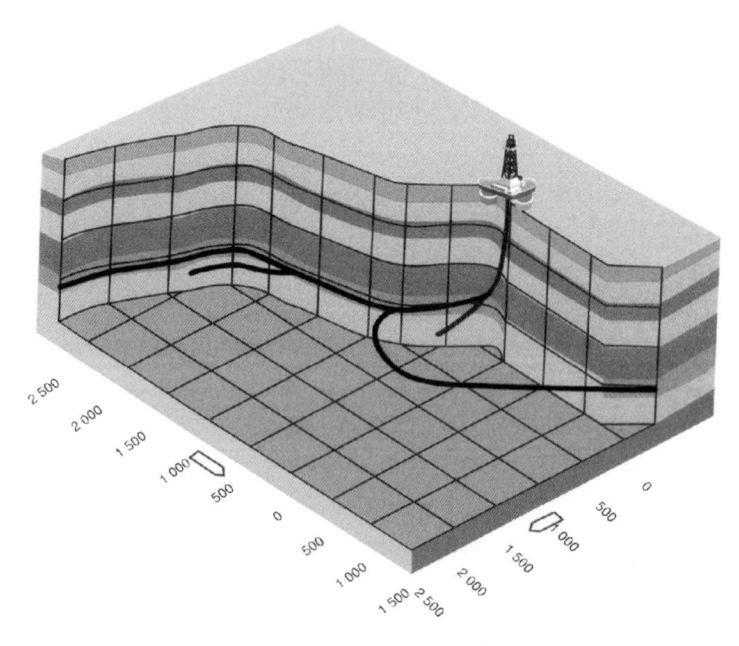

FIGURA 4.19 OBJETIVOS AFASTADOS E NÃO ALINHADOS GERAM TRAJETÓRIAS MAIS COMPLEXAS.

Caso a confiabilidade das ferramentas de medições não seja considerada ou simplesmente seja mal-entendida em projetos de poços direcionais mais complicados (ERW e *designer wells*, por exemplo), poderá haver grandes perdas de tempo com conexões. Assim, ela torna-se crítica pelos seguintes motivos:

- Grandes profundidades levam a uma maior propagação dos erros de medição.
- A dificuldade de se fazer correções de ângulo aumenta para poços de grande extensão ou muito profundos.
- A qualidade das medições pode cair acentuadamente para altos ângulos.
- Ângulos de entrada do alvo com relação à posição da broca podem tornar a execução do poço mais complicada.

4.4 Métodos de Cálculo de Acompanhamento da Trajetória de Poço

Independente do tipo de medição direcional a ser usada (*single shot, multishot, steering tool*, MWD ou outra) estarão apenas disponíveis as inclinações e direções do poço tomadas a cada foto e as profundidades medidas em que esses registros foram efetuados. Assim, para se saber a posição do poço em qualquer profundidade, é necessário efetuar o chamado cálculo de acompanhamento da trajetória do poço. Esses cálculos fornecem um número importante de informações, que incluem profundidades verticais, afastamentos, *doglegs*, severidades de *dogleg* etc., definidos anteriormente.

Como mostrado na figura 4.20, as fotos irão fornecer as informações de inclinação, direção e profundidade medida, ao passo que o método de cálculo da trajetória fará a união dessas fotos calculando os valores de profundidades verticais e os afastamentos norte/sul e leste/oeste a partir da cabeça de poço. A hipótese básica utilizada na maioria dos métodos é de que a trajetória entre os pontos A e B é calculada utilizando as medições de profundidade (M), inclinação (α) e direção (ε) obtidas nesses dois pontos.

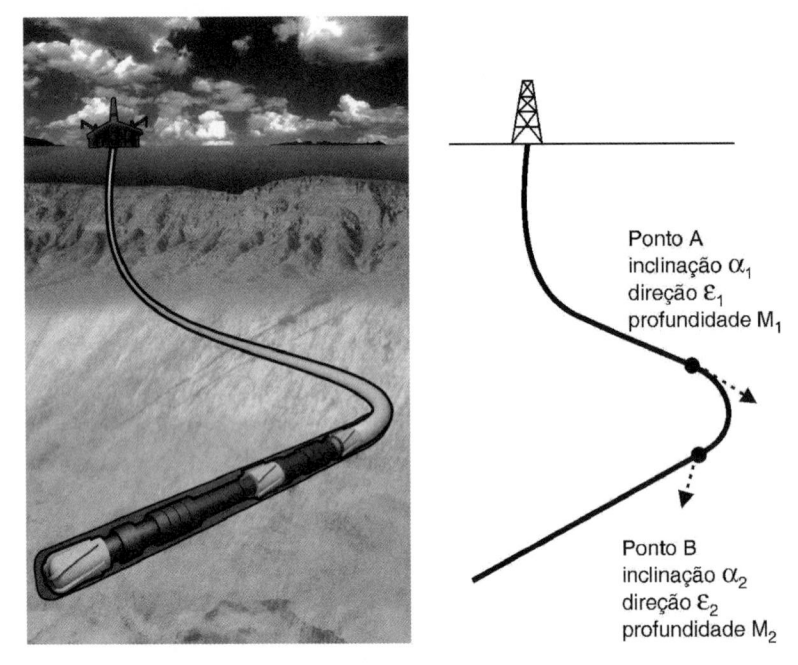

FIGURA 4.20 ILUSTRAÇÃO DE POÇO DIRECIONAL (FONTE: HALLIBURTON) E TRAJETÓRIA ESQUEMÁTICA COM DUAS FOTOS REPRESENTADAS COMO PONTOS A E B.

Dessa forma, os valores conhecidos são:

- M_1: profundidade medida em 1.
- M_2: profundidade medida em 2.
- α_1: inclinação em 1.
- α_2: inclinação em 2.
- ε_1: direção em 1.
- ε_2: direção em 2.
- N_1: posição norte-sul em 1.
- E_1: posição leste-oeste em 1.
- V_1: profundidade vertical em 1.
- A_1: afastamento em 1.

Os valores a serem calculados são:

- $\Delta M = M_2 - M_1$
- $V_2 = V_1 + \Delta V$
- $N_2 = N_1 + \Delta N$
- $E_2 = E_1 + \Delta E$
- $A_2 = A_1 + \Delta A$

As variáveis ΔV, ΔN, ΔE e ΔA serão calculadas diferentemente de acordo com o método de cálculo a ser escolhido e que serão discutidos a seguir. O ângulo de *dogleg* (β) entre os pontos 1 e 2 é calculado através de equação a ser apresentada posteriormente. Calcula-se, também, o *dogleg severity* (DLS) em graus/30 m, através da seguinte equação:

$$DLS = \frac{30 \times \beta}{\Delta M}$$

Ou, então, pela fórmula de Lubinski (Anadril/Schlumberger, 1989), na qual o *dogleg severity* independe do método de cálculo da trajetória; é muito utilizada nas estimativa de fadiga dos tubos.

$$DLS_{(Lubinski)} = \frac{30}{\Delta M} \times 2 \times arcsen \left\{ \left[sen\frac{\Delta\alpha}{2} \right]^2 + \left[sen\frac{\Delta\varepsilon}{2} \right]^2 \times (sen\alpha_1) \times (sen\alpha_2) \right\}^{1/2}$$

Como mencionado anteriormente, existem os seguintes métodos de cálculo da trajetória perfurada:

- Tangente.
- Tangente balanceada.
- Ângulo médio.
- Raio de curvatura.
- Mínimo raio de curvatura.

O método da tangente é o mais antigo, menos sofisticado e o menos preciso, e por isso deve ser evitado. Os métodos do ângulo médio e raio de curvatura, por sua simplicidade, foram bastante usados no passado, mas têm sido abandonados em função do uso crescente do último método (o mínimo raio de curvatura).

4.4.1 Método da Tangente

Esse método usa apenas a inclinação e a direção tomadas na última medição (estação ou foto). O poço é assumido como sendo tangente a esse ponto, e a sequência de cálculos e as principais características apresentadas por esse método são:

- Segmento AB é aproximado por AB' paralelo à tangente no ponto B (figura 4.21).
- Ponto "B" é calculado com base na inclinação e na direção medidas neste ponto.
- Método menos preciso.

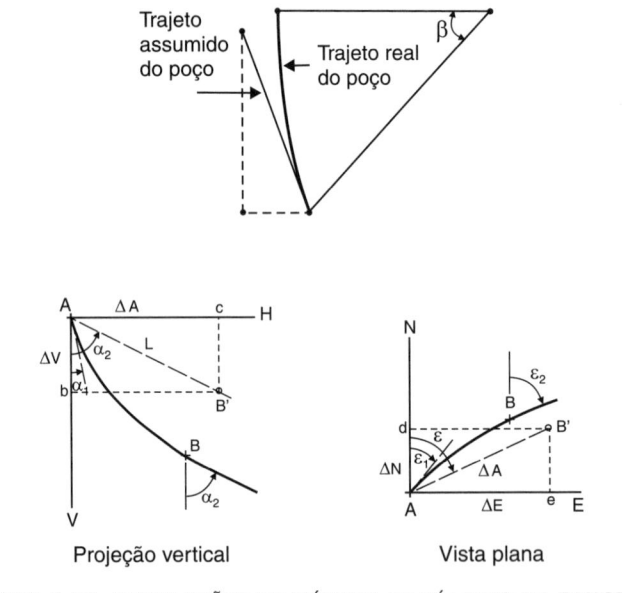

FIGURA 4.21 ILUSTRAÇÕES DO MÉTODO DE CÁLCULO DA TANGENTE.

Os valores a serem calculados são:

$$\Delta N = \Delta M \times sen\ \alpha_2 \times cos\ \varepsilon_2$$
$$\Delta E = \Delta M \times sen\ \alpha_2 \times sen\ \varepsilon_2$$
$$\Delta V = \Delta M \times cos\ \alpha_2$$
$$\Delta A = \Delta M \times sen\ \alpha_2$$

$$\beta = arccos\ (cos(\alpha_2 - \alpha_1) - sen\ \alpha_1 \times sen\ \alpha_2 \times (1 - cos\ \Delta\varepsilon))$$

$$\text{onde } \Delta\varepsilon = \varepsilon_2 - \varepsilon_1$$

$$DLS = \beta \times 30/\Delta M$$

4.4.2 Método da Tangente Balanceada

Diferentemente do método anterior, o método da tangente balanceada utiliza a inclinação e a direção de duas medições subsequentes. As principais considerações deste método são:

- Divide-se o comprimento entre as fotos em dois segmentos retos e iguais (figura 4.22).
- A acurácia deste método é similar à do ângulo médio, contudo apresenta erros maiores de cálculo para seções de ganho de ângulo, por exemplo, valores de profundidades verticais maiores e afastamentos menores.

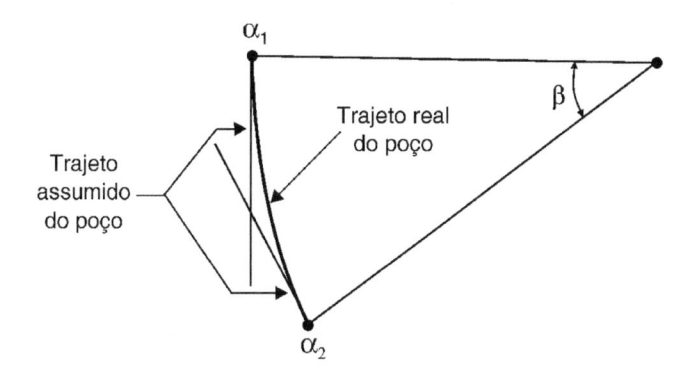

FIGURA 4.22 ILUSTRAÇÃO DO MÉTODO DE CÁLCULO DA TANGENTE BALANCEADA.

Os valores a serem calculados são:

$$\Delta N = (\Delta M\ /\ 2) \times [(sen\ (\alpha_2) \times cos\ (\varepsilon_2)) + (sen(\alpha_1) \times cos\ (\varepsilon_1))]$$

$$\Delta E = (\Delta M\ /\ 2) \times [(sen\ (\alpha_2) \times sen\ (\varepsilon_2)) + (sen\ (\alpha_1) \times sen\ (\varepsilon_1))]$$

$$\Delta V = (\Delta M\ /\ 2) \times [cos\ (\alpha_1) + cos\ (\alpha_2)]$$

$$\Delta A = (\Delta M\ /\ 2) \times [sen\ (\alpha_1) + sen\ (\alpha_2)]$$

4.4.3 Método do Ângulo Médio

Por sua simplicidade, este método é de fácil implementação. A sequência básica de cálculo é dada por:

- Inclinação e direção no ponto "B" são iguais à média das inclinações e direções em "A" e "B".
- As projeções dos pontos "A" e "B" são calculadas como as projeções obtidas dos ângulos médios das inclinações e das direções (figura 4.23).

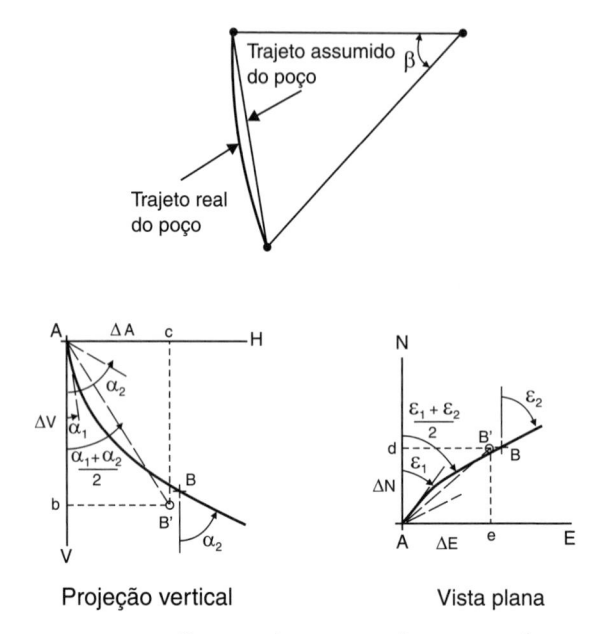

FIGURA 4.23 ILUSTRAÇÃO DO MÉTODO DE CÁLCULO DO ÂNGULO MÉDIO.

Os valores a serem calculados são:

$$\Delta N = \Delta M \times sen\ [(\alpha_2 + \alpha_1)/2] \times cos\ [(\varepsilon_2 + \varepsilon_1)/2]$$

$$\Delta E = \Delta M \times sen\ [(\alpha_2 + \alpha_1)/2] \times sen\ [(\varepsilon_2 + \varepsilon_1)/2]$$

$$\Delta V = \Delta M \times cos\ [(\alpha_2 + \alpha_1)/2]$$

$$\Delta A = \Delta M \times sen\ [(\alpha_2 + \alpha_1)/2]$$

4.4.4 Método do Raio de Curvatura

As considerações e os cálculos usados neste método são:

- O trecho perfurado AB é tratado como uma curva inscrita sobre uma superfície cilíndrica com eixo vertical (figura 4.24).
- As projeções vertical e horizontal de cada ponto são assumidas como sendo arcos de círculos cujos raios serão função da taxa de ganho de ângulo e da taxa de variação da direção.
- Este método fornece valores muito próximos dos apresentados pelo mínimo raio de curvatura.

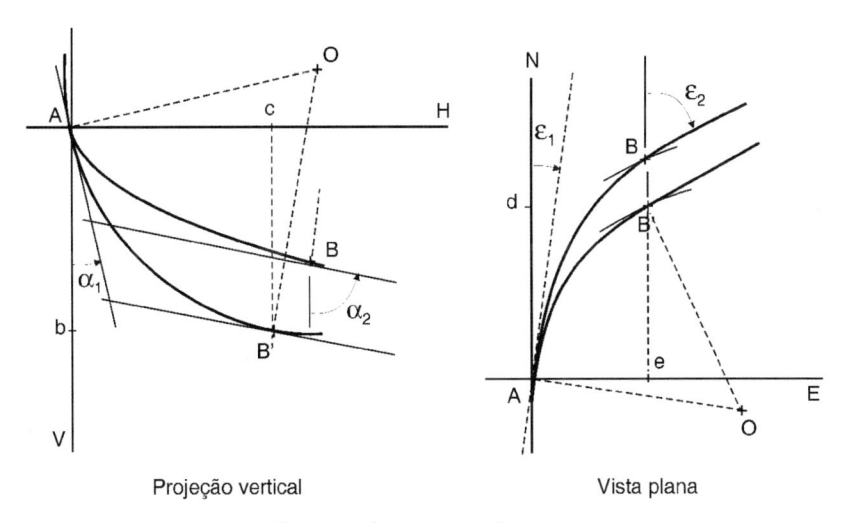

Projeção vertical — Vista plana

FIGURA 4.24 ILUSTRAÇÃO DO MÉTODO DE CÁLCULO DO RAIO DE CURVATURA.

Os valores a serem calculados são:

$$\Delta N = (180/\pi)^2 \times \Delta M \times [(cos(\alpha_1) - cos(\alpha_2))/(\alpha_2 - \alpha_1)] \\ \times [(sen(\varepsilon_2) - sen(\varepsilon_1))/(\varepsilon_2 - \varepsilon_1)]$$

$$\Delta E = (180/\pi)^2 \times \Delta M \times [(cos(\alpha_1) - cos(\alpha_2))/(\alpha_2 - \alpha_1)] \\ \times [(cos(\varepsilon_1) - cos(\varepsilon_2))/(\varepsilon_2 - \varepsilon_1)]$$

$$\Delta V = (180/\pi) \times \Delta M \times [(sen(\alpha_2) - sen(\alpha_1))/(\alpha_2 - \alpha_1)]$$

$$\Delta A = (180/\pi) \times \Delta M \times [(cos(\alpha_1) - cos(\alpha_2))/(\alpha_2 - \alpha_1)]$$

$$\beta = arcos\,[(cos(\alpha_2 - \alpha_1) - sen\,\alpha_1 \times sen\,\alpha_2 \times (1 - cos(\varepsilon_2 - \varepsilon_1))]$$
$$DLS = \beta \times 30/\Delta M$$

4.4.5 Método do Mínimo Raio de Curvatura

Este método assume que a trajetória é uma curva suave sobre a superfície de uma esfera, por exemplo, um arco circular (figura 4.25).

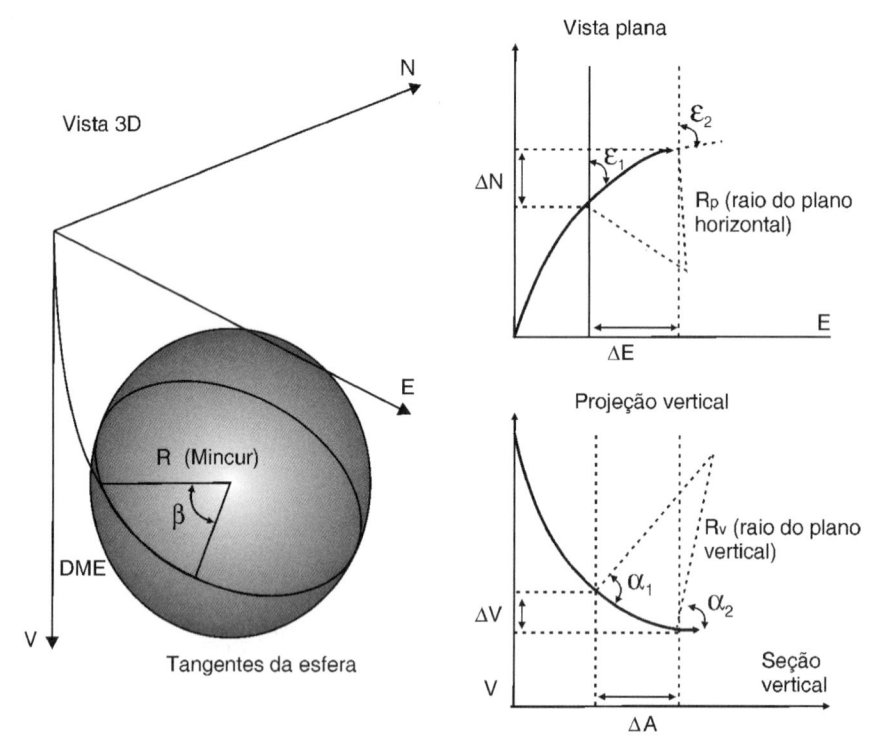

FIGURA 4.25 ILUSTRAÇÃO DO MÉTODO DE CÁLCULO DE MÍNIMO RAIO DE CURVATURA. (FONTE: HALLIBURTON.)

A trajetória é a resultante da minimização da curvatura segundo restrições físicas da seção do poço. As fotos iniciais e finais de um comprimento da trajetória definem os vetores espaciais que são tangentes à trajetória nesses dois pontos representados pelas fotos. Os dois vetores são suavizados em uma curva através de um fator (F) definido pela curvatura (*dogleg*) da seção do poço. Os passos para o cálculo são:

Calcular o fator (F) com base no *dogleg* (β) de Taylor (1972):

$$\beta = cos^{-1}\{(cos\,(\alpha_2 - \alpha_1)) - [sen\,(\alpha_1) \times sen\,(\alpha_2) \times (1 - cos\,(\varepsilon_2 - \varepsilon_1))]\}$$

$$F = (2\,/\,\beta(rad)) \times tan\,(\beta(graus)/2)$$

Para ângulos pequenos ($\beta < 0{,}25°$ ou $\beta < 0{,}0043633$ rad), pode-se assumir $F = 1$:

$$\Delta N = (\Delta M / 2) \times [(sen\ (\alpha_2) \times cos\ (\varepsilon_2)) + (sen\ (\alpha_1) \times cos\ (\varepsilon_1))] \times F$$

$$\Delta E = (\Delta M / 2) \times [(sen\ (\alpha_2) \times sen\ (\varepsilon_2)) + (sen\ (\alpha_1) \times sen\ (\varepsilon_1))] \times F$$

$$\Delta V = (\Delta M / 2) \times (cos\ (\alpha_2) + cos\ (\alpha_1)) \times F$$

$$\Delta A = (\Delta M / 2) \times (sen\ (\alpha_2) + sen\ (\alpha_1)) \times F$$

$$\beta\ (graus) = \beta\ (rad) \times (180/\pi)$$

$$DLS\ (graus/30\ m) = (30 / \Delta M) \times \beta\ (graus)$$

EXERCÍCIO RESOLVIDO

Com base nos registros direcionais da tabela 4.1, calcule a posição do poço de cada foto utilizando os métodos tangencial, tangencial balanceado, ângulo médio, raio de curvatura e mínimo raio de curvatura.

Nota 1: qualquer que seja o método utilizado, para o intervalo de zero a 1 000 m não houve afastamento em relação às coordenadas de superfície, portanto as coordenadas locais N/S e L/O são (0,0).

Nota 2: a transformação de rumo (Q) em azimute (ε) é:

- Quadrante NE => $\varepsilon = Q$.
- Quadrante SE => $\varepsilon = 180° - Q$.
- Quadrante SO => $\varepsilon = 180° + Q$.
- Quadrante NO => $\varepsilon = 360° - Q$.

TABELA 4.1 REGISTROS DIRECIONAIS DO EXERCÍCIO RESOLVIDO.

Produndidade medida (metros)	Inclinação (graus)	Rumo
0	0,00	N0,00E
1 000	0,00	N0,00E
1 100	3,00	N21,70E
1 200	6,00	N26,50E
1 300	9,00	N23,30E
1 400	12,00	N20,30E
1 500	15,00	N23,30E
1 600	18,00	N23,90E
1 700	21,00	N24,40E
1 800	24,00	N23,40E
1 900	27,00	N23,70E
2 000	30,00	N23,30E
2 100	30,20	N22,80E
2 200	30,40	N22,50E
2 300	30,30	N22,10E
2 400	30,60	N22,40E
2 500	31,00	N22,50E
2 600	31,20	N21,60E
2 700	30,70	N20,80E
2 800	31,40	N20,90E
2 900	30,60	N22,00E
3 000	30,50	N22,50E
3 100	30,40	N23,90E
3 200	30,00	N24,50E
3 300	30,20	N24,90E
3 400	31,00	N25,70E
3 500	31,10	N25,50E
3 600	32,00	N24,40E
3 700	30,80	N24,00E
3 800	30,60	N22,30E
3 900	31,20	N21,70E
4 000	30,80	N20,80E
4 100	30,00	N20,80E
4 200	29,70	N19,80E
4 300	29,80	N20,80E
4 400	29,50	N21,10E
4 500	29,20	N20,80E
4 600	29,00	N20,60E
4 700	28,70	N21,40E
4 800	28,50	N21,20E

Solução 1 – Método da Tangente
1º ponto: 1 100 m

$\Delta M = M_2 - M_1 = 1\ 100 - 1\ 000 = 100$ m
$\Delta V = \Delta M \times cos\ (\alpha_2) = 100 \times cos\ (3°) = 99,86$ m
$V_2 = \Delta V + V_1 = 99,86 + 1\ 000 = \mathbf{1\ 099,86\ m}$

$\Delta N = \Delta M \times sen\ (\alpha_2) \times cos\ (\varepsilon_2) = 100 \times sen\ (3°) \times cos\ (21,7°) = 4,86$ m
$N_2 = \Delta N + N_1 = 4,86 + 0 = \mathbf{4,86\ mN}$
$\Delta E = \Delta M \times sen\ (\alpha_2) \times sen\ (\varepsilon_2) = 100 \times sen\ (3°) \times sen\ (21,7°) = 1,94$ m
$E_2 = \Delta E + E_1 = 1,94 + 0 = \mathbf{1,94\ mL}$

$\Delta A = \Delta M \times sen\ \alpha_2 = 100 \times sen\ 3° = 5,23$ m

$\beta = arccos(cos(3° - 0°) - sen\ 0° \times sen\ 3° \times (1 - cos\ 21,7°)) = 3°$
DLS $= 30 \times 3/100 = 0,9°/30$ m

2º ponto: 1 200 m

$\Delta M = M_2 - M_1 = 1\ 200 - 1\ 100 = 100$
$\Delta V = \Delta M \times cos\ (\alpha_2) = 100 \times cos\ (6°) = 99,45$ m
$V_2 = \Delta V + V_1 = 99,45 + 1\ 099,86 = \mathbf{1\ 199,31\ m}$

$\Delta N = \Delta M \times sen\ (\alpha_2) \times cos\ (\varepsilon_2) = 100 \times sen\ (6°) \times cos\ (26,5°) = 9,35$ m
$N_2 = \Delta N + N_1 = 9,35 + 4,86 = \mathbf{14,21\ mN}$
$\Delta E = \Delta M \times sen\ (\alpha_2) \times sen\ (\varepsilon_2) = 100 \times sen\ (6°) \times sen\ (26,5°) = 4,66$ m
$E_2 = \Delta E + E_1 = 4,66 + 1,94 = \mathbf{6,60\ mL}$

$\beta = arccos\ (cos(6° - 3°) - sen\ 3° \times sen\ 6° \times (1 - cos\ (26,5° - 21,7°))) = 3,02°$

$\text{DLS} = \dfrac{30 \times 3,02}{100} = 0,91°/30\ m$

Solução 2 – Método da Tangente Balanceada
1º ponto: 1 100 m

$\Delta M = M_2 - M_1 = 1\ 100 - 1\ 000 = 100$ m
$\Delta V = (\Delta M / 2) \times [\cos (\alpha_1) + \cos (\alpha_2)] = (100 / 2) \times [\cos (0°)$
  $+ \cos (3°)] = 99,93$ m
$V_2 = \Delta V + V_1 = 99,93 + 1\ 000 = \mathbf{1\ 099,93\ m}$

$\Delta N = (\Delta M / 2) \times [(sen (\alpha_2) \times \cos (\varepsilon_2)) + (sen (\alpha_1) \times \cos (\varepsilon_1))]$
$\Delta N = (100/2) \times [(sen (3°) \times \cos (21,7°)) + (sen (0°) \times \cos (0°))] = 2,43$ m
$N_2 = \Delta N + N_1 = 2,43 + 0 = \mathbf{2,43\ mN}$

$\Delta E = (\Delta M / 2) \times [(sen (\alpha_2) \times sen (\varepsilon_2)) + (sen (\alpha_1) \times sen (\varepsilon_1))]$
$\Delta E = (100/2) \times [(sen (3°) \times sen (21,7°)) + (sen (0°) \times sen (0°))] = 0,97$ m
$E_2 = \Delta E + E_1 = 0,97 + 0 = \mathbf{0,97\ mL}$

$\Delta A = (\Delta M / 2) \times [sen (\alpha_1) + sen (\alpha_2)]$
$\Delta A = (100 / 2) \times [sen (0°) + sen(3°)] = 2,62$ m

2º ponto: 1 200 m

$\Delta M = M_2 - M_1 = 1\ 200 - 1\ 100 = 100$ m
$\Delta V = (\Delta M / 2) \times [\cos (\alpha_1) + \cos (\alpha_2)] = (100 / 2) \times [\cos (3°)$
  $+ \cos (6°)] = 99,66$ m
$V_2 = \Delta V + V_1 = 99,66 + 1\ 099,93 = \mathbf{1\ 199,59\ m}$

$\Delta N = (\Delta M / 2) \times [(sen (\alpha_2) \times \cos (\varepsilon_2)) + (sen(\alpha_1) \times \cos (\varepsilon_1))]$
$\Delta N = (100 / 2) \times [(sen (6°) \times \cos (26,5°)) + (sen(3°)$
  $\times \cos (21,7°))] = 7,11$ m
$N_2 = \Delta N + N_1 = 7,11 + 2,43 = \mathbf{9,54\ mN}$

$\Delta E = (\Delta M / 2) \times [(sen (\alpha_2) \times sen (\varepsilon_2)) + (sen (\alpha_1) \times sen (\varepsilon_1))]$
$\Delta E = (100 / 2) \times [(sen (6°) \times sen (26,5°)) + (sen (3°)$
  $\times sen (21,7°))] = 3,30$ m
$E_2 = \Delta E + E_1 = 3,30 + 0,97 = \mathbf{4,27\ mL}$

Solução 3 – Método do Ângulo Médio
1º ponto: 1 100 m

$\Delta M = M_2 - M_1 = 1\ 100 - 1\ 000 = 100$ m
$\Delta V = \Delta M \times cos\ [(\alpha_2 + \alpha_1) / 2] = 100 \times cos[(3°+0°)/2] =$
    $100 \times cos(1,5) = 99,96$ m
$V_2 = \Delta V + V_1 = 99,96 + 1\ 000 = \mathbf{1\ 099,96\ m}$

$\Delta N = \Delta M \times sen\ [(\alpha_2 + \alpha_1) / 2] \times cos\ [(\varepsilon_2 + \varepsilon_1) / 2]$
$\Delta N = 100 \times sen\ [(3° + 0°) / 2] \times cos\ [(21,7° + 0°) / 2] = 2,57$ m
$N_2 = \Delta N + N_1 = 2,57 + 0 = \mathbf{2,57\ mN}$

$\Delta E = \Delta M \times sen\ [(\alpha_2 + \alpha_1) / 2] \times sen\ [(\varepsilon_2 + \varepsilon_1) / 2]$
$\Delta E = 100 \times sen\ [(3° + 0°) / 2] \times sen\ [(21,7° + 0°) / 2] = 0,49$ m
$E_2 = \Delta E + E_1 = 0,49 + 0 = \mathbf{0,49\ mL}$

$\Delta A = \Delta M \times sen\ [(\alpha_2 + \alpha_1)/2]$
$\Delta A = 100 \times sen\ [(3° +0°)/2] = 2,62$ m

2º ponto: 1 200 m

$\Delta M = M_2 - M_1 = 1\ 100 - 1\ 000 = 100$ m
$\Delta V = \Delta M \times cos\ [(\alpha_2 + \alpha_1) / 2] = 100 \times cos[(6°+3°)/2] = 99,69$ m
$V_2 = \Delta V + V_1 = 99,69 + 1\ 099,96 = \mathbf{1\ 199,65\ m}$

$\Delta N = \Delta M \times sen\ [(\alpha_2 + \alpha_1) / 2] \times cos\ [(\varepsilon_2 + \varepsilon_1) / 2]$
$\Delta N = 100 \times sen\ [(6° +3°) / 2] \times cos\ [(26,5° + 21,7°) / 2] = 7,16$ m
$N_2 = \Delta N + N_1 = 7,16 + 2,57 = \mathbf{9,73\ mN}$

$\Delta E = \Delta M \times sen\ [(\alpha_2 + \alpha_1) / 2] \times sen\ [(\varepsilon_2 + \varepsilon_1) / 2]$
$\Delta E = 100 \times sen\ [(6° + 3°) / 2] \times sen\ [(26,5° + 21,7°) / 2] = 3,20$ m
$E_2 = \Delta E + E_1 = 3,20 + 0,49 = \mathbf{3,69\ mL}$

Solução 4 – Método do Raio de Curvatura
1º ponto: 1 100 m

$\Delta M = M_2 - M_1 = 1\ 100 - 1\ 000 = 100$ m
$\Delta V = (180/\pi) \times \Delta M \times [(sen\ (\alpha_2) - sen\ (\alpha_1)) / (\alpha_2 - \alpha_1)]$
$\Delta V = (180/\pi) \times 100 \times [(sen\ (3°) - sen\ (0°)) / (3° - 0°)] = 99,95$ m
$V_2 = \Delta V + V_1 = 99,95 + 1\ 000 = \mathbf{1\ 099,95\ m}$

$\Delta N = (180/\pi)^2 \times \Delta M \times [(cos\ (\alpha_1) - cos\ (\alpha_2)) / (\alpha_2 - \alpha_1)]$
  $\times [(sen\ (\varepsilon_2) - sen\ (\varepsilon_1)) / (\varepsilon_2 - \varepsilon_1)]$
$\Delta N = (180/\pi)^2 \times 100 \times [(cos\ (0°) - cos\ (3°))/(3° - 0°)] \times [(sen\ (21,7°) - sen\ (0°))/(21,7° - 0°)] = 2,55$ m
$N_2 = \Delta N + N_1 = 2,55 + 0 = \mathbf{2,55\ mN}$

$\Delta E = (180/\pi)^2 \times \Delta M \times [(cos\ (\alpha_1) - cos\ (\alpha_2)) /\ (\alpha_2 - \alpha_1)]$
  $\times [(cos\ (\varepsilon_1) - cos\ (\varepsilon_2)) / (\varepsilon_2 - \varepsilon_1)]$
$\Delta E = (180/\pi)^2 \times 100 \times [(cos\ (0°) - cos\ (3°)) / (3° - 0°)]$
  $\times [(cos\ (0°) - cos\ (21,7°)) / (21,7° - 0°)] = 0,49$ m
$E_2 = \Delta E + E_1 = 0,49 + 0 = \mathbf{0,49\ mL}$

$\Delta A = (180/\pi) \times \Delta M \times [(cos\ (\alpha_1) - cos\ (\alpha_2)) / (\alpha_2 - \alpha_1)]$
$\Delta A = (180/\pi) \times 100 \times [(cos\ (0°) - cos\ (3°)) / (3° - 0°)] = \mathbf{2,62\ m}$

Solução 4 – Método do Raio de Curvatura – continuação
2º ponto: 1 200 m

$\Delta M = M_2 - M_1 = 1\ 200 - 1\ 100 = 100$ m
$\Delta V = (180/\pi) \times \Delta M \times [(sen\ (\alpha_2) - sen\ (\alpha_1)) / (\alpha_2 - \alpha_1)]$
$\Delta V = (180/\pi) \times 100 \times [(sen\ (6°) - sen\ (3°)) / (6° - 3°)] = 99{,}68$ m
$V_2 = \Delta V + V_1 = 99{,}68 + 1\ 099{,}95 = \mathbf{1\ 199{,}63\ m}$

$\Delta N = (180/\pi)^2 \times \Delta M \times [(cos\ (\alpha_1) - cos\ (\alpha_2)) / (\alpha_2 - \alpha_1)]$
$\quad \times [(sen\ (\varepsilon_2) - sen\ (\varepsilon_1)) / (\varepsilon_2 - \varepsilon_1)]$
$\Delta N = (180/\pi)^2 \times 100 \times [(cos\ (3°) - cos\ (6°)) / (6° - 3°)]$
$\quad \times [(sen\ (26{,}5°) - sen\ (21{,}7°)) / (26{,}5° - 21{,}7°)] = 7{,}16$ m
$N_2 = \Delta N + N_1 = 7{,}16 + 2{,}55 = \mathbf{9{,}71\ mN}$

$\Delta E = (180/\pi)^2 \times \Delta M \times [(cos\ (\alpha_1) - cos\ (\alpha_2)) / (\alpha_2 - \alpha_1)]$
$\quad \times [(cos\ (\varepsilon_1) - cos\ (\varepsilon_2)) / (\varepsilon_2 - \varepsilon_1)]$
$\Delta E = (180/\pi)^2 \times 100 \times [(cos\ (3°) - cos\ (6°)) / (6° - 3°)]$
$\quad \times [(cos\ (21{,}7°) - cos\ (26{,}5°)) / (26{,}5° - 21{,}7°)] = 3{,}20$ m
$E_2 = \Delta E + E_1 = 3{,}20 + 0{,}49 = \mathbf{3{,}69\ mL}$

Solução 5 – Método do Mínimo Raio de Curvatura

1º ponto: 1 100 m

$\Delta M = M_2 - M_1 = 1\ 100 - 1\ 000 = 100$ m
$\beta = 3°$ (calculado previamente na Solução 1)
$\beta = 3° \times \pi/180 = 0{,}05236$ rad
$F = (2/0{,}05236) \times \tan(3/2) = 1{,}0002285$

$$\Delta V = \frac{\Delta M}{2} \times (\cos \alpha_2 + \cos \alpha_1) \times F$$

$\Delta V = (100/2) \times (\cos 3° + \cos 0°) \times 1{,}0002285 = 99{,}95$ m
$V_2 = \Delta V + V_1 = 99{,}95 + 1\ 000 = \mathbf{1\ 099{,}95\ m}$

$$\Delta N = \frac{\Delta M}{2} [sen\ \alpha_2 \times \cos \varepsilon_2 + sen\ \alpha_1 \times \cos \varepsilon_1] \times F$$

$\Delta N = (100/2) \times [(sen\ 3° \times \cos 21{,}7° + sen\ 0° \times \cos 0°) \times 1{,}0002285 = 2{,}43$ m
$N_2 = \Delta N + N_1 = 2{,}43 + 0 = \mathbf{2{,}43\ mN}$

$$\Delta E = \frac{\Delta M}{2} [sen\ \alpha_2 \times sen\ \varepsilon_2 + sen\ \alpha_1 \times sen\ \varepsilon_1] \times F$$

$\Delta E = \dfrac{100}{2} \times [(sen\ 3° \times sen\ 21{,}7° + sen\ 0° \times sen\ 0°) \times 1{,}0002285 = 0{,}97$ m
$E_2 = \Delta E + E_2 = 0{,}97 + 0 = \mathbf{0{,}97\ mL}$

Solução 5 – Método do Mínimo Raio de Curvatura – continuação
2º ponto: 1 200 m

$\Delta M = M_2 - M_1 = 1\ 100 - 1\ 000 = 100$ m
$\beta = 3{,}02$ (calculado previamente na solução L)
$\beta = 3{,}02 \times \pi/180 = 0{,}05272$ rad
$F = (2/0{,}05272) \times \tan(3{,}02/2) = 1{,}0002115$

$$\Delta V = \frac{\Delta M}{2}(\cos\alpha_2 + \cos\alpha_1) \times F$$

$$\Delta V = \frac{100}{2}(\cos 6° + \cos 3°) \times 1{,}0002115 = 99{,}68 \text{ m}$$

$V_2 = \Delta V + V_1 = 99{,}68 + 1\ 099{,}95 = \mathbf{1\ 199{,}63}$ m

$$\Delta N = \frac{\Delta M}{2}[sen\,\alpha_2 \times \cos\varepsilon_2 + sen\,\alpha_1 \times \cos\varepsilon_1] \times F$$

$$\Delta N = \frac{100}{2}[sen\,6° \times \cos 26{,}5° + sen\,3° \times \cos 21{,}7°] \times 1{,}0002115 = 7{,}11 \text{ m}$$

$N_2 = \Delta N + N_1 = 7{,}11$ m $+ 2{,}43 = \mathbf{9{,}54\ mN}$

$$\Delta E = \frac{\Delta M}{2}[sen\,\alpha_2 \times sen\,\varepsilon_2 + sen\,\alpha_1 \times sen\,\varepsilon_1] \times F$$

$$\Delta E = \frac{100}{2}[sen\,6° \times sen\,26{,}5° + sen\,3° \times sen\,21{,}7°] \times 1{,}0002115 = 3{,}30 \text{ m}$$

$E_2 = \Delta E + E_1 = 3{,}30 + 0{,}97 = \mathbf{4{,}27}$ m

Resumo dos Principais Resultados do Exercício Resolvido

TABELA 4.2 RESULTADO DOS CÁLCULOS PARA O PRIMEIRO PONTO a 1 100 m.

Método de Cálculo (1º ponto a 1 100 m)	PV (m)	N/S (m)	L/O (m)
Tangente	1 099,86	4,86	1,94
Tangente balanceada	1 099,93	2,43	0,97
Ângulo médio	1 099,96	2,57	0,49
Raio de curvatura	1 099,95	2,55	0,49
Mínimo raio de curvatura	1 099,95	2,43	0,97

TABELA 4.3 RESULTADO DOS CÁLCULOS PARA O SEGUNDO PONTO a 1 200 m.

Método de Cálculo (2º ponto a 1 200 m)	PV (m)	N/S (m)	L/O (m)
Tangente	1 199,31	14,21	6,60
Tangente balanceada	1 199,59	9,54	4,27
Ângulo médio	1 199,65	9,73	3,69
Raio de curvatura	1 199,63	9,71	3,69
Mínimo raio de curvatura	1 199,63	9,54	4,27

Mudança de Direção da Trajetória

Durante a perfuração, existem dois momentos em que a ferramenta defletora deve ser orientada para que haja mudança de direção no poço. A primeira é no momento em que se inicia o ganho de ângulo. Neste instante, em que a inclinação do poço é próxima da vertical, a orientação será do tipo magnética cuja referência é o norte magnético.

A outra situação ocorre quando é necessário fazer correção na trajetória e o poço já tem uma certa inclinação. Nesse caso, o lado do alto do poço pode ser definido, pois ele sempre aponta a direção do poço. Nessa situação, a orientação da ferramenta é feita através do ângulo *tool face* (definido no plano perpendicular ao eixo do poço) entre a face da ferramenta e o lado alto do poço. O ângulo ***tool face*** pode ser à direita do lado alto do poço, caso seja desejado desviar o poço para a direita, ou à esquerda do lado alto do poço, se o desvio para a esquerda for necessário. Esse tipo de orientação recebe o nome de orientação gravitacional. O ângulo é referido como γ.

Nas operações de orientação das ferramentas defletoras, duas situações se apresentam, conforme demonstrado a seguir:

a) Determinar as novas direção e inclinação após se perfurar certo trecho do poço, utilizando uma ferramenta defletora que produz uma mudança de trajetória β nesse trecho perfurado assentada num ângulo γ. As equações que dão a variação da direção ($\Delta\varepsilon$) e a nova inclinação (α_2) são respectivamente:

$$\Delta\varepsilon = arc\ tan\left(\frac{tan(\beta) \times sen(\gamma)}{sen(\alpha_1) + tan(\beta) \times cos(\alpha_1) \times cos(\gamma)}\right)$$

$$\alpha_2 = arc\ cos(cos(\alpha_1) \times cos(\beta) - sen(\alpha_1) \times sen(\beta) \times cos(\gamma))$$

b) Determinar o ângulo γ no qual uma ferramenta que produz uma mudança de trajetória β deve ser assentada, para se obter uma nova inclinação e uma nova direção, ambas predefinidas, após a perfuração de um certo trecho do poço. Duas equações utilizadas estão apresentadas abaixo:

$$\gamma = arc\ cos\left(\frac{cos(\alpha_1) \times cos(\beta) - cos(\alpha_1)}{sen(\alpha_1) \times sen(\beta)}\right)\ ou$$

$$\gamma = arc\ sen\left(\frac{sen(\alpha_2) \times sen(\Delta\varepsilon)}{sen(\beta)}\right)$$

Quando o ângulo β é pequeno, isto é, menor que 5°, pode-se usar uma solução gráfica chamada método do *Ouija Board*, mostrada na figura 4.26. No gráfico, a abscissa aponta para a direção do poço e o segmento **AO** tem comprimento numericamente igual à inclinação do poço na primeira estação, por exemplo, 12°. O comprimento do segmento **OB** numericamente é igual ao ângulo de *dogleg* (no exemplo, 3°) e faz um ângulo igual ao do posicionamento da face da ferramenta com o lado alto do poço (no exemplo, 45º). A inclinação do poço na segunda estação (α_2) é numericamente igual ao comprimento do segmento **AB** e a variação da direção do poço é dada pelo ângulo ($\Delta\varepsilon$). Estes valores poderão ser medidos diretamente no gráfico ou calculados utilizando a lei dos co-senos para determinar a nova inclinação e a dos senos para determinar a mudança de direção do poço, conforme mostrado na figura 4.26. No exemplo apresentado nesse parágrafo, a variação de direção é de 8,5° e a inclinação final é de 14,3°.

A figura 4.26 mostra um aspecto interessante do assentamento da ferramenta defletora. O segmento **AB** corta a semicircunferência de raio 3 (ângulo de *dogleg*) em dois pontos, significando que para obter uma variação de direção ($\Delta\varepsilon$), que no caso presente é 8,5°, têm-se duas soluções. A primeira, mostrada na figura 4.27, indica que se a ferramenta é assentada a 45° do lado alto do poço, a nova inclinação será de 14,3°, indicando um aumento na inclinação do poço de 2,3°. Na outra solução, se a ferramenta é assentada a 152° do lado alto do poço, a nova inclinação será de 9,4°, resultando numa redução da inclinação de 2,6°.

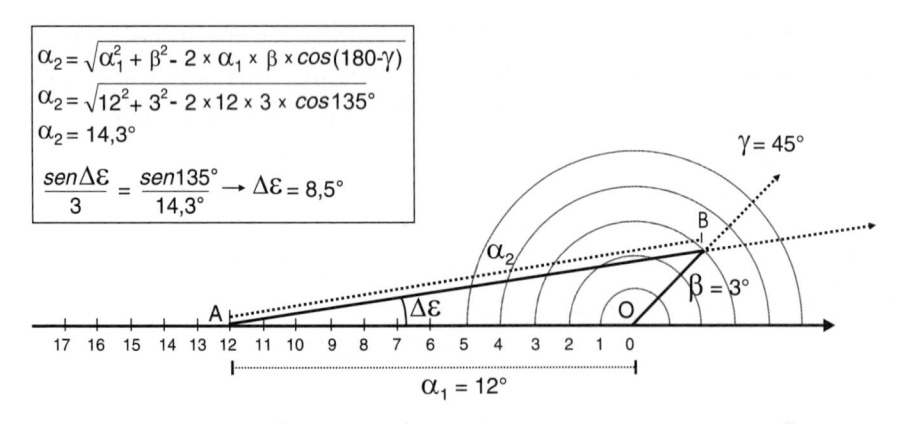

$$\alpha_2 = \sqrt{\alpha_1^2 + \beta^2 - 2 \times \alpha_1 \times \beta \times cos(180-\gamma)}$$
$$\alpha_2 = \sqrt{12^2 + 3^2 - 2 \times 12 \times 3 \times cos 135°}$$
$$\alpha_2 = 14,3°$$
$$\frac{sen\Delta\varepsilon}{3} = \frac{sen 135°}{14,3°} \rightarrow \Delta\varepsilon = 8,5°$$

FIGURA 4.26 MÉTODO DE CÁLCULO *OUIJA BOARD* PARA ALTERAÇÃO DE DIREÇÃO. (FONTE: SANTOS, 2004.)

Um outro aspecto importante mostrado na figura 4.27 é que quando a máxima variação de direção é desejada (o que normalmente ocorre), a solução do problema é dada pela reta tangente à semicircunferência de raio 3. Nesse caso, a ferramenta deverá ser assentada a 104° do lado alto do poço. Deve-se, porém, observar que, quando a máxima mudança de direção é implementada, o poço perde inclinação.

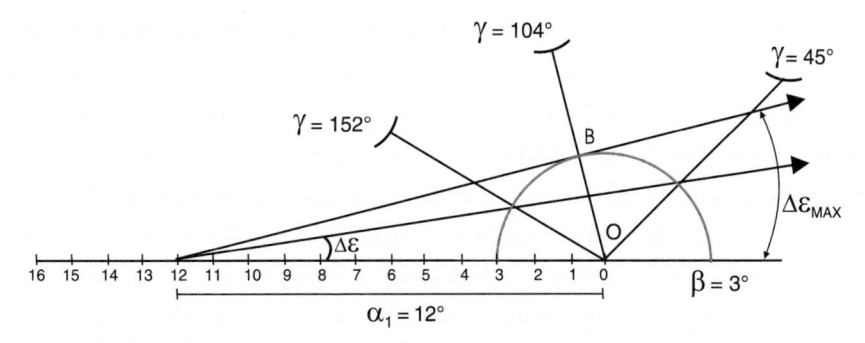

FIGURA 4.27 DIFERENTES SOLUÇÕES PELO MÉTODO DE CÁLCULO *OUIJA BOARD* PARA ALTERAÇÃO DE DIREÇÃO. (FONTE: SANTOS, 2004.)

4.5 Análise de Anticolisão

A colisão entre poços pode ser um problema quando se perfura vários poços de uma mesma plataforma. Isto se torna especialmente crítico quando os poços em perfuração são adjacentes de outros poços produtores, o que aumenta o risco de *kicks*, *blowouts* e vazamento de óleo.

A análise de anticolisão é usada para determinar a posição da trajetória de um poço com relação a seu planejamento ou com relação a trajetória de outros já realizados. Um plano de anticolisão começa com as determinações acuradas das posições de todos os poços da área e termina com uma proposta de perfuração de poços futuros.

O estudo de anticolisão, geralmente, envolve o uso de fórmulas complicadas e que estariam fora do escopo desse livro. Felizmente, uma enorme gama de *softwares* que fazem algum tipo de análise de anticolisão está disponível na indústria do petróleo. Assim, a ideia aqui é apenas expor para o leitor os principais itens de um estudo de anticolisão, os quais incluem:

- Métodos de cálculo de incerteza ou modelos de erro.
- Tipos de cones de incerteza.
- Métodos para a determinação das separações mínimas.
- Métodos de rastreamentos.
- Análises de anticolisão.

A seguir, descrevemos de forma resumida cada item listado acima.

4.5.1 Métodos de Cálculos de Incertezas ou Modelos de Erro

Os métodos de cálculos de incerteza, também conhecidos como modelos de erro, são usados para estimar os erros inerentes dos equipamentos de medição dos dados direcionais (MWD, *multishot* magnético, *single shot* magnético, giroscópio etc.). Dessa forma, cada equipamento tem seus coeficientes de incerteza associados ao modelo de cálculo de erro e de acordo com a precisão da ferramenta. Geralmente, as ferramentas podem ser agrupadas em menos precisas e que, portanto, geram maior incerteza (SSM, MSM), ou em mais precisas e que geram menor incerteza (MWD e giroscópicas). Os modelos de erro mais comuns utilizados na indústria são os de erros sistemáticos, ISCWSA, cones de erro e *grid* de erro de inclinação.

a) Erros Sistemáticos

O chamado modelo de erros sistemáticos, baseado no trabalho publicado por Wolf e De Wardt (1980), trata os erros dos equipamentos de forma estatística levando em conta influências internas e externas ao equipamento de medição de registros direcionais. Parte do princípio de que a maioria das causas de erro de leitura de uma foto são sistemáticas, ignorando, assim, as fontes de erros randômicos por assumir que são desprezíveis e que ainda tendem a se anular após um grande número de leituras. Este método matemático tornou-se um padrão na indústria de petróleo e leva em conta erros devidos: (a) à leitura da profundidade; (b) ao desalinhamento do instrumento direcional em relação ao centro do poço; (c) aos efeitos induzidos pelo peso no eixo da coluna que está sendo utilizada, por exemplo, efeito de elongação da coluna; (d) ao norte de referência; (e) à leitura do azimute magnético influenciada pela magnetização da coluna (BHA), por maiores inclinações e por azimutes a leste (90°) ou a oeste (270°) e (f) ao desvio do giroscópio.

b) ISCWSA

O método de estimativa de erro denominado ISCWA (*Industry Steering Committee for Wellbore Survey Accuracy*) foi construído pela indústria para levar em conta erros relativos especialmente para instrumentos magnéticos precisos, como o MWD. Esse método foi baseado no trabalho de Williamson (1999).

c) Cone de Erro

Este modelo assume uma esfera ao redor de cada foto. O modelo é empírico e baseado em observações de campo ou de teste comparadas com as posições do fundo do poço computadas por vários instrumentos. Nesse método, o tamanho da esfera em um ponto é função da profundidade do poço, do diâmetro da esfera e do coeficiente de erro do equipamento de medição utilizado. Seu cálculo é feito da seguinte forma:

Cone de erro = raio da esfera da leitura anterior + (intervalo MD × coeficiente de erro da ferramenta / 1 000)

d) Grid de Erro de Inclinação

No método denominado *grid* de erro de inclinação, estipula-se a expansão de um cone de erro em termos de profundidade medida (MD) a cada 1 000 m ou 1 000 pés perfurados por intervalos de inclinação. A tabela 4.4 mostra um exemplo de aplicação no qual, entre 0° e 15° de inclinação, o cone de erro irá expandir 2 m a cada 1 000 m perfurados.

TABELA 4.4 EXEMPLO DE *GRID* DE ERRO DE INCLINAÇÃO.

Inclinação (graus)	Erro (m/1 000 m)
15	2
25	9
35	12

4.5.2 Erros e incertezas no controle de trajetória de poços

Como abordado no item anterior, em qualquer processo de engenharia, a construção de poços direcionais também é sujeita aos erros e incertezas nas medidas e, por consequência, nos cálculos da trajetória do poço. Dentre os erros sistemáticos, vários fatores afetam a acurácia dos registros e o cálculo da trajetória. Eles podem ser, basicamente, divididos em:
- Erros de leitura.
- Erros inerentes aos equipamentos de registro.
- Erros de posicionamento dos sensores de registro (mecânicos).
- Erros associados a incertezas quanto ao campo magnético (magnéticos).

Os erros de leitura se aplicam mais aos equipamentos de registro que necessitem de leitura dos resultados por um operador. Os instrumentos de registro simples e múltiplo, tanto giroscópicos como magnéticos, que usam películas fotossensíveis, são os afetados neste caso. Em várias ocasiões houve a oportunidade de verificar a acurácia desses métodos solicitando a diferentes operadores para ler um mesmo conjunto de registros e os resultados se mostraram muito variados. Ferramentas eletrônicas e MWDs resolvem esse tipo de problema com eficiência.

Erros inerentes aos equipamentos de registro são conhecidos e especificados pelos fabricantes para cada instrumento. A tabela 4.5 dá um exemplo de especificação de erro em instrumento de MWD.

TABELA 4.5 EXEMPLO DE INFORMAÇÃO SOBRE PRECISÃO DE SENSORES DIRECIONAIS (FONTE - HALLIBURTON).

Sensor Direcional	DM (módulo direcional)	PCD-R / PCD-C (sensor direcional de pressão)	PM3 (monitor de posição 3)
Tamanho da ferramenta	3-1/8" – 9-1/2" (79 mm – 241 mm)	3-1/8" – 9-1/2" (79 mm – 241 mm)	4-3/4" – 9-1/2" (121 mm – 241 mm)
Temperatura máxima de operação	347°F / 175°C	302°F / 150°C	284°F / 140°C
Pressão máxima	30 000 psi / 1 725 bar	20 000 psi / 1 380 bar	18 000 psi / 1 241 bar
Precisão da Inclinação	± 0,12° (3 Sigma)		
Intervalo de Inclinação	180°		
Precisão do Azimute	± 1° (3 Sigma)		
Intervalo de Azimute	0 - 360°		
Precisão de Toolface	± 2,8°		
Intervalo de Toolface	0 - 360°		
Tipo de conversão MTF/GTF	Programável (0-16°)		

Os erros de posicionamento dos instrumentos de registro passam pelas incertezas nas medidas na coluna de perfuração, elongamento/dilatação térmica da coluna, posicionamento dos instrumentos dentro da coluna (profundidade e centralização - figura 4.28), erros de profundidade devidos ao movimento de unidades flutuantes de perfuração, centralização da coluna de perfuração com o poço na profundidade do registro, entre outros.

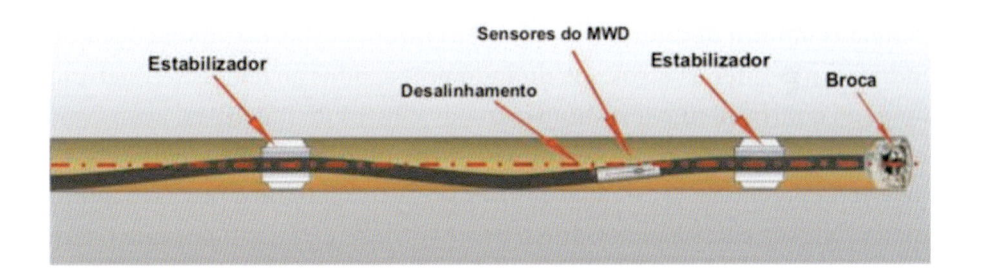

FIGURA 4.28 DESALINHAMENTO DOS SENSORES DE INCLINAÇÃO E DIREÇÃO.

Aplicando práticas mais apuradas de medição dos elementos da coluna e usando aplicativos capazes de calcular a descentralização dos instrumentos, é possível reduzir uma boa parte desses erros, caso as tolerâncias para a trajetória do poço exijam uma precisão maior quando é o caso de poços a serem interceptados ou quando há riscos de colisão entre poços e se deseja evitar que isso ocorra.

O campo magnético é composto por três componentes que são o campo Magnético Principal, o campo Crustal e o campo de Perturbações Combinadas.

A prática na indústria do petróleo com referência aos cálculos do campo magnético principal, valor importante na correção dos registros de direção tanto quando feitos por bússolas como por magnetômetros, é usar como referência o modelo construído através de algoritmos desenvolvidos por instituições internacionais e denominados modelos Geomagnéticos Globais. Em operações comuns de perfuração normalmente é suficiente a utilização de um modelo Geomagnético Global para a determinação dos parâmetros a serem usados na locação. O padrão é utilizar o banco de dados da BGS (*British Geological Society*) que publica o modelo chamado BGGM (*British Geological Survey Global Geomagnetic Model*) e que permite calcular a intensidade e direção do campo magnético no local em que estejam sendo executados serviços de controle de trajetória, seja de poços verticais, direcionais ou horizontais. Esses modelos magnéticos não têm como foco principal a identificação de anomalias magnéticas localizadas e de pequena escala como as chamadas *variações crustais*, eles se ocupam primordialmente em definir o Campo Magnético Principal, o qual varia irregularmente sem, contudo, deixar de apresentar uma tendência temporal definida. Eles também fazem certas extrapolações que induzem a pequenos erros que quando propagados ao longo da trajetória do poço contribuem para o aumento das elipses de incerteza, aceitáveis para trabalhos normais de perfuração direcional, mas não para trabalhos de interceptação ou prevenção de colisão que exigem uma precisão muito maior. Nesses casos é necessário o desenvolvimento de estudos que visam caracterizar a parcela do campo gerada pela ação das rochas presentes na região, ou seja, determinar o *campo crustal*.

Esse levantamento é feito através de medições *in loco* ou em pontos o mais próximo possível da execução dos trabalhos, em pontos previamente definidos e localizados usando um equipamento DGPS – *Diferential Global Positioning System*. Para as medições das variações crustais do campo magnético, usa-se o Magnetômetro de Precessão Protônica (MPP), Magnetômetro de Fluxo Saturado e Teodolito Não-Magnético (TNM). Os dados obtidos dessas medições são então interpolados pela BGS com auxílio da medição da variação diária do campo magnético medida pelo observatório de Vassouras, no Rio de Janeiro.

4.5.2.1 Métodos de Redução da Elipse de Incerteza

Como discutido anteriormente, como resultado desses erros, em qualquer situação, há uma incerteza com relação à trajetória do poço, independente de ele ser vertical, direcional ou horizontal, que é representada por uma elipse que indica a área a uma determinada profundidade em que o poço pode estar (figura 4.29).

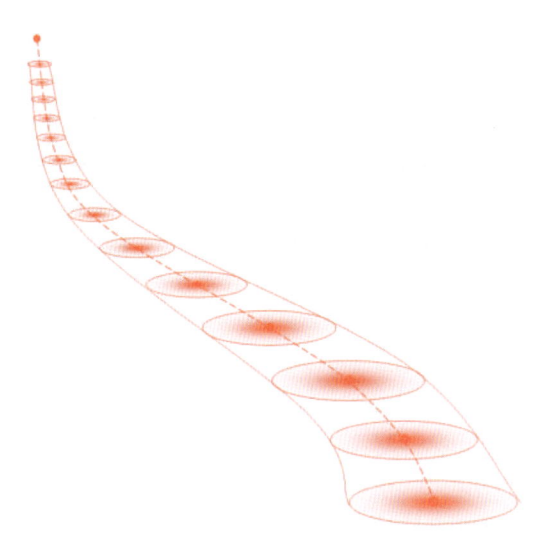

FIGURA 4.29 - ELIPSES DE INCERTEZA NA TRAJETÓRIA DE UM POÇO.

Os raios das elipses de incerteza variam de acordo com a profundidade, com os instrumentos de medida de trajetória, com os procedimentos adotados para medidas de coluna e centralização dos instrumentos, com a adoção ou não de práticas para mitigar as incertezas quanto ao campo magnético, e com o método de cálculo utilizado. Esses são fatores dos quais se tem controle.

Há dois métodos básicos utilizados quando se deseja reduzir as incertezas da trajetória:
- O primeiro é o método de **Sag** em geral disponível no software de análise de comportamento das composições de fundo usadas durante a perfuração.
- O segundo se baseia no cálculo de IFR (*In-Field Referencing*) e algoritmos especiais para cálculo de registros de trajetória e software de análises de multiestações.

A correção **Sag** faz uso de algoritmos matemáticos baseados em elementos finitos para a realização do cálculo do desalinhamento dos sensores direcionais em condições de operação a fim de corrigir os erros de leituras gerados pelos níveis de tensão associados ao MWD normalmente associados a fatores como a descentralização da ferramenta de registro no interior do poço e o posicionamento dos estabilizadores e protetores *Wear Bands* na coluna. Este procedimento, se realizado para cada composição de fundo, permite reduzir as dimensões do eixo associado aos erros e incertezas de inclinação das elipses de incerteza.

Já a técnica do **IFR** (*In-Field Referencing*) tem como principal finalidade identificar a influência do campo magnético gerado por elementos presentes em regiões superficiais da crosta terrestre, permitindo que os dados magnéticos fornecidos por modelos geomagnéticos globais possam ser aprimorados e forneçam parâmetros magnéticos (Declinação, *Dip Angle* e Intensidade do Campo Magnético – Bt) mais precisos na região do projeto. Ele se baseia no método comentado anteriormente de medida do campo crustal. O **IIFR** (*Interpolation In-Field Referencing*) é um passo adiante no IFR quando são utilizados dados do campo magnético local capturados ao mesmo tempo em que os registros estão sendo tomados.

Em conjunto com o IFR, a melhor forma de reduzir a elipse de incerteza é utilizar um algoritmo baseado em fórmulas e interações que, fazendo uso dos valores de referência do campo magnético local, levantados a partir das medidas do campo crustal em casos que exijam mais precisão, calculam um posicionamento mais preciso do poço. A característica chave deste algoritmo se traduz na exclusão da leitura efetuada pelo magnetômetro axial (Bz), por ser esta considerada passível de interferência causada por materiais magnéticos presentes na própria coluna de perfuração. Por prescindir de comandos não magnéticos na coluna de perfuração, esse modelo de cálculo tem como principal vantagem possibilitar a aproximação do sensor direcional da broca, permitindo um controle mais eficaz da trajetória do poço.

Sempre que uma certa quantidade de registros de trajetória torna-se disponível, eles são criteriosamente analisados através de software de análise e gerenciamento de registros direcionais, desenvolvido para processar os registros magnéticos, verificar e corrigir, quando necessário, a qualidade dos dados. Seus algoritmos podem ser executados à medida que os registros são obtidos, permitindo que decisões rápidas sejam tomadas enquanto análises mais detalhadas são realizadas à medida que se tornam disponíveis novos dados.

A figura 4.30 mostra de forma esquemática a redução das elipses de incerteza de um poço com a utilização de métodos de correção:

ACOMPANHAMENTO DIRECIONAL   195

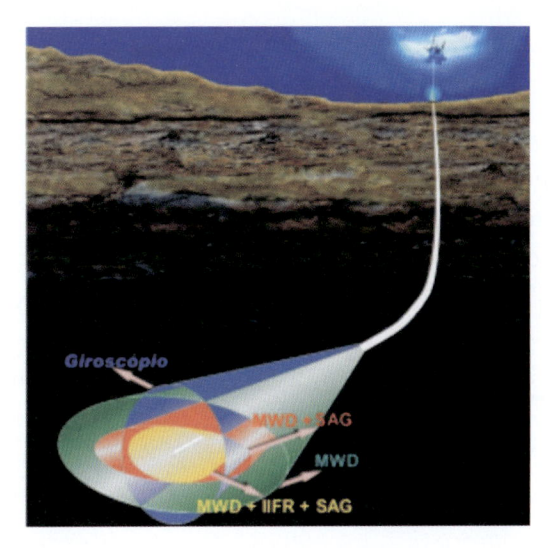

FIGURA 4.30 VISTA ESQUEMÁTICA DA REDUÇÃO DAS ELIPSES DE INCERTEZA DE UM POÇO.

Os métodos de cálculo das elipses de incerteza usados pela indústria do Petróleo são descritos em Wolf (1980) e Thorogood (1999), artigos considerados como padrões para esse tipo de análise e procedimentos.

4.5.3 Tipos de Cones de Incerteza

A seção anterior mostrou várias formas de se estimar os erros relativos a medições direcionais. Porém, um outro importante aspecto é fato de que o erro obtido a cada profundidade medida é resultado não só do modelo de erro adotado, mas também do encontrado na profundidade anterior. Esse fato, retratado na figura 4.31, faz com que os erros se acumulem ao longo da trajetória formando os chamados cones de incerteza.

O modelo de erro, como descrito anteriormente, define como será calculada a incerteza da posição do poço em si (formato de cone elíptico ou de cone circular) que, por sua vez, será utilizada no método de rastreamento, descrito adiante. Se a opção for o cone circular, o raio escolhido para formar o cone de incerteza é o maior raio da elipse de incerteza e, com isso, esta opção é mais conservadora.

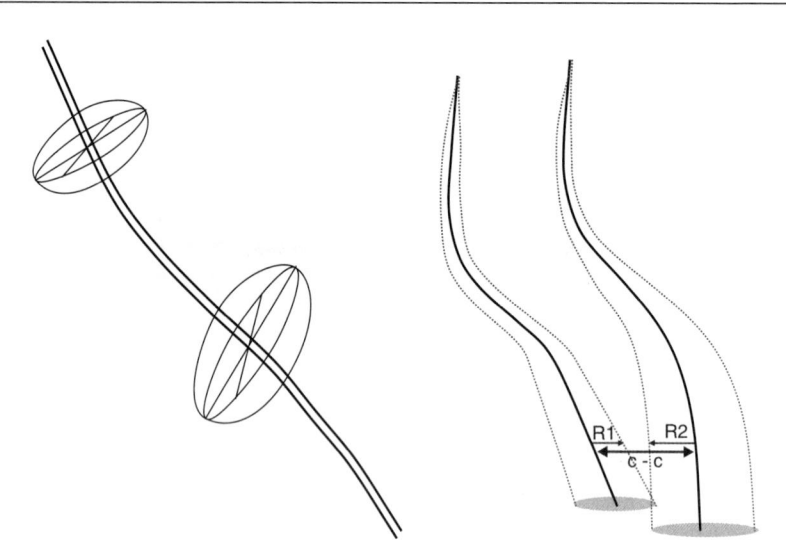

FIGURA 4.31 A ELIPSE DE INCERTEZA CRESCE COM A PROFUNDIDADE DO POÇO, FORMANDO UM CONE DE INCERTEZA.

A figura 4.32 mostra a seção elíptica de um cone de erro, já a figura 4.33 mostra a esferoide gerada pela seção circular do maior raio da elipse de incerteza.

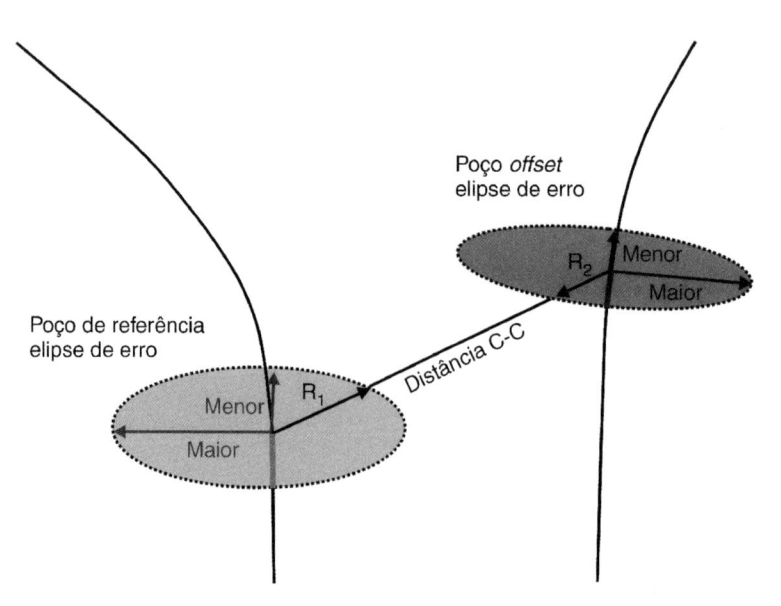

FIGURA 4.32 SEÇÃO ELÍPTICA DO CONE DE INCERTEZA.

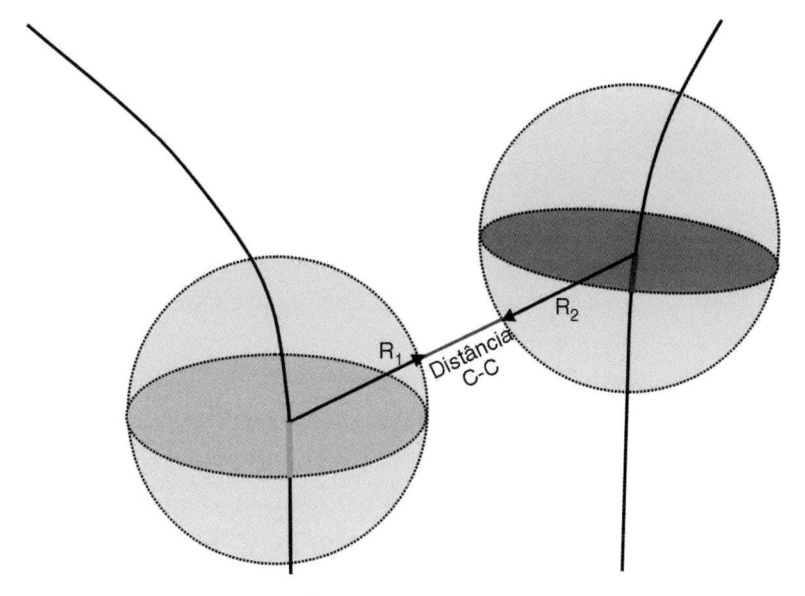

FIGURA 4.33 SEÇÃO CIRCULAR DO CONE DE INCERTEZA.

4.5.4 Separação Mínima e Fator de Separação

Tanto os modelos de erros quanto o cone de incerteza descritos anteriormente só terão aplicabilidade prática em análises de anticolisão se forem definidos os conceitos de fator de separação e separação mínima entre os poços.

Separação mínima é a mínima distância entre o poço de referência e seu adjacente (*offset*), enquanto o **fator de separação** (SF – *separation factor*) é a razão entre a distância de separação dos poços e a separação mínima. Esses conceitos podem ser representados pelas seguintes fórmulas, com base na figura 4.34:

- Sm = soma dos raios das elipses de incerteza = Er + Eo;
- SF = D / (Er + Eo).

Onde:
Sm = separação mínima;
Er e Eo = raios das elipses de incertezas de cada poço;
SF = fator de separação;
D = distância entre os centros das elipses de incertezas.

Poço de referência   Poço *offset*

E_r E_o

D = Distância de centro a centro entre os poços

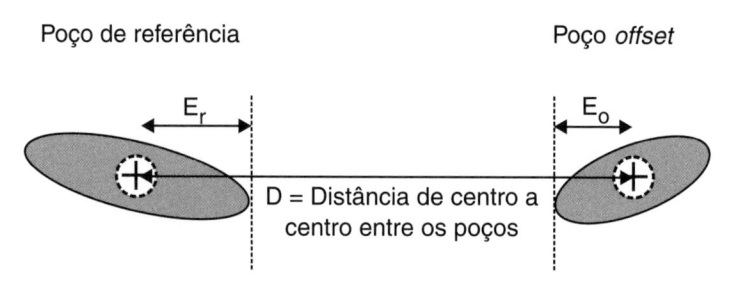

FIGURA 4.34 ESQUEMA DA DISTÂNCIA ENTRE DOIS POÇOS E SEUS RAIOS DE INCERTEZA.

Os valores do fator de separação podem ser vistos como indicativos das proximidades entre poços e de possíveis colisões. O fato é que não existe um padrão universalmente aceito para valores de separação mínima. Assim, cada companhia de petróleo possui seus padrões de segurança quanto ao mínimo SF aceitável para seus projetos. A seguir, apenas a título de exemplo, são apresentados alguns valores de fator de separação e suas relações com as análises de anticolisão que podem ser visualizadas na figura 4.35:

- SF < 1 representa a colisão entre as elipses de incerteza, portanto deveria replanejar-se a trajetória do poço (D < (E_r+E_o)).
- SF = 1 representa a colisão de forma tangencial entre as elipses (D = (E_r+E_o)), portanto deveria replanejar-se a trajetória do poço.
- SF > 1 representa que não há colisão das elipses de incerteza. Contudo, não se sabe o quão próximas elas estão umas das outras.

Os valores de SF para uma análise de anticolisão maiores que 1 (um) são definidos por cada operadora. O exemplo abaixo serve apenas para ilustrar as ações que poderiam ser tomadas de acordo com um determinado nível de SF predefinido por cada operadora:

- Para 1 < SF < A, considera-se, por exemplo, que o poço *offset* deveria sofrer uma parada de produção.
- Para A < SF < B, considera-se como tolerável para projetos, desde que os poços *offsets* sejam monitorados.
- SF > B permite-se uma maior margem de segurança no caso de haver correções e desvios do projeto inicial.

Onde A e B são os limites para SF definidos pela companhia.

ACOMPANHAMENTO DIRECIONAL 199

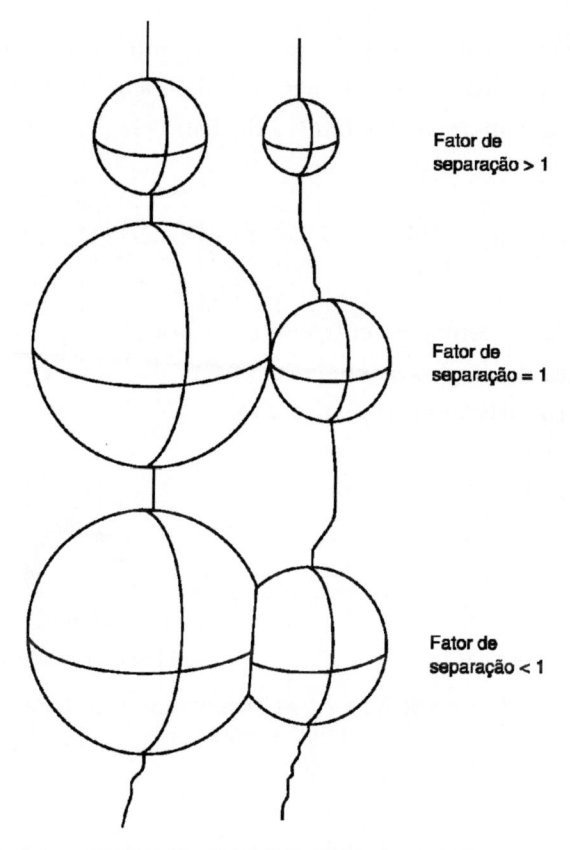

FIGURA 4.35 REPRESENTAÇÃO GRÁFICA DOS FATORES DE SEPARAÇÃO.

Considerações Acerca do Fator de Separação

O uso de fatores de separação na análise de anticolisão envolve vários importantes aspectos que são discutidos a seguir.

1) Assumir o maior eixo da elipse para a dimensão do raio de incerteza, conforme pode ser visto na figura 4.36.

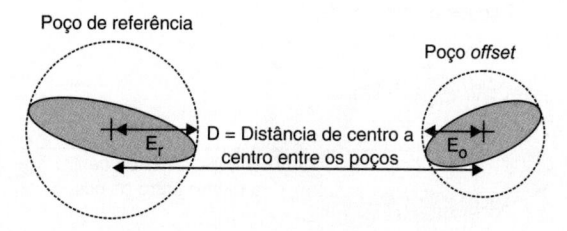

FIGURA 4.36 ESFEROIDE DE INCERTEZA DOS POÇOS REPRESENTADA PELO MAIOR EIXO DA ELIPSE DE INCERTEZA.

2) Incluir o diâmetro dos revestimentos na fórmula do fator de separação. Assim, utiliza-se a distância entre a parede do poço de referência e a parede do poço adjacente revestido em vez da distância de centro a centro dos poços (figura 4.37).

Fator de separação (SF) = [D − ((D_r + D_o)/2)] / (E_r + E_o),

Onde:
D = distância de centro a centro entre os poços;
Dr = diâmetro do poço referência (diâmetro da broca);
Do = diâmetro externo do revestimento.

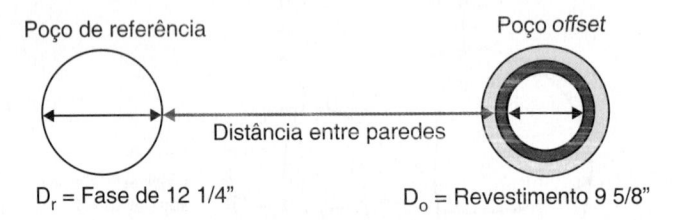

FIGURA 4.37 DISTÂNCIA ENTRE AS PAREDES DO POÇO DE REFERÊNCIA E DO POÇO ADJACENTE.

3) Combinar a covariância das elipsoides para produzir uma elipsoide relativa de erro (E_t). Aplica-se, aqui, uma combinação estatística de erro antes de efetuar o cálculo (figura 4.38).

Fator de separação (SF) = [D − ((D_r+D_o)/2)] / f × E_t

Onde:
f = fator escalar para aumentar o nível de confiança;
E_t = elipsoide relativa de erro.

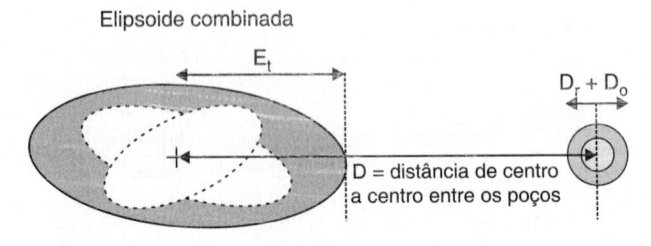

FIGURA 4.38 COMBINAÇÃO DAS ELIPSES DE INCERTEZA.

4.5.5 Métodos de Rastreamento

A última etapa da análise de anticolisão é referida como métodos de rastreamento que são usados para calcular a proximidade entre trajetórias de poços. Os métodos mais comuns são proximidade 3D (*3D closest approach*), *travelling cylinder* e plano horizontal.

a) Proximidade 3D (3D Closest Approach)

Este método é mais conservador, pois localiza, em um plano tridimensional, qualquer ponto mais próximo do poço adjacente (*offset*). A distância mínima ocorre quando a esfera tangencia um ponto da trajetória do poço *offset* (figura 4.39). Este método sempre encontrará o ponto real mais próximo e independe de os poços serem paralelos ou perpendiculares entre si.

——— Poço *offset* (adjacente)   ●——● Poço de referência

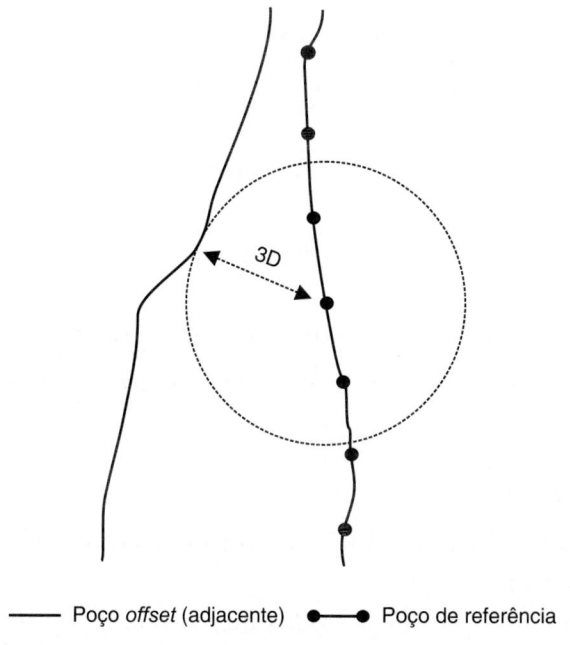

FIGURA 4.39   RASTREAMENTO TIPO "PROXIMIDADE 3D".

b) Travelling Cylinder (TC)

Este método utiliza um plano perpendicular à trajetória de referência para rastrear os poços *offsets* (figura 4.40). Recomendado para poços com mesma direção (paralelos entre si), devendo ser evitado em poços perpendiculares entre si. A figura 4.41 apresenta um gráfico típico de *travelling cylinder*.

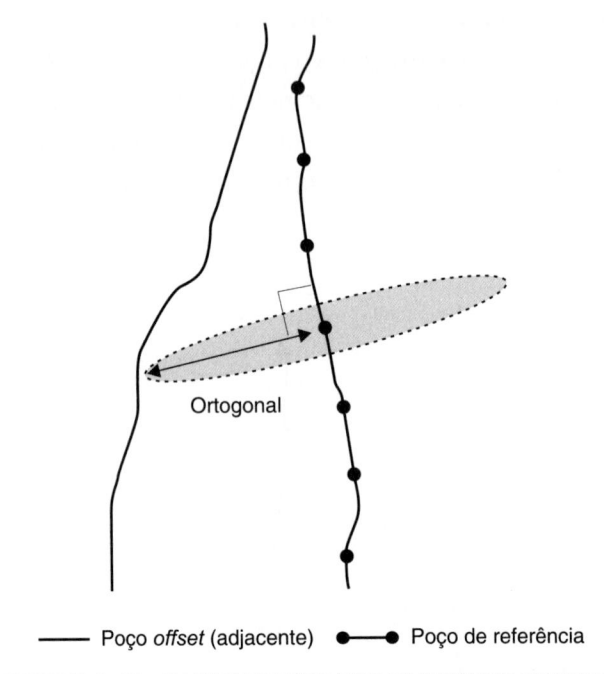

FIGURA 4.40 RASTREAMENTO TIPO *TRAVELLING CYLINDER*.

c) Plano Horizontal

Este método utiliza uma distância na horizontal entre a trajetória de referência e o poço *offset* (figura 4.42).

Comparando-se os três métodos de rastreamento, deve-se atentar para não se fazer um mau uso dos mesmos. A figura 4.43 facilita a visualização simultânea desses três métodos para uma mesma profundidade medida do poço de referência. Com a proximidade 3D, observa-se que o poço adjacente é identificado antes do que com os outros métodos de rastreamento.

ACOMPANHAMENTO DIRECIONAL 203

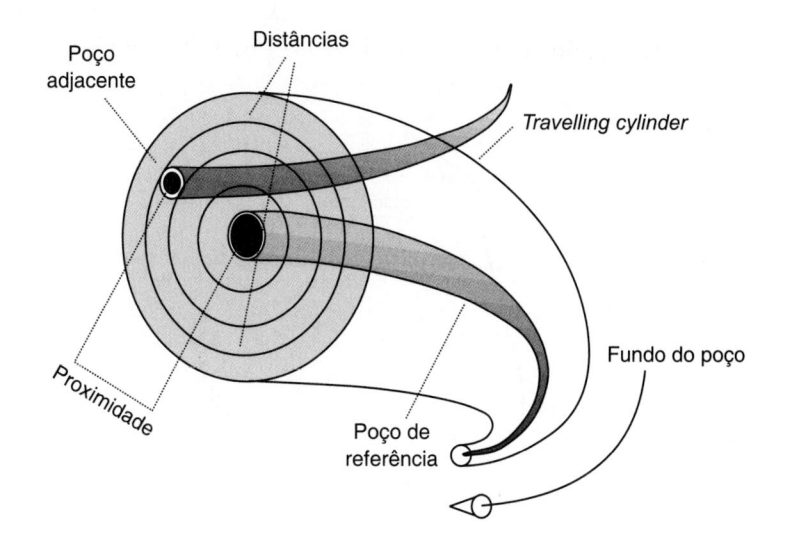

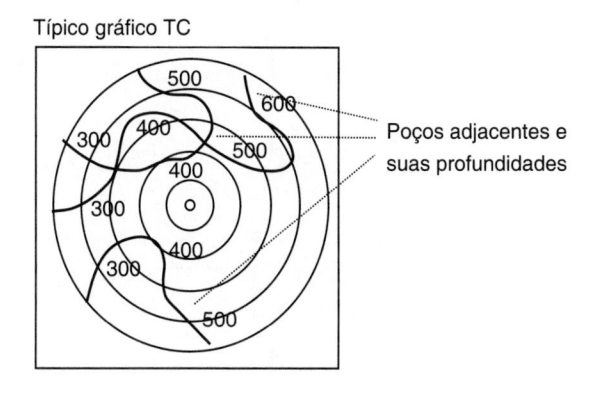

FIGURA 4.41 TÍPICA REPRESENTAÇÃO GRÁFICA DO *TRAVELLING CYLINDER* E SUA VISUALIZAÇÃO EM 3D PARA UMA DETERMINADA PROFUNDIDADE DO POÇO DE REFERÊNCIA.

204 PERFURAÇÃO DIRECIONAL

───── Poço *offset* (adjacente)   ●──● Poço de referência

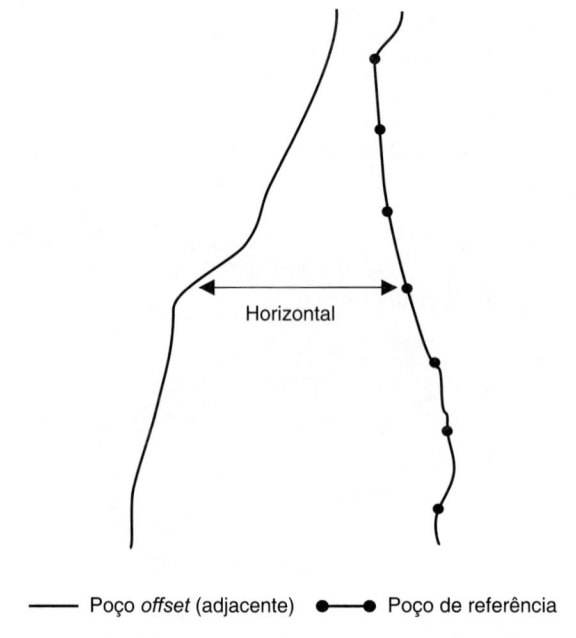

FIGURA 4.42   RASTREAMENTO TIPO "HORIZONTAL".

───── Poço *offset* (adjacente)   ●──● Poço de referência
····· Proximidade 3D   ··· Plano horizontal   — — *Travelling cylinder*

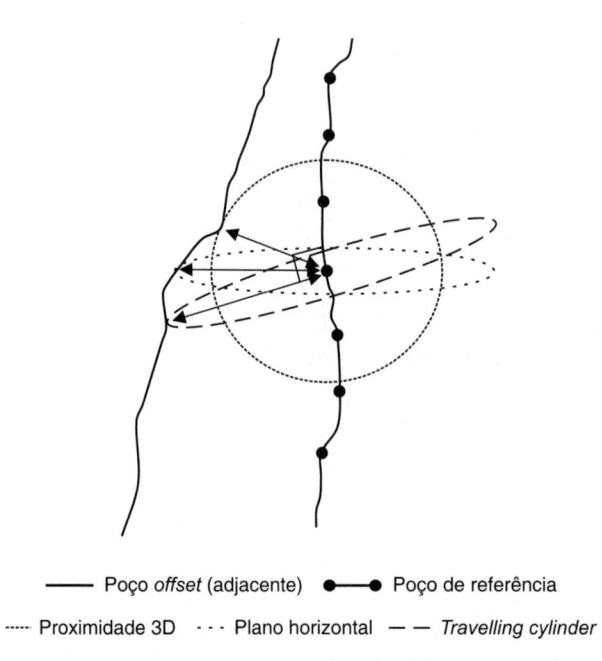

FIGURA 4.43   COMPARAÇÃO ENTRE OS MÉTODOS DE RASTREAMENTO.

4.5.6 Estudos de Anticolisão

Conforme mencionado anteriormente, as análises de anticolisão permitem identificar a proximidade de um poço em relação à trajetória de outros poços. A ideia dessa seção é mostrar alguns exemplos de análises de anticolisão com base nas metodologias discutidas anteriormente.

a) Problemas com o Rastreamento Tipo Travelling Cylinder

O gráfico da figura 4.44 mostra um exemplo onde o rastreamento pelo *travelling cylinder* em poços com direções diferentes, ou seja, que não são paralelos entre si, pode levar a conclusões falsas. Note que os dois poços da figura estão perigosamente pertos, porém a indicação dada pelo *travelling cylinder* indica uma distância bem maior que a real.

— Poço *offset*   ●—● Poço de referência   (A) Ponto do poço *offset* "mais" próximo ao de referência pelo método *travelling cylinder*

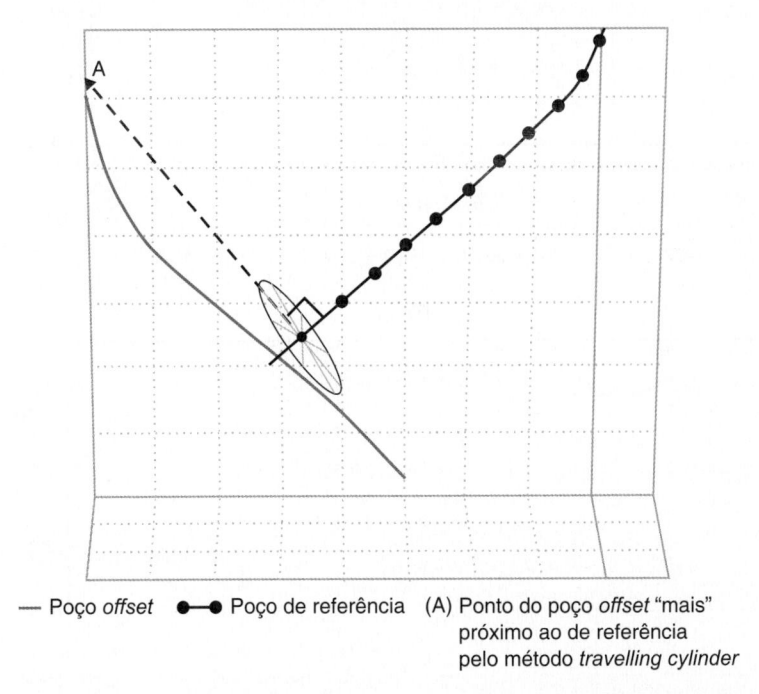

FIGURA 4.44 RASTREAMENTO TIPO *TRAVELLING CYLINDER* NÃO APROPRIADO PARA POÇOS COM AZIMUTES DIFERENTES (NÃO PARALELOS).

b) Análises Envolvendo Múltiplos Poços

A figura 4.45A mostra o poço de referência 7-EX-11DA e seus *offsets* através do mapa tipo *spider*, que nada mais é que a vista plana da região em coordenadas UTM (*northing* e *easting*) ou em coordenadas locais (norte/sul e leste/oeste) referenciadas à cabeça de poço (Figura 4.45B). Note que os poços 3-EX-74, 7-EX-22 e 7-EX-34D também aparecem relativamente próximos ao poço de referência. Contudo, é a análise de anticolisão que irá auxiliar na seleção dos poços que poderão causar algum problema e na eliminação daqueles mais distantes.

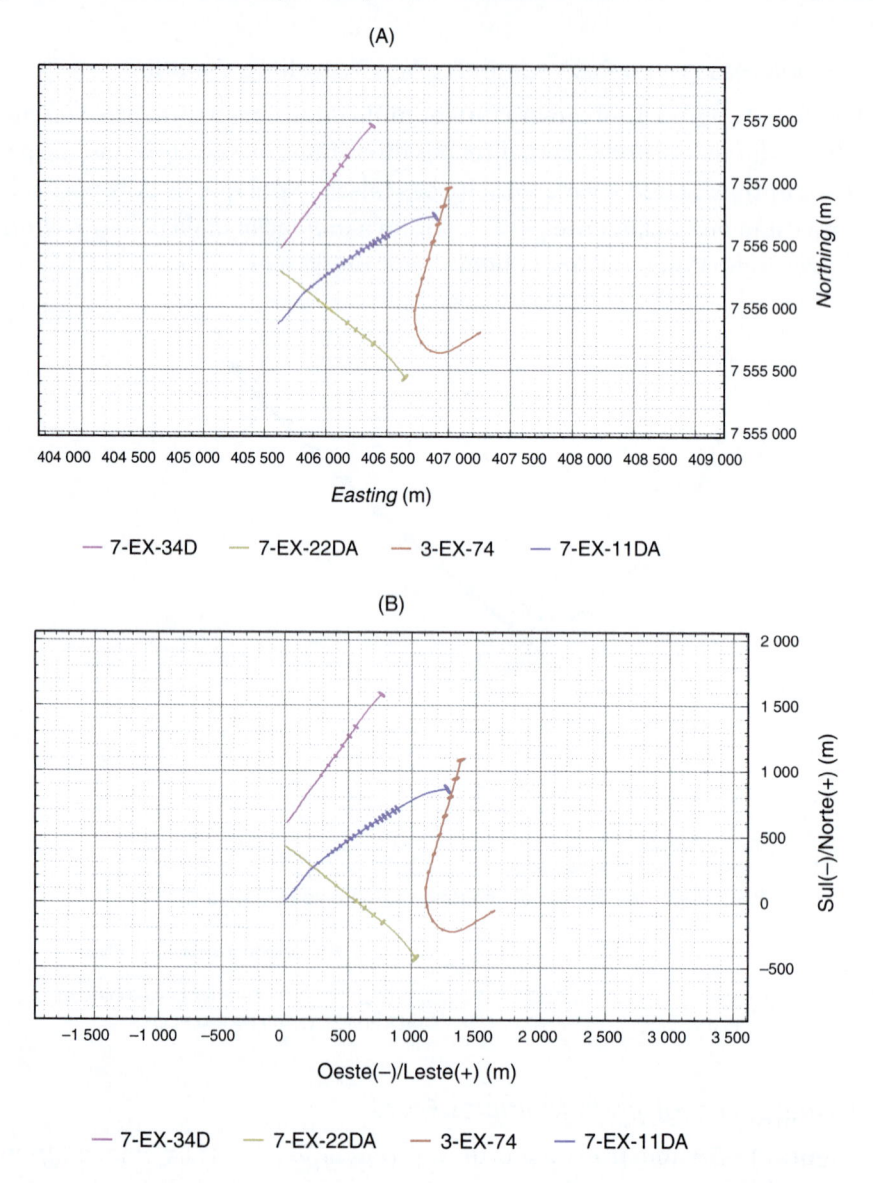

FIGURA 4.45 MAPAS TIPO *SPIDER* PARA VISUALIZAÇÃO DOS POÇOS MAIS PRÓXIMOS DO POÇO DE REFERÊNCIA EM COORDENADAS UTM E LOCAIS.

A figura 4.46 mostra a visualização 3D do poço de referência 7-EX-11DA e seus *offsets* 3-EX-74 e 7-EX-22DA em diferentes ângulos. Para se determinar o trecho de maior proximidade, identificando assim possíveis problemas, serão visualizados, a seguir, os gráficos mais utilizados em uma análise de anticolisão.

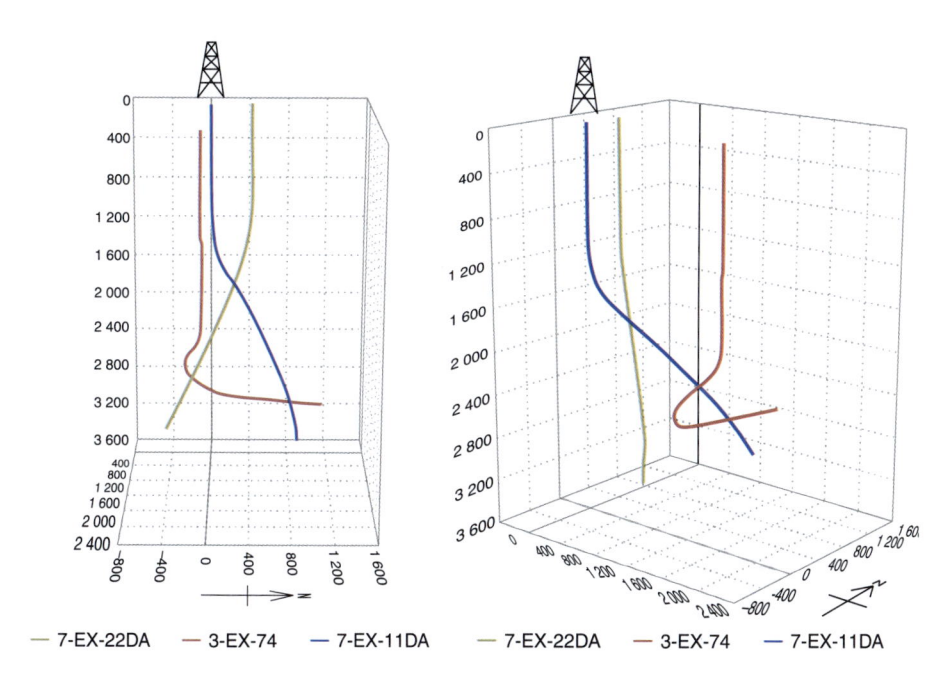

FIGURA 4.46 EXEMPLO ILUSTRATIVO DE TRÊS POÇOS PRÓXIMOS VISTOS POR DIFERENTES ORIENTAÇÕES AZIMUTAIS PARA REALIZAR ANÁLISE DE ANTICOLISÃO.

Gráfico de Separação de Centro a Centro

Pelo gráfico da separação de centro a centro da figura 4.47, observa-se a profundidade medida onde os poços adjacentes (EX-22 e EX-74) estão próximos ao poço de referência (EX-11). O eixo X refere-se à profundidade medida do poço de referência 7-EX-11DA. O eixo Y indica a distância de centro a centro entre os dois poços. Dessa forma, o poço de referência será sempre o eixo X, os poços *offsets* irão surgir no gráfico.

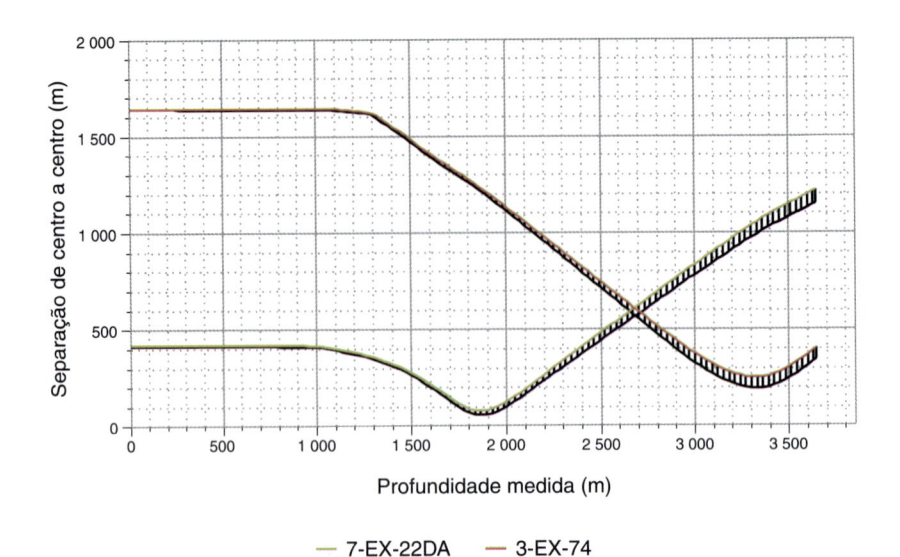

FIGURA 4.47 GRÁFICO DE SEPARAÇÃO DE CENTRO A CENTRO ENTRE DOIS POÇOS.

Neste exemplo, o poço *offset* EX-22 aproxima-se mais do poço de referência que o poço *offset* EX-74. À profundidade medida de 1 860 m do poço de referência, obtém-se um valor em torno de 80 m de distância de separação entre este e o *offset* EX-22. Para um melhor resultado, falta verificar se as elipses de incerteza dos dois poços não estão colidindo, isto é, se esse valor de 80 m é suficiente para separar os poços com suas incertezas.

Gráfico de Fator de Separação (SF)

No caso do gráfico de fator de separação (figura 4.48), observa-se em qual profundidade os poços adjacentes estão próximos ao poço de referência (EX-11) com base no indicador chamado fator de separação (SF). O eixo X refere-se à profundidade medida do poço de referência 7-EX-11DA e o eixo Y é o fator de separação.

Neste caso, a razão entre a distância de centro a centro e a soma dos raios da esfera de incerteza é de 3,8 para o *offset* EX-22 e 4,4 para o *offset* EX-74. Ou seja, ambos com SF > 3 e, portanto, com uma boa margem de segurança.

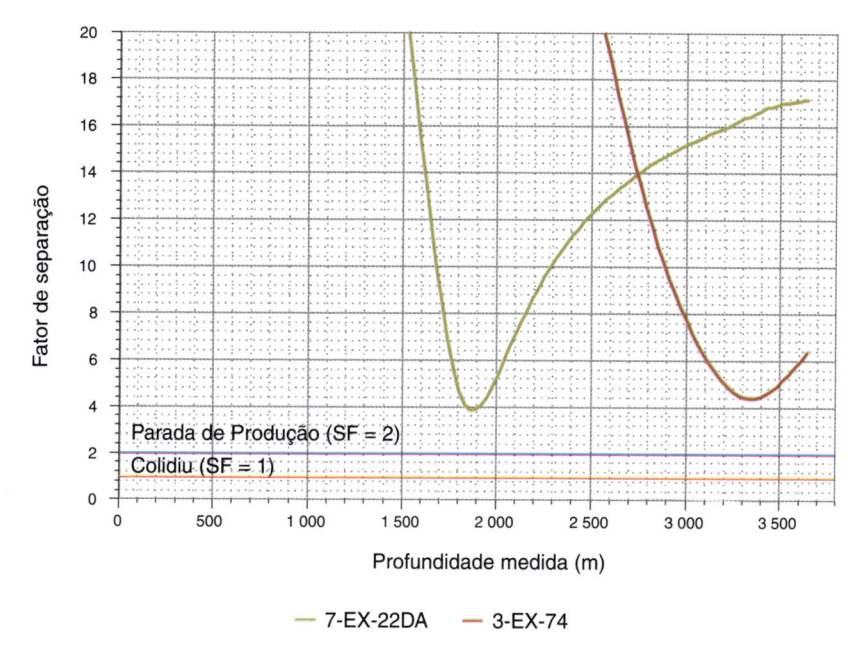

FIGURA 4.48 GRÁFICO DO FATOR DE SEPARAÇÃO.

Cada companhia define seus alarmes e suas margens de segurança. Neste exemplo, foi adotado SF = 2 para parada de produção meramente para fins didáticos.

Gráfico de Visualização 3D

Para melhor observar as esferas de incerteza dos poços de referência e *offset*, pode-se utilizar um gráfico 3D. Neste caso, foi feito um *zoom* para a profundidade de 1 860 m do poço de referência, confirmando que não há colisão com a trajetória do *offset* EX-22 (figura 4.49).

Gráfico Travelling Cylinder *(TC)*

Neste tipo de representação gráfica, como mostra a figura 4.50, o poço de referência 7-EX-11DA é o ponto central do *travelling cylinder*, onde os eixos se cruzam, já o poço *offset* EX-22 é planejado ao seu redor. Cada círculo representa uma distância de separação de centro a centro entre os poços e os quadrantes indicam a direção (orientação *toll face*) do *offset* em relação ao ponto central (poço 7-EX-11DA). A figura 4.50A mostra o TC em todas as profundidades do poço *offset*, e a figura 4.50B mostra o TC na profundidade medida de 1 860 m do poço de referência, onde a separação de centro a centro equivale a 80 m. A figura 4.51 traz a visualização 3D do *travelling cylinder para duas profundidades*.

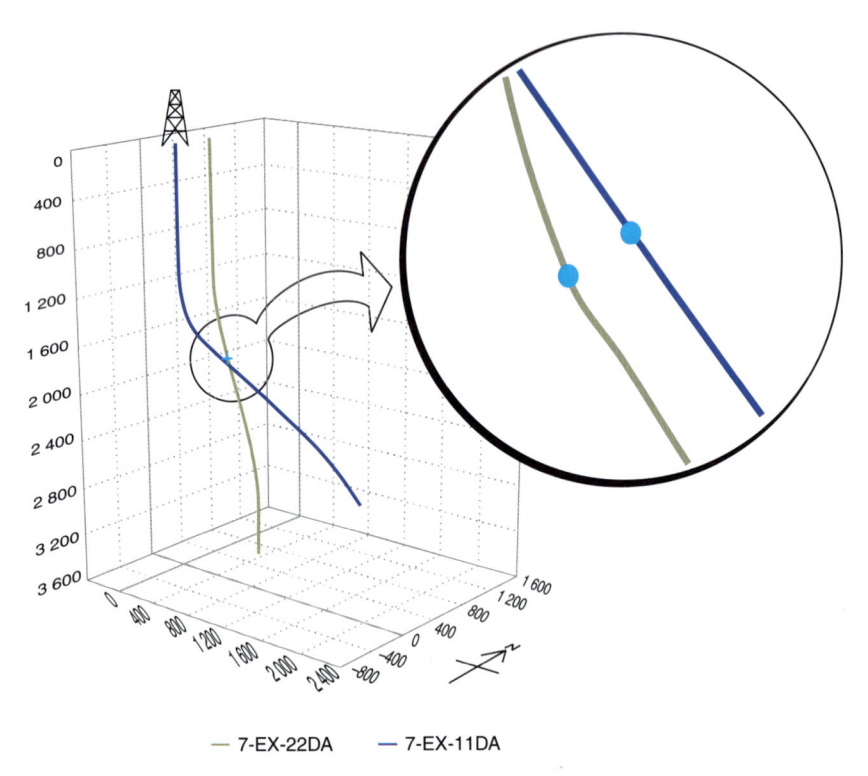

FIGURA 4.49 REPRESENTAÇÃO GRÁFICA EM 3D DAS TRAJETÓRIAS DE DOIS POÇOS E SUAS ESFERAS DE INCERTEZA.

É importante ressaltar que o método de rastreamento *travelling cylinder* e o gráfico *travelling cylinder*, embora tenham o mesmo nome, têm significados distintos.

A representação gráfica TC pode ser usada com os vários métodos de rastreamento, como será mostrado a seguir.

Os gráficos da figura 4.49 são do tipo *travelling cylinder*, usando dois métodos diferentes de rastreamento de poços: o de proximidade 3D e o do *travelling cylinder*. Observa-se que os resultados obtidos são diferentes devido aos métodos utilizados.

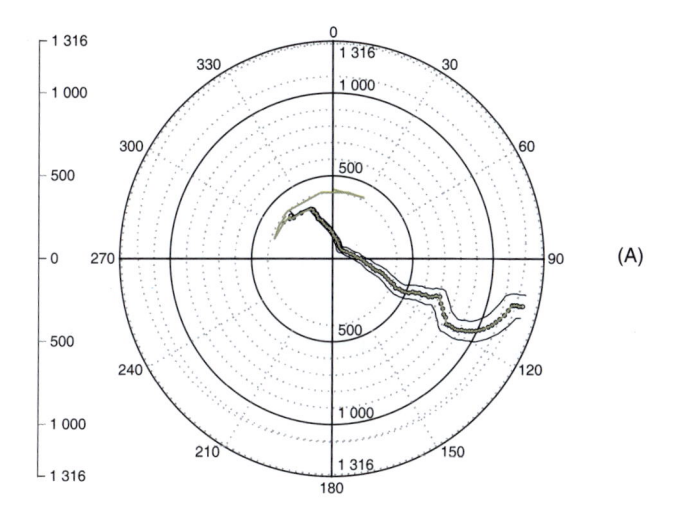

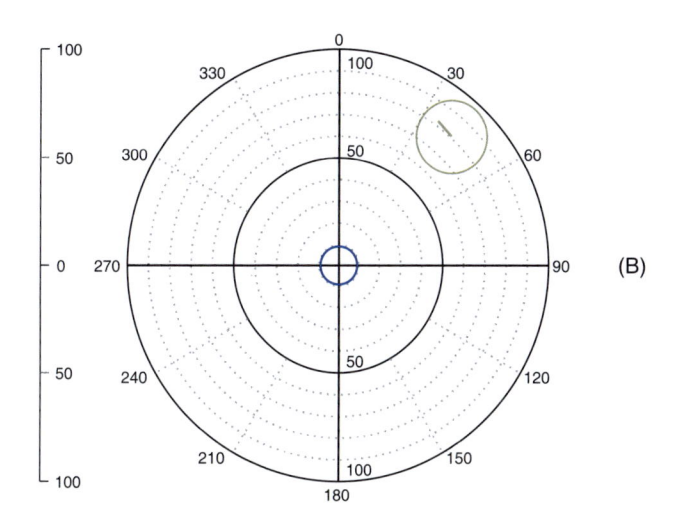

ACOMPANHAMENTO DIRECIONAL   211

(A)

Ângulo *tool face* de referência (graus) *versus* separação de centro a centro (m)

— 7-EX-22DA

(B)

Ângulo *tool face* de referência (graus) *versus* separação de centro a centro (m)

— 7-EX-22DA   — 7-EX-11DA

FIGURA 4.50 GRÁFICOS TÍPICOS DO *TRAVELLING CYLINDER*.
GRÁFICO (A) É UMA PROJEÇÃO DE TODO O POÇO *OFFSET* NO TC E O
GRÁFICO (B) É O TC APENAS EM UMA PROFUNDIDADE MEDIDA DO POÇO DE REFERÊNCIA.

212 PERFURAÇÃO DIRECIONAL

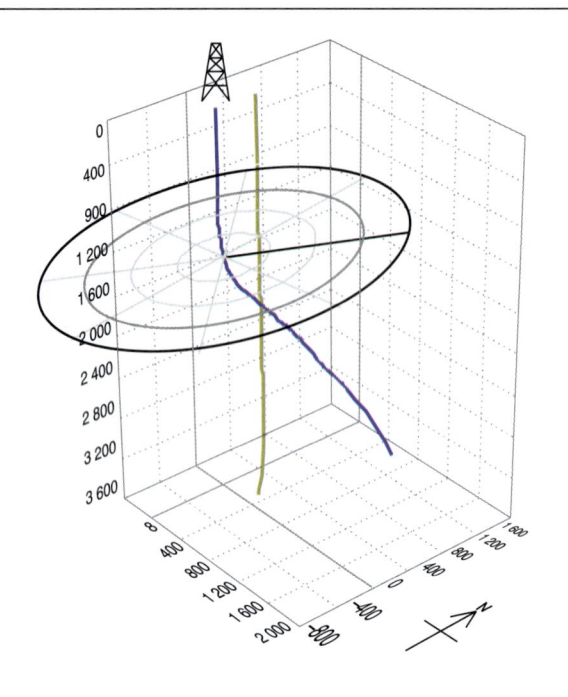

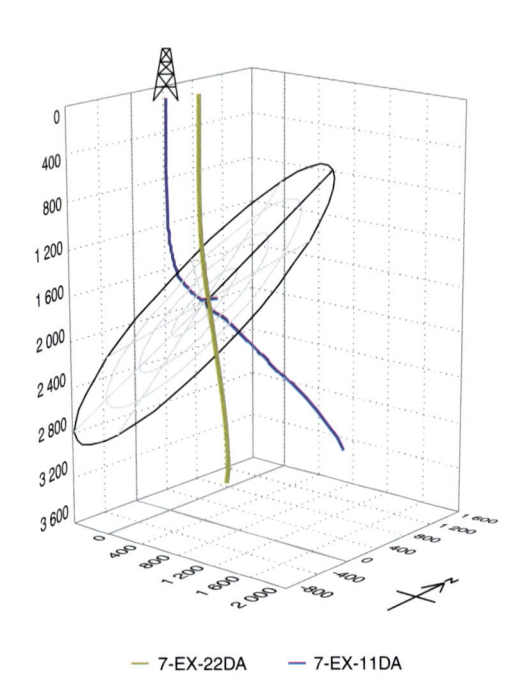

— 7-EX-22DA   — 7-EX-11DA

FIGURA 4.51 VISUALIZAÇÃO 3D DO *TRAVELLING CYLINDER* PARA DUAS PROFUNDIDADES DO POÇO DE REFERÊNCIA.

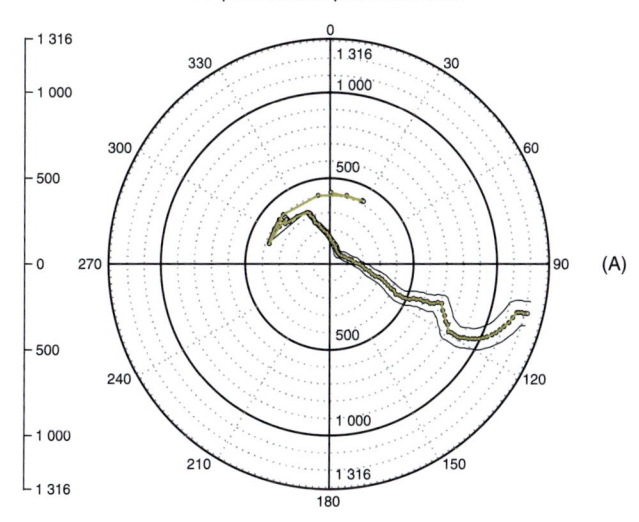

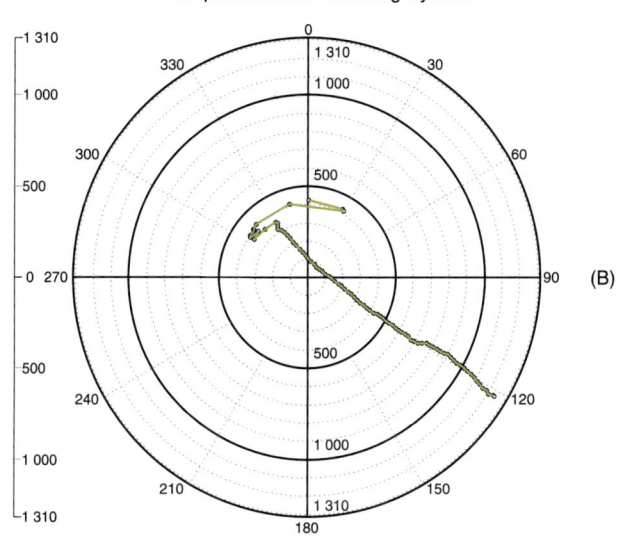

ACOMPANHAMENTO DIRECIONAL 213

TC pelo método proximidade 3D

(A)

Ângulo *tool face* de referência (graus) *versus* separação de centro a centro (m)

—— 7-EX-22DA

TC pelo método "Travelling Cylinder"

(B)

Ângulo *tool face* de referência (graus) *versus* separação de centro a centro (m)

—— 7-EX-22DA

FIGURA 4.52 REPRESENTAÇÕES GRÁFICAS DO *TRAVELLING CYLINDER* PARA DUAS FORMAS DE RASTREAMENTO DE POÇOS ADJACENTES (A) PROXIMIDADE 3D E (B) *TRAVELLING CYLINDER*.

EXERCÍCIOS

1. Quais os principais métodos usados para o cálculo das trajetórias direcionais?
2. Dê dois exemplos de equipamentos de medição direcional magnéticos.
3. Foram tiradas duas fotos de um poço direcional mostradas abaixo.
   Profundidade = 1500 m
   - Coordenadas locais = 4 m norte e 2 m leste.
   - Ângulo = 35°.
   - Azimute = 24°.

   Profundidade = 1 600 m
   - Ângulo = 39°.
   - Azimute = N26E.

   Calcule o TVD, coordenadas, *dogleg* para a profundidade de 1 600 m pelos seguintes métodos e compare as respostas:
   - Tangencial.
   - Tangencial balanceada.
   - Ângulo médio.
   - Raio de curvatura.
   - Mínimo raio de curvatura.

4. Explique os principais passos usados em uma análise de anticolisão.

5. Resolver os problemas a seguir sobre mudança de trajetória.

   a) Sabendo-se que a inclinação do poço é de 10°, a direção é N 20° E, a ferramenta está orientada a 45° à direita do lado alto do poço e que ela irá produzir uma mudança de ângulo de 3° nos próximos 30 m, determinar as novas direção e inclinação após a perfuração destes 30 m. Resolver o problema analítica e graficamente.

   b) Um motor de fundo foi assentado a 652 m (3° de inclinação e N 5° W de direção) com a face assentada a 20° à direita do lado alto do poço. Determinar as novas inclinação e direção na profundidade de 689 m, sabendo-se que a ferramenta defletora causa uma mudança de 3,5° por 30 m perfurados.

   c) Em um poço de 8 ½" com 30° de inclinação, utilizando um *bent sub* que fornece um *dogleg severity* de 4,5°/30 m, qual será a posição de operação da face da ferramenta defletora para uma correção máxima à direita? E à esquerda?

d) Qual é a máxima mudança de direção que pode ser efetuada num poço de inclinação de 4° para um *bent sub* que produz um *dogleg severity* de 5°/30 m? E para um que produz 2,5°/30 m?

e) As coordenadas da última estação (foto) foram: S = 8,50 m e W = 1 053,95 m e as do centro do objetivo: N = 202 m, W = 1 549 m. Para a última foto, têm-se: profundidade medida = 2 516 m, inclinação = 41,5° e direção = N 81° W. A profundidade vertical do objetivo é de 2 800 m, e a medida é de 3 343,02 m. No poço de correlação, o giro da broca foi de 1,5°/100 m à direita. Verificar se há necessidade de se fazer correção.

CAPÍTULO 5

Tópicos Complementares

Esta seção irá abordar os seguintes tópicos complementares sobre a perfuração direcional:
- Poço Horizontal.
- Poço Piloto.
- Poços Multilaterais.
- Poços de Grande Afastamento em Águas Profundas.
- Roteiros Básicos para Operações Direcionais Típicas.
- Tubulação de Perfuração com Transmissão de Sinais Elétricos por Fio.
- Perfuração Direcional com Revestimento.
- Perfuração Direcional Sub-Balanceada.
- Perfuração Direcional com o Alargador Longe da Broca.
- Hidráulica de Perfuração e Limpeza de Poço.

5.1 Poço Horizontal

A seguir, serão abordados os principais conceitos e aplicações dos poços horizontais.

5.1.1 Vantagens e Aplicações de Poços Horizontais

A necessidade de se perfurar poços horizontais já é reconhecida há muito tempo. Entretanto, a tecnologia para perfurar este tipo de poço só se viabilizou recentemente. Com o aparecimento de motores *steerable*, MWD, brocas apropriadas e o melhor conhecimento da mecânica de perfuração, hoje qualquer poço pode ser considerado candidato à perfuração horizontal.

Na Arábia Saudita, uma formação produtora pode ter 400 m de espessura. Estas formações são muito permeáveis e o petróleo é bem leve. Assim, um único poço vertical atinge uma grande área de drenagem do reservatório. Contudo, existem muitas formações que não são espessas, têm permeabilidade baixa e o petróleo contido é pesado, dificultando muito o escoamento no meio poroso. Um dos maiores problemas do poço vertical neste tipo de formação é a limitação da área exposta ao fluxo.

Dessa forma, as principais razões para se perfurar um poço horizontal são:

- Aumentar a área exposta ao fluxo de hidrocarbonetos: o comprimento do afastamento horizontal é determinado pelo tamanho do campo, mas é bastante limitado pela capacidade da sonda e dos equipamentos de perfuração.
- Cone de Água e de Gás: a maioria das formações produtoras contém água abaixo do óleo e/ou gás acima da zona de óleo. Normalmente a água e o gás não entram em produção logo após a completação de um poço. Entretanto, após algum tempo de produção, certa quantidade de água ou de gás pode ser produzida junto com o óleo devido ao fenômeno de cone de água ou cone de gás, conforme mostra a figura 5.1. O contato óleo/água sobe em forma de cone nas vizinhanças do poço. No caso do contato gás/óleo, ocorre exatamente o contrário.

O resultado do cone de água ou de gás é a redução da produção efetiva de óleo do poço. A possibilidade de ocorrência de cone de água ou de gás em poços horizontais é pequena, já que a queda de pressão no poço horizontal é menor que aquela que ocorre no poço vertical quando ambos estão produzindo na mesma vazão.

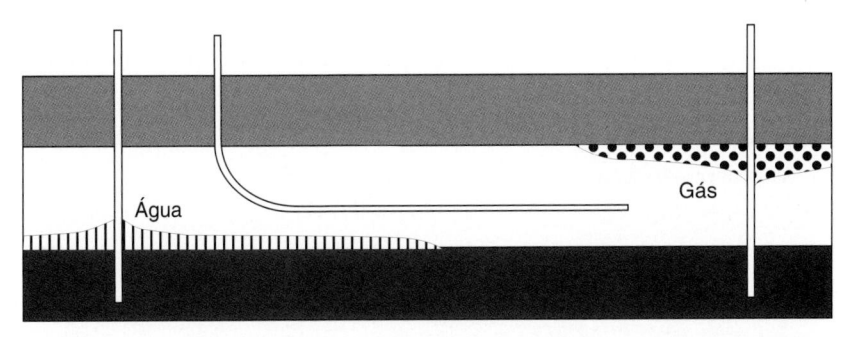

FIGURA 5.1 CONES DE ÁGUA E DE GÁS QUE SE FORMAM EM POÇOS VERTICAIS.

- Reservatórios fraturados: rochas carbonáticas tendem a apresentar baixas porosidade e permeabilidade, o que limita sua exploração comercial com a perfuração vertical convencional. Normalmente, efeitos geológicos levam estes tipos de rochas a apresentar fraturas verticais que são ideais para serem interceptadas por poços horizontais (figura 5.2). Exemplos deste tipo de reservatório são o Austin Chalk no sul do Texas, Rospo Mare na Itália e Batu Raja na Indonésia.

  Embora folhelhos não sejam normalmente classificados como rochas reservatório, há alguns folhelhos fraturados verticalmente que se tornaram produtores a partir de poços horizontais. Um exemplo deste tipo de formação é o Balken Shale na Dakota do Norte.

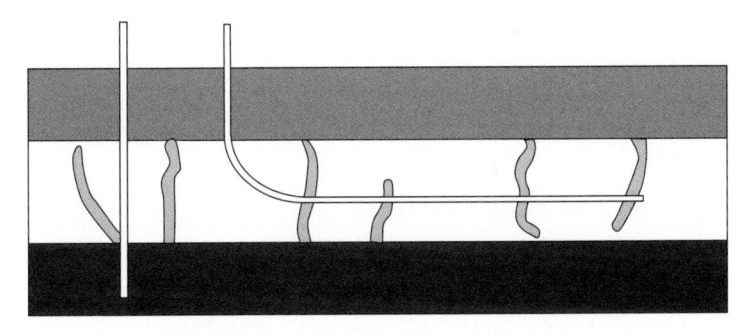

FIGURA 5.2 INTERSEÇÃO DE FRATURAS.

- Formações fechadas/óleo pesado: formações fechadas (com baixa permeabilidade) ou reservatórios que contêm óleo pesado podem se tornar inviáveis comercialmente devido às baixas vazões conseguidas pela técnica da perfuração vertical convencional. O poço horizontal pode viabilizar a exploração destes tipos de formações devido ao aumento da área exposta ao fluxo.

- Recuperação secundária: um poço horizontal pode aumentar a eficiência das técnicas de recuperação secundária, já que uma maior área exposta da formação pode responder melhor à injeção de vapor ou de água, como mostra a figura 5.3.

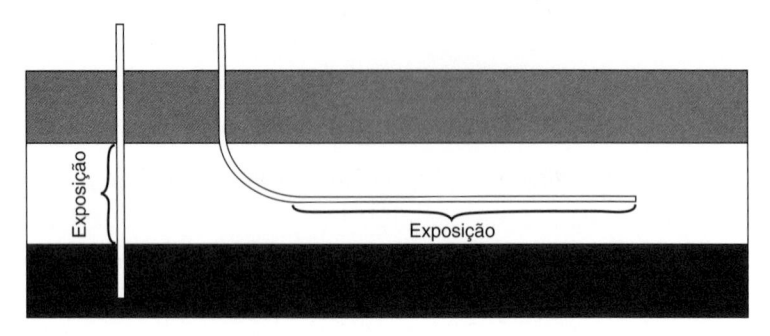

FIGURA 5.3 AUMENTO DA EXPOSIÇÃO DO RESERVATÓRIO NOS POÇOS HORIZONTAIS EM RELAÇÃO AO VERTICAL.

- Viabilização de campos *offshore*: a perfuração de poços horizontais com longos trechos horizontais surge como excelente alternativa para viabilizar economicamente a exploração de campos *offshore*, onde o posicionamento de plataformas marítimas de produção é crítico devido às condições adversas de mar, como nos casos do Mar do Norte e do Alaska, por exemplo. O uso destas técnicas pode aumentar a vida útil de muitos campos *offshore*, além de permitir eventuais novas descobertas ao desenvolver um campo.

5.1.2 Tipos de Poços Horizontais

Desde a "redescoberta" da perfuração horizontal em meados da década de 80, muito se tem discutido sobre as vantagens e desvantagens dos dois principais tipos de trajetória (figura 5.4): o de **raio longo**, com a curvatura aumentando gradualmente e apresentando baixos *doglegs*, e o de **raio médio**, que apresenta uma taxa maior de ganho de inclinação e valores altos de *doglegs*.

Para um operador experiente, a diferença mais significativa entre estes dois tipos de trajetória é apenas saber se a coluna de perfuração é capaz de girar pela seção desviada do poço. Apesar de parecer uma análise muito superficial do problema, este ponto de vista serve como um excelente referencial para quem analisa os vários tipos de trajetória para um poço horizontal.

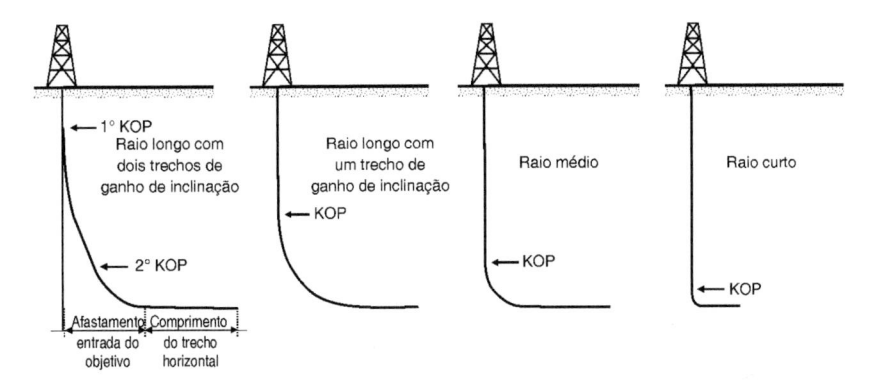

FIGURA 5.4 TIPOS DE POÇOS HORIZONTAIS.

Todo programa de poço direcional traz "embutido" uma espécie de margem de segurança para a trajetória real do poço, de modo a corrigir desvios inesperados que possam ocorrer durante a perfuração. Estes desvios podem aparecer se alguma das seguintes condições existir:
- Mudança inesperada ou maior que a esperada na litologia ou no mergulho das camadas.
- Alargamento do poço maior que o esperado.
- Programação incorreta da composição-de-fundo (BHA).

a) Poços Horizontais de Raio Longo

A perfuração de poços horizontais de raio longo é normalmente realizada usando um sistema padrão *steerable*, alto ou médio torque e baixa rotação. A grande capacidade de torque destes motores previne a tendência de "estolar". Nos poços horizontais de raio longo, a baixa taxa de ganho de ângulo (baixo *buildup*) leva a um grande afastamento não só lateral, mas também do comprimento de poço desde a vertical até a horizontal. Com isso, há um maior contato da coluna com as paredes do poço, aumentando os esforços com o torque e o arraste.

A coluna mostrada na figura 5.5 é a composição típica *steerable* que pode ser usada para perfurar um poço horizontal de raio longo. A taxa de *buildup* neste tipo de poço varia de 1,5° a 8°/100 pés.

Uma certa margem de segurança é inerente ao sistema *steerable*. Para atingir a taxa de *buildup* desejada, a perfuração é realizada alternadamente com e sem rotação (*rotating* e *sliding*).

222 PERFURAÇÃO DIRECIONAL

Monel de 30'

Estalizador de 8 ½" *monel*

Monel de 30'

Estalizador de 8 ½" *monel*

Sub de orientação

MWD *monel*

Float sub

Motor *steerable*

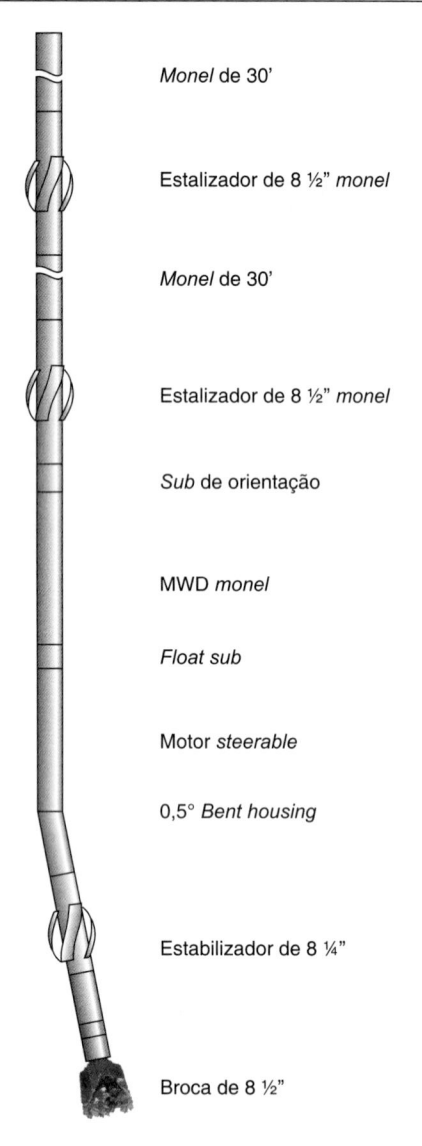

0,5° Bent housing

Estabilizador de 8 ¼"

Broca de 8 ½"

FIGURA 5.5 COLUNA COM MOTOR *STEERABLE* PARA POÇOS DE RAIO LONGO.

No caso de uma queda na taxa de *buildup*, ou devido a um alargamento, ou devido à mudança nas condições de perfuração, o operador tem uma margem de segurança de, aproximadamente, 33% para o aumento da inclinação.

Esta queda na taxa de *buildup* pode ser compensada com o aumento da razão entre o tempo sem rotação e o tempo com rotação da coluna durante a perfuração.

Por outro lado, para compensar um possível aumento na taxa de *buildup*, deve-se aumentar o tempo de perfuração com rotação em relação ao tempo sem rotação. Quando o conjunto *steerable* é girado, o diâmetro do poço aumenta ligeiramente, facilitando a descida do revestimento. Se a coluna de perfuração é bem projetada, o operador pode facilmente se adaptar às mudanças de litologia, ao alargamento de poço ou às alterações no mergulho das camadas.

O perfil de um poço horizontal de raio longo se caracteriza pelo aumento gradual da inclinação desde o *kickoff point* até 90°, com o operador ajustando continuamente a relação entre os tempos girando a coluna e sem rotação, de modo a aproximar a trajetória do poço o mais possível do planejado.

Existem três tipos básicos de trajetória de raio longo: **buildup único**, **buildup duplo** e **buildup interrompido por trecho reto**, conforme figura 5.6.

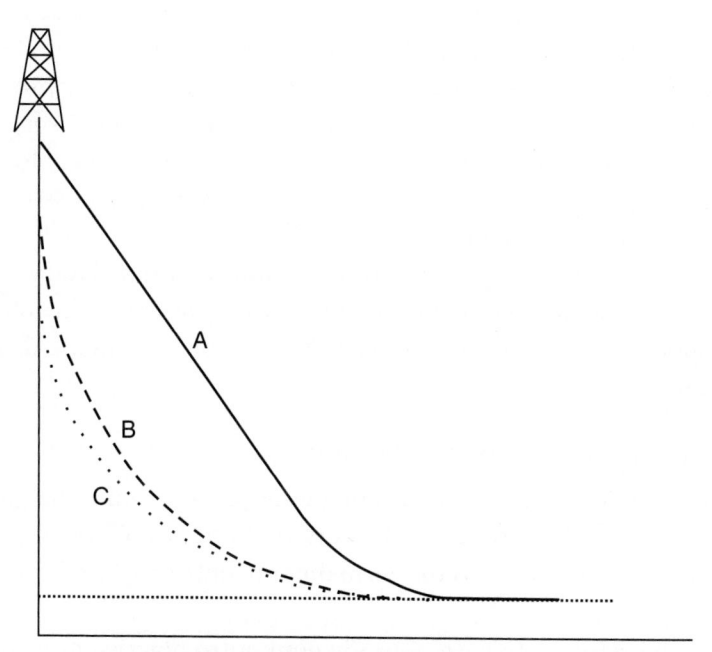

A – Raio longo 2 *buildups* interrompidos por trecho reto
B – Raio longo 2 *buildups*
C – Raio longo *buildup* único

FIGURA 5.6 TRÊS PROJETOS BÁSICOS DE POÇOS HORIZONTAIS DE RAIO LONGO.

Buildup Único

O tipo de trajetória de *buildup* único (trajetória C na figura 5.6) apresenta um crescimento uniforme da inclinação desde a vertical até a horizontal. A taxa de *buildup* é constante durante todo o trecho, variando normalmente de 1,5° a 8°/100 pés, conforme o diâmetro do poço e a dureza das formações. É um tipo de trajetória bastante fácil de se obter com a coluna padrão *steerable* mostrada na figura 5.5.

Buildup Duplo

No caso de duas taxas de *buildup* (trajetória B na figura 5.6), o aumento da inclinação é também contínuo, no entanto, apresenta uma taxa de *buildup* menor na parte superior do trecho curvo. Os valores típicos dessas taxas são de 1,5°/100 pés, até atingir a inclinação de 35°, e de 4°/100 pés daí até a horizontal.

A aplicação mais comum deste tipo de trajetória é quando o *kickoff point* deve ser feito em grandes diâmetros de poço. Menores taxas de *buildup* levam a melhor controle direcional nestes casos.

Além disso, em formações moles, pode ser desejável, mas improvável, conseguir-se taxas de *buildup* de 4°/100 pés. Assim, nestes casos, convém iniciar o trecho de *buildup* com taxas mais fáceis de se obter em formações moles até que se perfurem formações mais duras, onde é possível atingir taxas mais agressivas de *buildup*.

Se o diâmetro do poço é mantido constante durante toda a fase de *buildup*, este tipo de trajetória é vantajosa nos casos em que a coluna tem uma tendência de ganho mais rápido de ângulo com o aumento da inclinação do poço.

Buildup Interrompido por Trecho Reto

Este tipo de trajetória é o mais comum nos poços horizontais de raio longo (trajetória A na figura 5.6). O trecho curvo da vertical até a horizontal é interrompido por um trecho reto, normalmente entre 35° e 45° de inclinação do poço.

O trecho reto, neste caso, é usado com outro objetivo que aquele do poço de raio médio. Como será visto mais adiante, o trecho reto no poço médio é usado para compensar problemas encontrados durante a fase de *buildup*. Já no caso do poço de raio longo, o trecho reto é usado para promover o afastamento lateral mais rápido da vertical que passa pela sonda.

Isto é desejável quando se perfura a partir de *templates* submarinos ou vários poços a partir de uma mesma locação em terra (*pad drilling*), bastante comum no Canadá e no Alaska.

b) Poços Horizontais de Raio Médio

Os poços de raio médio apresentam um problema: a rotação da coluna não é possível nos trechos de aumento de inclinação, devido à curvatura acentuada da coluna para que se obtenham altas taxas de *buildup*. O projetos para poços horizontais de raio médio, em geral, apresentam uma única taxa de *buildup*. O operador não tem a flexibilidade para alterar a taxa, pois não pode girar a coluna. Algumas vezes, são usados *bent housings* ajustáveis no sistema *steerable*, o que permite a obtenção de outras taxas de *buildup* sem ter que girar a coluna, mas isto não é o convencional.

Em alguns projetos, o crescimento da inclinação é interrompido por um trecho reto antes de se chegar à inclinação de 90°. Este trecho reto é uma espécie de margem de segurança em áreas pouco conhecidas. Por exemplo, se não se obtêve a taxa de *buildup* desejada com determinada coluna ou se o objetivo puder ser atingido numa profundidade menor, o operador pode diminuir ou mesmo eliminar o trecho reto. A inclinação média onde é previsto o trecho reto fica entre 40° e 60°.

A decisão sobre o tipo de poço horizontal a se perfurar depende de muitos fatores, e todos eles são influenciados pelos tipos de completação e de produção requeridos. Assim, em última análise, a escolha entre os tipos de poço horizontal de raio longo e de raio médio é ditada pelas técnicas de completação e de produção.

O tipo de trajetória do poço horizontal de raio médio é apresentado na figura 5.6 como trajetória D. Define-se como raio médio um perfil de poço com **taxa de *buildup*** de 10° a 30°/100 pés.

A trajetória de raio médio tem três grandes vantagens sobre as trajetórias de raio longo. A primeira é que requer bem menos trabalho direcional devido ao seu *kickoff point* estar normalmente bem mais profundo. Segunda, é uma ótima aplicação nos casos de reentrada em poços verticais, de modo a maximizar o trecho vertical já perfurado. Em terceiro lugar, pode-se atingir a horizontal com diâmetros de poços maiores, já que o trecho perfurado desde o *kickoff point* é bem menor.

Costuma-se projetar um pequeno trecho reto de baixa inclinação (± 35°) antes de iniciar o ganho de ângulo final até a horizontal. O pequeno raio de curvatura diminui o trecho curvo perfurado e o esforço de controle direcional, enquanto o trecho reto ajuda a diminuir os riscos devido às incertezas geológicas. Esta trajetória prevê uma margem de segurança de operação em termos de comportamento da composição-de-fundo (BHA) da coluna. Se a taxa de *buildup* conseguida é menor que a planejada ou se o objetivo deve aparecer mais acima que o previsto, o trecho reto pode ser aumentado ou diminuído para compensar os imprevistos.

Um outro método de se perfurar um poço horizontal de raio médio seria repetir a trajetória de *buildup* único, discutida anteriormente para poços de raio longo. Neste caso, o poço é perfurado com *buildup* contínuo desde a vertical até a horizontal, sem trecho reto, a uma taxa variando de 9° a 30°/100 pés. Esta taxa pode ser conseguida com um motor de fundo *double-bend* ou motor com *bent housing* ajustável. Com a eliminação do trecho reto, um bom conhecimento prévio das formações e do comportamento deste tipo de coluna é exigido, aumentando o controle direcional, especialmente nas mudanças de BHA.

Uma limitação do projeto de poço de raio médio reside nas características de comportamento das colunas de ganho de ângulo. Ao contrário do sistema *steerable*, a coluna com motor *double-bend* não deve ser girada para alterar a taxa de *buildup*. Quando um trecho reto é projetado para o poço de raio médio, o operador tem que obedecer ao início do segundo *buildup*; não há flexibilidade na trajetória a partir deste ponto. Esta falta de flexibilidade, aliada às pequenas tolerâncias na profundidade do objetivo, torna este tipo de poço muito difícil de ser perfurado para zonas de interesse delgadas.

O trecho final do poço é perfurado de modo que, nos primeiros 60-70 pés, a coluna não seja girada e esteja orientada para o lado alto do poço. Desse modo, o BHA não gira dentro do trecho altamente curvo do poço, reduzindo as tensões e os riscos de fadiga no MWD e nas conexões dos comandos nesta parte rígida da coluna.

c) Poços Horizontais com Perfil Combinado

O perfil combinado associa uma seção de *buildup* de raio longo com uma de raio médio e uma seção reta entre elas. A combinação típica é uma seção de raio longo de *buildup* até atingir 30°-40° de inclinação e uma seção reta com comprimento suficiente para que o segundo *buildup* seja iniciado bem próximo ao topo do objetivo por uma coluna de raio médio. Esta é uma combinação interessante quando os dados litológicos não são precisos mas se conhece algum marco geológico logo acima da formação produtora.

A figura 5.7 traz um exemplo de perfil combinado. O poço ganha inclinação através de uma coluna de raio longo até 35°, onde se inicia um longo trecho reto visando a maximizar o afastamento lateral da locação da sonda. A curvatura mais suave no trecho inicial de *buildup* diminui os riscos de fadiga do *drillpipe* em rotação neste trecho, pois, apesar de submetido a altos esforços de tração, a severidade do *dogleg* é bem menor que no caso do *buildup* de raio médio.

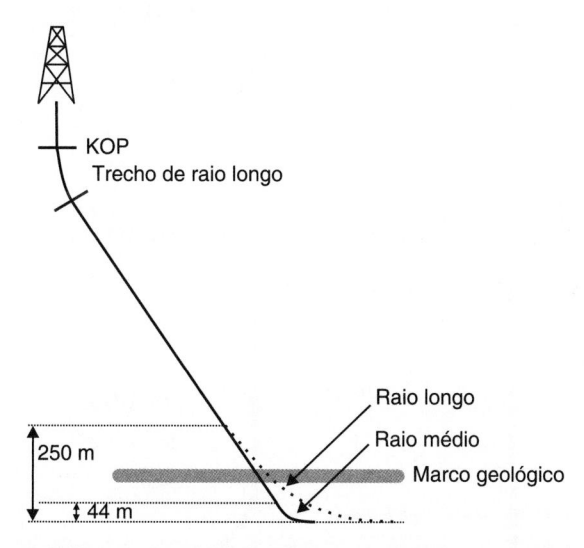

FIGURA 5.7 POÇO HORIZONTAL DE PERFIL COMBINADO.

Usando um perfil de raio longo (3°/100 pés) para se atingir a horizontal a partir do final do trecho reto, o segundo *kickoff* deveria situar-se 250 m de profundidade vertical (PV) acima do topo do objetivo. Assumindo que exista um marco geológico 65 m (PV) acima da zona de interesse, o operador deveria, portanto, iniciar o *kickoff* com a coluna de raio longo antes de estar absolutamente certo sobre a posição do objetivo. Se usar uma coluna de raio médio, por exemplo para uma taxa de 17°/100 pés, o operador pode iniciar o segundo *buildup* 44 m (PV) acima da zona produtora e 21 m abaixo do marco geológico.

5.1.3 BHA em Poços Horizontais *Versus* Poços Verticais

O posicionamento dos componentes do BHA pode mudar de acordo com as características da trajetória do poço. A elevada fricção em poços horizontais e de grande afastamento afeta tremendamente as cargas axiais a que a coluna está sujeita.

Além disso, em poços de grande inclinação, o efeito da gravidade de empurrar a coluna para baixo é parcialmente, ou totalmente, anulado. Dessa forma, para compensar esses fatores, são utilizadas colunas invertidas (ou BHA invertido), como pode ser visto na figura 5.8.

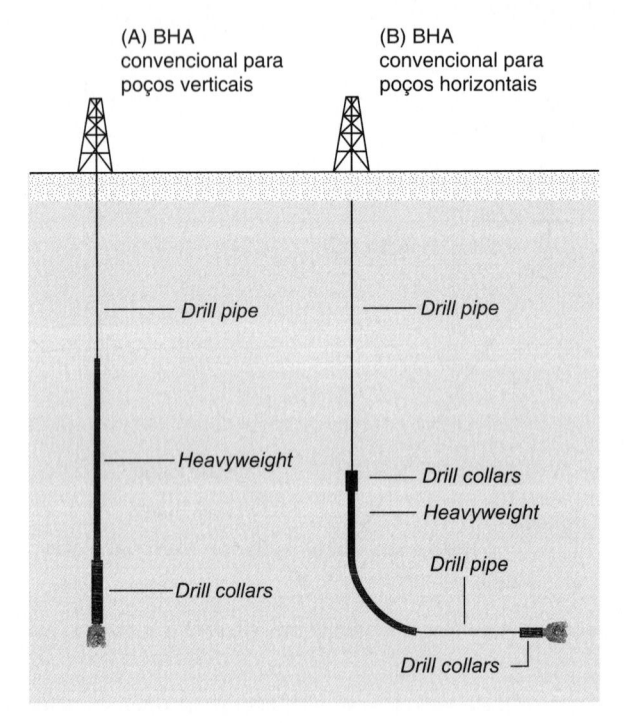

FIGURA 5.8 BHA CONVENCIONAIS PARA POÇOS VERTICAIS (A) E HORIZONTAIS (B).

Nas colunas invertidas, os componentes mais pesados, como os comandos (*drill collars*) e HWDP, são mantidos na seção vertical do poço, longe da posição convencional que é logo acima da broca (figura 5.8B).

Assim sendo, para as colunas invertidas, os componentes mais pesados no trecho vertical serão mais eficientes em aplicar peso à seção inferior do BHA para que a coluna desça, aumentando-se, assim, a taxa de penetração sem comprometer os aspectos mecânicos dos tubos. Isto é permitido devido ao fato de os *drillpipes* suportarem as cargas compressivas sem flambar em trechos curvos e de alta inclinação do poço.

a) Linha Neutra de Tração do BHA

Um aspecto importante a ser considerado na construção de um BHA é o fato de se obter o melhor desempenho de cada equipamento de acordo com o cenário de perfuração. O diferente posicionamento de *drillpipes*, comandos e HWDP em poços verticais ou horizontais vistos no item anterior, considerando também as diferentes características do poço em si, interfere na transmissão de peso aplicado na superfície até a broca e na possibilidade de se flambar a coluna. Portanto, o parâmetro a ser observado aqui é o posicionamento das linhas neutras de tração e de flambagem.

Conforme visto anteriormente, o dimensionamento de uma coluna de perfuração deve ser considerado para duas situações distintas:

- Poços verticais.
- Poços inclinados e horizontais.

A linha neutra de tração pode ser observada em um gráfico de tração *versus* profundidade medida como mostra a figura 5.9. O ponto de interseção da curva de tensão com o eixo vertical é o ponto neutro ou linha neutra. Acima dela, portanto, a coluna estará em tração, e abaixo estará em compressão. A sua localização depende do peso aplicado à broca, do peso linear da coluna e do atrito nas paredes do poço.

Os componentes localizados na vizinhança da linha neutra estarão em uma "zona de transição" onde irão experimentar alternadamente esforços de compressão e tração. Essas oscilações cíclicas podem danificar os equipamentos da coluna. Um exemplo típico são os *jars* de perfuração, cuja vida útil é encurtada drasticamente quando colocados nessa zona de transição.

Para poços verticais, é comum adotar uma margem de segurança de modo a situar a linha neutra numa posição 20% abaixo do topo dos comandos. Assim, os comandos poderão trabalhar com 80% do seu comprimento em compressão para ser usada para fornecer peso sobre a broca.

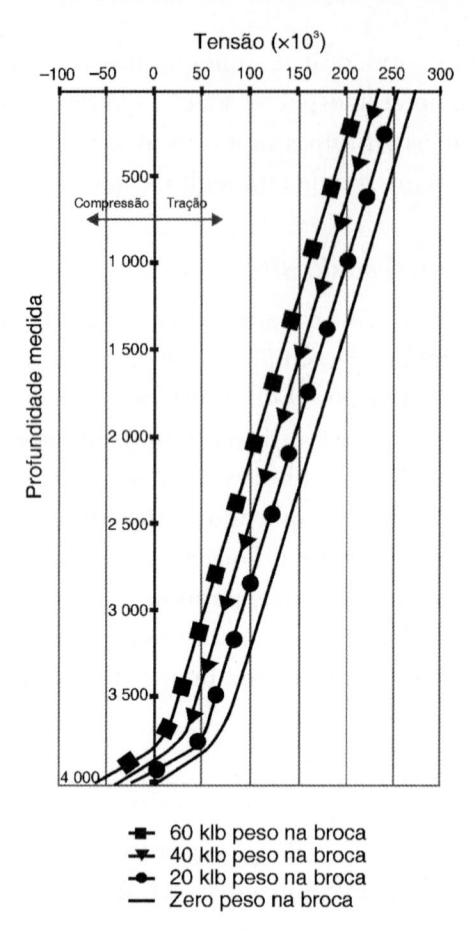

FIGURA 5.9 GRÁFICO TÍPICO DE TENSÃO *VERSUS* PROFUNDIDADE MEDIDA DA COLUNA DE PERFURAÇÃO PARA DIVERSOS PESOS SOBRE A BROCA.

Para que não haja uma grande diferença de momento de inércia (ou rigidez) entre os comandos e os *drillpipes*, geralmente são utilizadas de três a seis seções de *heavyweight*. Os *drillpipes* em poços verticais não devem trabalhar em compressão.

Com o aumento da inclinação dos poços, os comandos perdem a capacidade de exercer peso sobre a broca, perdendo, assim, a sua função principal.

Desse modo, uma boa prática é estimar a inclinação limite (α) a partir da qual os comandos perdem a eficiência de transmitir peso à broca, o que torna necessário utilizar um BHA invertido.

A título de exemplo, será mostrada, a seguir, uma estimativa da inclinação limite (α) do poço a partir da qual o comando deixa de fornecer peso à broca, assumindo um coeficiente de atrito (μ) de 0,3, tendo como base o desenho esquemático da figura 5.10.

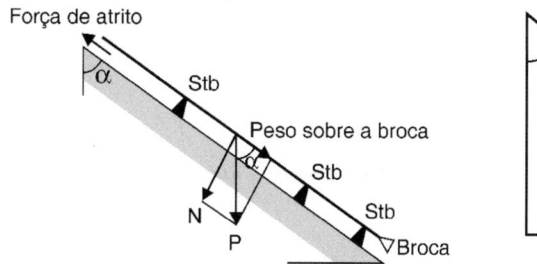

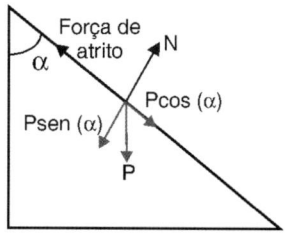

FIGURA 5.10 DESENHO ESQUEMÁTICO DAS FORÇAS QUE ATUAM NA COLUNA EM UM POÇO INCLINADO.

$$\mu \times N = P \times cos\alpha$$

$$\mu \times P \times sen\alpha = P \times cos\alpha$$

$$\alpha = arc\ tan\left(\frac{1}{\mu}\right) = arc\ tan\left(\frac{1}{0,3}\right) = 73,3°$$

Onde:
μ = coeficiente de atrito;
N = força normal de contato;
P = peso flutuado da coluna;
α = inclinação do poço.

Um outro aspecto que também deve ser considerado é o número de comandos necessários para fornecer peso à broca em poços direcionais. A figura 5.11 mostra um gráfico típico de comprimento de comandos necessários para fornecer 50 klbs de peso à broca *versus* inclinação do poço. Note que, para este caso específico, o comprimento de comandos necessários para prover peso sobre a broca cresce de forma assintótica com a inclinação do poço. Observe que para valores de inclinação acima de 70°, o comprimento de comandos necessários para fornecer 50 klb de peso à broca será de mais de 500 m, o equivalente a 18 seções de três tubos (aproximadamente 27 m por seção), comprimento considerado impraticável.

Comprimento de comandos para um peso de 50 klb

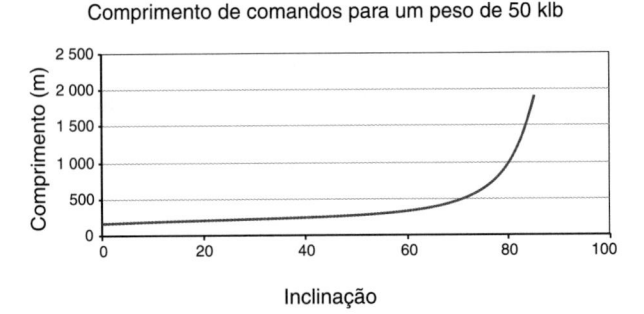

FIGURA 5.11 RELAÇÃO ENTRE O COMPRIMENTO DE COMANDOS E A INCLINAÇÃO DO POÇO PARA UM PESO SOBRE A BROCA DE 50 KLB.

b) Linha Neutra de Flambagem do BHA

Outro critério para dimensionamento do BHA é o da linha neutra de flambagem. Segundo Lubinsky (1950), a flambagem não ocorre se o peso sobre a broca for menor que o peso flutuado dos comandos. Assim, este critério leva em consideração sempre um número menor de comandos do que o obtido pelo critério da linha neutra de tração, por exemplo, a linha neutra de flambagem está abaixo da linha neutra de tração. Com isso, há situações em que a coluna de perfuração está comprimida, mas não está flambada.

A flambagem da coluna de perfuração, como já foi visto no Capítulo 2, deve ser evitada para não ocasionar falhas mecânicas nos componentes do BHA, podendo acarretar *lockup*, isto é, situação em que a coluna absorve todo o peso levando ao seu total travamento, e até à sua ruptura.

Desse modo, o número de comandos (n) pode ser obtido pela seguinte fórmula:

$$n = \text{PSB máximo} / (\text{FS} \times \text{BF} \times \text{Wdc} \times \text{Ldc})$$

Onde:
PSB máximo = peso máximo sobre a broca;
FS   = fator de segurança que varia de 0,80 a 0,90;
BF   = fator de flutuação do fluido de perfuração;
Wdc = peso por comprimento do comando no ar;
Ldc = comprimento médio de cada comando.

Para o caso de poços direcionais, como foi abordado anteriormente, os *drillpipes* poderão ser utilizados em compressão, desde que não flambem. Com a utilização dos *drillpipes* comprimidos, não se aplicam mais comandos na parte inferior da coluna.

Quando o BHA é girado, as forças de fricção irão atuar contra essa rotação (torque), com um pequeno componente atuando ao longo do poço (arraste). Medições de peso sobre a broca no fundo de poço têm confirmado que o BHA rotativo provoca uma pequena redução do peso sobre a broca causada pelo arraste. Esta redução é usualmente compensada pelo uso de uma margem de segurança. Dessa forma, o peso sobre a broca máximo (**PSB**) para **BHA** rotativos (sem considerar o arraste) sem que os *drillpipes* sofram **compressão** pode ser calculado da seguinte forma:

$$PSB = P_{BHA} \times BF \times cos(\alpha)$$

Onde:
PSB = peso sobre a broca;
P_{BHA} = peso total do BHA no ar;
BF = fator de flutuação do fluido de perfuração;
BF = $1 - (\rho_{fluido} / \rho_{aço})$;
ρ_{fluido} = peso do fluido de perfuração em ppg;
$\rho_{aço}$ = peso do aço equivale a 65,5 ppg;
α = inclinação do poço (figura 5.10);

O peso mínimo do BHA no ar pode ser calculado pela expressão,

$$P_{BHA} = PSB \text{ máximo} \times F / BF \times cos(\alpha)$$

Onde:
P_{BHA} = peso mínimo do BHA no ar;
PSB máximo = peso sobre a broca;
BF = fator de flutuação do fluido de perfuração;
α = inclinação do poço;
F = fator de segurança.

EXERCÍCIOS RESOLVIDOS

a) Perfurando um poço de 17 ½" com uma broca tricônica, deseja-se aplicar 45 klb de peso sobre a broca na seção tangente do poço de 30° de inclinação. Qual o peso no ar do BHA é requerido para evitar que qualquer *drillpipe* sofra flambagem durante a perfuração? Assumir peso de lama de 10 ppg e margem de segurança de 10%.

$$P_{BHA} = PSB \text{ máximo} \times F / BF \times cos(\alpha)$$
$$P_{BHA} = 45\,000 \times 1,1 / (0,8473 \times cos(30°)) = 67\,456 \text{ lb}$$

b) Suponha que se tenha 180 pés de comandos de 9 ½" pesando 220 lb/pés, uma ferramenta direcional (MWD) de 9 ½" pesando 3,4 klb, e 90 pés de comandos de 8" pesando 154 lb/pés. Quantas juntas de HWDP de 5" são necessárias para atingir o critério do exercício anterior (a)? Assumir que 30 pés por junta de HWDP de 5" pesam 1,48 klb.

Peso total do BHA = (180 pés × 220 lb/pés) + 3 400 + (90 pés × 154 lb/pés)
Peso total do BHA = 56 860 lb
Peso no ar de HWDP = 67 456 − 56 860 = 10 596 lb
Número de juntas de HWDP = 10 596 / 1 480 = 7,16

Portanto, necessita-se de oito juntas de HWDP.

Para os poços de alta inclinação nos quais os *drillpipes* poderão estar em flambagem, sugere-se que 90% da força de flambagem senoidal crítica obtida na figura 5.12 sejam usadas como contribuição ao peso sobre a broca. A nova formulação de **peso sobre** a broca para BHA rotativos (sem considerar o arraste) quando houver *drillpipe* flambado fica então:

$$PSB \times F = [P_{BHA} \times BF \times cos(\alpha)] + (0,9 \times FS)$$

e

$$P_{BHA} = [(PSB \times F) - (0,9 \times FS)] / (BF \times cos(\alpha))$$

Onde:
PSB = peso sobre a broca;
P_{BHA} = peso total do BHA no ar;
BF   = fator de flutuação do fluido de perfuração;

α   = inclinação do poço;
F   = fator de segurança;
FS   = força de flambagem senoidal crítica (calculada no Capítulo 2 por Dawson e Paslay).

EXERCÍCIO RESOLVIDO

Antes de perfurar uma seção tangente de 12 ¼" de 60° de inclinação em uma formação dura, utilizando broca de insertos, o operador direcional estima utilizar 50 klb de peso sobre a broca. Calcular o peso do BHA requerido assumindo que parte dos *drillpipes* está flambada. Supor *drillpipe* de 5", grau E, novo, conexão 4,5" IF. Utilizar gráfico da figura 5.12, peso de lama 11 ppg e margem de segurança de 15%.

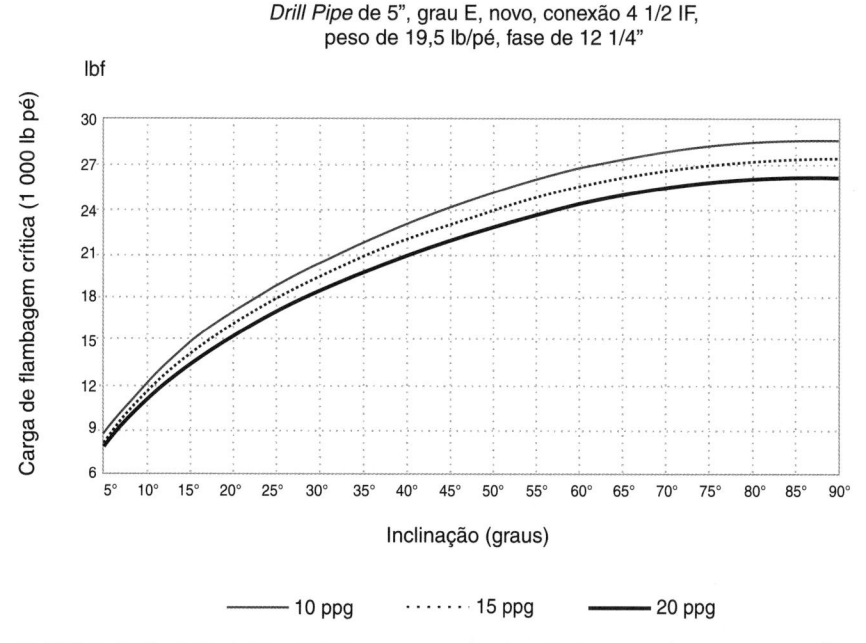

FIGURA 5.12 CURVAS DE FORÇA DE FLAMBAGEM SENOIDAL *VERSUS* INCLINAÇÃO DO POÇO PARA DIFERENTES PESOS DE LAMA DO *DRILLPIPE* DE 5", GRAU E, NOVO, CONEXÃO 4 ½"IF, 19,5 LB/PÉS EM POÇO DE 12 ¼".

Pelo gráfico da figura 5.12, obtém-se a força FS de aproximadamente, 26 klb.

$$P_{BHA} = [(50\,000 \times 1{,}15) - (0{,}9 \times 26\,000)] / (0{,}832 \times cos(60°))$$
$$P_{BHA} = 81\,971 \text{ lb ou aproximadamente 82 klb.}$$

A seguir, serão vistos os cálculos do ponto neutro de flambagem para poços verticais e direcionais. O ponto neutro é sempre calculado de baixo para cima, por exemplo, da broca para os *drillpipes*.

Poços Verticais

$$PN = PSB / (Wdc \times BF)$$

Onde:
PN = distância a partir da broca até o ponto neutro de carga axial;
PSB = peso sobre a broca;
Wdc = peso por comprimento dos comandos (*drill collars*);
BF = fator de flutuação do fluido de perfuração;
BF = $1 - (\rho_{fluido} / \rho_{aço})$;
ρ_{fluido} = peso do fluido de perfuração em lb/gal;
$\rho_{aço}$ = Peso do aço equivale a 65,5 lb/gal.

EXERCÍCIO RESOLVIDO

Determine o ponto neutro de carga axial em um poço vertical nos comandos de 7¼" por 2¼" para um peso sobre a broca de 30 000 lb e lama de 11 ppg. O peso linear dos comandos é de 127 lb/pé.

$$PN = \frac{30\,000\ lb}{127\ lb/pés \times (1 - 11/65,5)} = \frac{30\,000}{127 \times 0,832} = 284\,pés \times 0,3048\ m/pés = 86,56\ m$$

Assim, o ponto neutro encontra-se a 86,56 m acima da broca.

No caso de se estar utilizando comandos e HWDP, o cálculo do ponto neutro é alterado. Utiliza-se a fórmula anterior (PN) para verificar se o ponto neutro encontra-se no comando (*drill collar*). Caso o valor encontrado de PN seja maior que o comprimento dos comandos, a seguinte fórmula deve ser utilizada para saber em que ponto dos HWDP está a linha neutra.

$$PN_{(hwdp)} = (PSB - (Wdc \times Ldc \times BF)) / (Whwdp \times BF)$$

Onde:
PN $_{(hwdp)}$ = distância a partir da base do HWDP até o ponto neutro de carga axial;
PSB = peso sobre a broca;

Wdc = peso por comprimento dos comandos (*drill collars*);
Ldc = comprimento total dos comandos (*drill collars*);
Whwdp = peso por comprimento do HWDP;
BF = fator de flutuação do fluido de perfuração.

EXERCÍCIO RESOLVIDO

Determine o ponto neutro de carga axial em um poço vertical para um peso sobre a broca de 40 000 lb, lama de 13 ppg, 400 pés de comando de 7" × 2 ¼" de 117 lb/pé e 600 pés de HWDP 5" de 50 lb/pés.

$$PN = \frac{40\,000\,lb}{117\,lb/pés \times (1 - 13/65,5)} = \frac{40\,000}{117 \times 0,802} = 426\,pés \times 0,3048\,m/pés = 129,93\,m$$

Como o PN do comando passou de 400 pés, quer dizer que o ponto neutro está no HWDP.

$$PN = \frac{40\,000\,lb - (117\,lb/pés \times 400\,pés \times 0,802)}{50\,lb/pés \times 0,802} = 61,51\,pés \times 0,3048\,m/pés = 18,75m$$

Assim, o PN encontra-se a 18,75 m acima da base do HWDP.

Poços Direcionais

$$PN = PSB / (Wdc \times BF \times cos(\alpha))$$

Onde:
PN = distância a partir da broca até o ponto neutro de carga axial;
PSB = peso sobre a broca;
Wdc = peso por comprimento dos comandos (*drill collars*);
BF = fator de flutuação do fluido de perfuração;
α = inclinação do poço.

Seguindo o mesmo raciocínio do item anterior, quando a linha neutra de flambagem encontra-se no HWDP e todos os comandos são de mesmo diâmetro, a seguinte fórmula é aplicada:

$$PN_{(hwdp)} = (PSB - (Wdc \times Ldc \times BF \times cos(\alpha))) / (Whwdp \times BF \times cos(\alpha))$$

Onde:

PN $_{(hwdp)}$ = distância a partir da base do HWDP até o ponto neutro;
PSB = peso sobre a broca;
Wdc = peso por comprimento dos comandos (*drill collars*);
Ldc = comprimento total dos comandos (*drill collars*);
Whwdp = peso por comprimento do HWDP;
BF = fator de flutuação do fluido de perfuração;
α = inclinação do poço.

Esta última fórmula pode ser generalizada para BHA com comandos (*drill collars*) de diâmetros diferentes, conforme mostrado a seguir.

$$PN_{(dc+hwdp)} = (PSB - (BF \times cos(\alpha) \times (Wdc_1 \times Ldc_1 + Wdc_2 \times Ldc_2))) / (Whwdp \times BF \times cos(\alpha))$$

Onde:

Wdc_1 = peso por comprimento do primeiro comando;
Ldc_1 = comprimento total do primeiro comando;
Wdc_2 = peso por comprimento do segundo comando;
Ldc_2 = comprimento total do segundo comando.

5.1.4 Completação em Poços Horizontais

As técnicas de completação também devem ser levadas em consideração quando se analisa a viabilidade econômica da perfuração horizontal. Oito técnicas básicas de completação horizontal serão consideradas:

- Poço aberto.
- Liner rasgado.
- Revestimento ou *liner* completamente cimentado.
- Revestimento ou *liner* cimentado fora do fundo.
- Combinação do revestimento ou liner rasgado.
- Liner rasgado com ECP (*external casing packer*).
- Telas para contenção de areia.
- Telas para contenção de areia com empacotamento de areia (*gravel packing*).

Em poços com paredes estáveis, o **poço aberto** pode ser deixado sem revestimento. Entretanto, neste caso, quase nada pode ser feito para se estimular o poço eficientemente (figura 5.13A).

Um *liner* **rasgado** pode ser usado quando a estabilidade das paredes do poço não é tão boa. Se produção de areia é esperada, o *liner* rasgado não deve ser usado, pois pode entupir. Nesses casos, telas de contenção de areia podem ajudar a prevenir algum entupimento, mas, do mesmo modo que na completação a poço aberto, quase nada se pode fazer quanto à estimulação do poço (figura 5.13B).

Um revestimento ou *liner* totalmente cimentado (figura 5.14A) pode ser uma boa solução para casos quando:

a) O poço é perfurado numa formação bastante instável.
b) Está previsto *gravel packing* ou outra técnica para controle da produção de areia.
c) Está prevista a estimulação do poço.

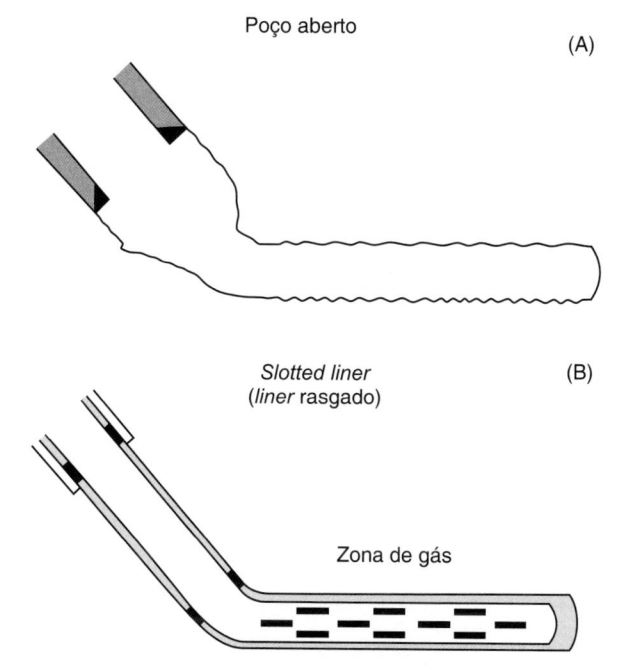

FIGURA 5.13 COMPLETAÇÃO A POÇO ABERTO (A) E COM *LINER* RASGADO (B) PARA POÇOS HORIZONTAIS.

Em alguns casos, pode haver a necessidade de se isolar a zona produtora da capa de gás ou de uma outra zona permeável superior. Nestes casos, um revestimento deve ser descido e **cimentado fora do fundo** (cimentado *off bottom*), permitindo a perfuração do trecho horizontal num diâmetro maior que o usual nas formações produtoras, conforme mostra a figura 5.14B. A completação do trecho abaixo do revestimento é **poço aberto**. Durante a cimentação, a zona abaixo da sapata deve ser isolada através de um tampão viscoso à base de polímero.

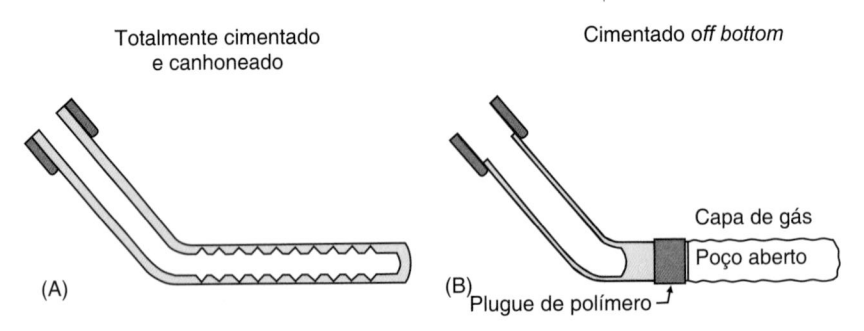

FIGURA 5.14 COMPLETAÇÃO COM REVESTIMENTO OU *LINER* CIMENTADO E CANHONEADO (A) E QUANDO HÁ NECESSIDADE DE ISOLAR ZONA PERMEÁVEL SUPERIOR OU CAPA DE GÁS (B).

Uma **combinação** de *liner* rasgado ou poço aberto com revestimento pode ser usada para permitir a produção seletiva da formação mais profunda pelo *liner* rasgado (figura 5.15A). As formações mais acima isoladas pelo revestimento podem ser colocadas em produção mais tarde através de canhoneio. Este tipo de completação permite controle sobre algumas técnicas de estimulação de poços.

Liners rasgados ou tubos perfurados podem ser descidos associados com tubos lisos e ECP (*external casing packer*), em vez de cimentar o revestimento (figura 5.15B). Um grande problema deste tipo de completação é o alto risco de falha no isolamento com o ECP.

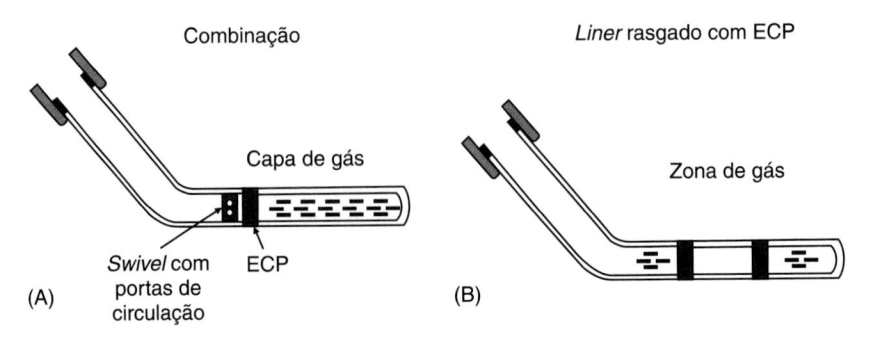

FIGURA 5.15 COMPLETAÇÃO COMBINADA DE *LINER* RASGADO E POÇO ABERTO (A) E *LINER* RASGADO COM ECP (B).

A maioria dos poços horizontais tem sido completada a poço aberto quando a estabilidade das paredes do poço permite. Em outros casos, as técnicas mais comuns são *liner* rasgado, *liners* pré-perfurados ou telas, e/ou telas com empacotamento de areia (*gravel packing*) para controle da produção de areia.

A tendência, entretanto, é no sentido de completar o poço revestindo e cimentando a zona produtora, quando é necessária completação seletiva e estimulação. Torna-se necessário descer e cimentar um revestimento quando:

- Múltiplos tratamentos de estimulação são programados ou podem ser necessários.
- Cone de água ou de gás são previstos.
- O trecho horizontal foi perfurado paralelamente à zona produtora pelo lado de fora.

O recente advento das telas de produção para controle de produção de areia de várias granulometrias permitiu um avanço considerável na completação de poços horizontais em reservatórios areníticos. Aliadas ao empacotamento de areia (*gravel packing*), essa tem sido a solução aplicada à grande maioria dos poços horizontais perfurados nesse tipo de reservatório atualmente. Como alternativa mais atual, está em evolução e já comercialmente disponível a aplicação de telas expansíveis, que permitem a sua utilização sem necessidade de empacotamento de areia (*stand alone*). Os fornecedores desses equipamentos desenvolveram técnicas variáveis que têm aplicações específicas a cada característica da formação produtora, granulometria da areia, *draw down*, vazão esperada, resistência ao colapso, entre outras.

5.2 Poço Piloto

Em muitos casos, é útil perfurar um poço piloto até a zona produtora antes de se perfurar o poço horizontal. Os resultados obtidos no poço piloto podem determinar se o poço horizontal vai ser ou não perfurado.

A figura 5.16 ilustra uma aplicação da perfuração do poço piloto vertical. Embora um poço piloto possa implicar a perfuração de um trecho adicional muito extenso, o fato de ser inteiramente vertical reduz significativamente o seu custo. O programa do poço piloto pode prever um teste de formação ou um minifraturamento para determinar o estado de tensões da rocha. Esta avaliação é bem mais facilmente realizada num poço vertical.

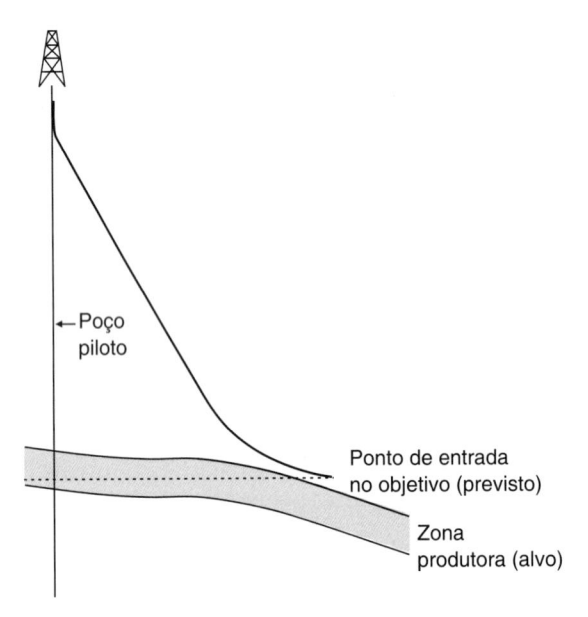

FIGURA 5.16 POÇO PILOTO VERTICAL.

Mesmo com o risco menor de se perfurar poços secos, às vezes um poço piloto vertical pode levar o poço horizontal a perder o objetivo, devido à incerteza geológica associada ao grande afastamento do poço piloto do ponto de entrada do poço horizontal no reservatório, conforme visto na figura 5.16. Um segundo projeto de poço piloto direcional é apresentado na figura 5.17 e reduz bastante esse problema.

Como se pode observar, parte do poço piloto direcional é aproveitada para o poço horizontal, o que reduz muito o trecho perfurado adicional. É claro que o custo de um poço piloto seco, neste caso, é bem maior que no caso do poço piloto vertical, devido ao maior trecho perfurado e ao controle direcional. Assim, o que vai decidir a perfuração deste tipo de poço piloto mais caro é o grau de incerteza de perfuração do poço horizontal.

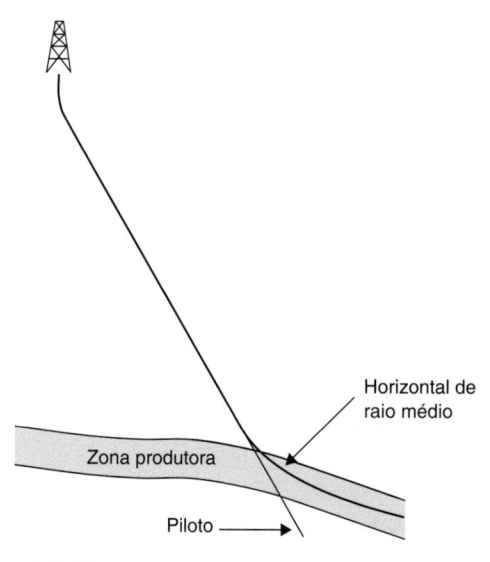

FIGURA 5.17 POÇO PILOTO DIRECIONAL.

Outro tipo de perfil de poço piloto direcional é o mostrado na figura 5.18. Ele é usado quando o controle geológico é extremamente pobre e a zona de interesse é muito delgada. A ideia é atingir o ponto de entrada do trecho horizontal com o poço piloto. Depois de perfilar o poço, o ponto exato de entrada do trecho horizontal é determinado. O poço piloto é, então, abandonado e um novo *kickoff point* e uma nova taxa de *buildup* são calculados para interceptar o objetivo na horizontal.

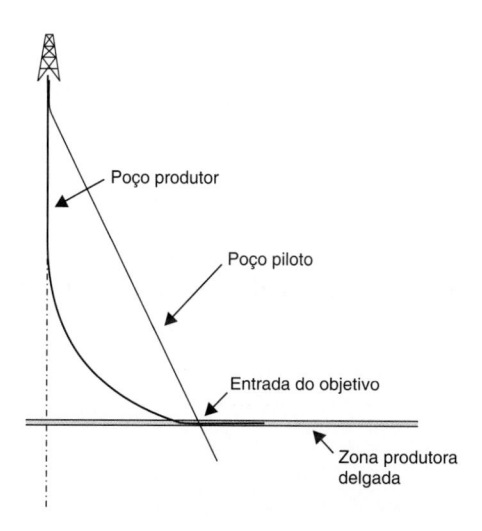

FIGURA 5.18 POÇO PILOTO DIRECIONAL INTERCEPTANDO NA ENTRADA PREVISTA DO OBJETIVO.

Do ponto de vista prático, este tipo de poço piloto se aplica aos projetos de raio longo, onde uma coluna *steerable* torna esta interceptação possível. Como no caso do poço piloto vertical (figura 5.16), o trecho perfurado de poço que é abandonado é considerável.

5.3 Poços Multilaterais

A procura por uma produção otimizada, a redução de custos e a máxima recuperação das reservas têm feito com que as companhias de petróleo não meçam esforços no desenvolvimento da perfuração e completação de poços multilaterais. Dessa forma, esta seção apresenta as principais aplicações de poços multilaterais e sua classificação.

5.3.1 Aplicações de Poços Multilaterais

As principais aplicações de poços multilaterais são descritas a seguir:

a) Reservatórios de Óleo Pesado ou de Baixa Mobilidade

Além de melhorar a injeção de gás, os multilaterais espalhados horizontalmente maximizam a produção e melhoram a recuperação de reservatórios delgados de óleo pesado, rasos ou depletados através do aumento da área de drenagem do poço. A figura 5.19 exemplifica a utilização de poços multilaterais com a finalidade descrita nesse item.

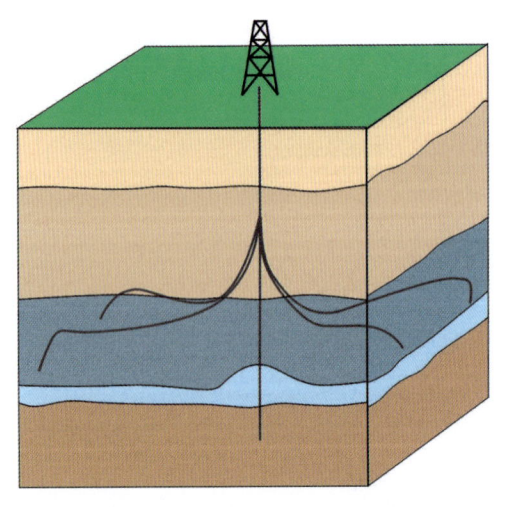

FIGURA 5.19 MULTILATERAIS HORIZONTAIS EM RESERVATÓRIOS DE ÓLEO PESADO. (FONTE: SCHLUMBERGER.)

Em reservatórios com coluna delgada de óleo, multilaterais horizontais mitigam a produção prematura de gás e água e a formação de cones de gás e água, como já foi visto na seção de poços horizontais.

b) Reservatório de Baixa Permeabilidade ou Naturalmente Fraturado

Reservatórios de baixa permeabilidade e com fraturas naturais são frequentemente considerados como limitantes de produtividade, assim a anisotropia da formação é um fator importante no projeto de poços multilaterais.

A figura 5.20 mostra poços multilaterais horizontais perfurados perpendicularmente às fraturas naturais da formação, conectando um maior número de fraturas e aumentando a produtividade do poço.

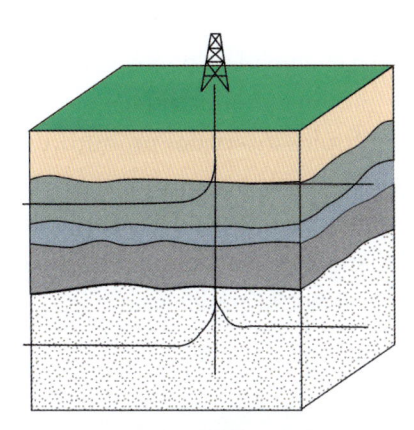

FIGURA 5.20 MULTILATERAIS HORIZONTAIS EM RESERVATÓRIO FRATURADO. (FONTE: SCHLUMBERGER.)

c) Reservatórios Pequenos, Depletados ou de Baixa Pressão

Conforme mostrado na figura 5.21, poços multilaterais permitem o desenvolvimento de reservatórios pequenos, ou depletados, ou de baixa pressão, que não são viáveis para produzir com poços verticais convencionais ou com poços de alta inclinação e horizontais.

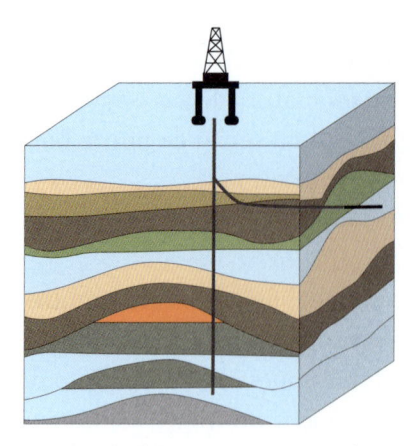

FIGURA 5.21 MULTILATERAL EM RESERVATÓRIO DEPLETADO. (FONTE: SCHLUMBERGER.)

d) Reservatórios em Camadas ou Formações Laminares

Em reservatórios de várias camadas, poços verticais com pernas laterais paralelas (*stacked*) melhoram a produtividade e a recuperação do reservatório, pois conectam múltiplos intervalos produtores separados por barreiras verticais ou por contrastes de permeabilidade. A produção simultânea de zonas intercaladas mantém a taxa de produção acima do limite econômico das instalações de superfície e prolonga a vida útil do campo. A figura 5.22 mostra a aplicação descrita nesse item.

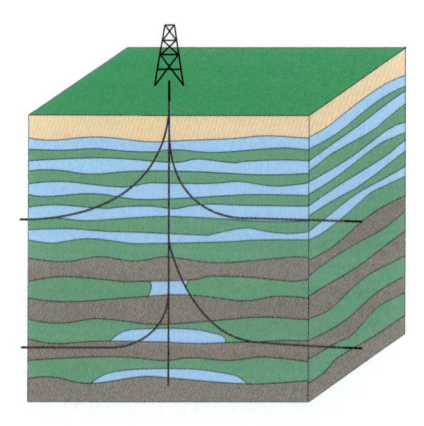

FIGURA 5.22 MULTILATERAIS HORIZONTAIS EM RESERVATÓRIOS EM CAMADAS. (FONTE: SCHLUMBERGER.)

e) Reservatórios Isolados ou Compartimentados

Conforme mostrado na figura 5.23, poços multilaterais podem produzir reservas isoladas que foram geradas por diagênese ou falhas selantes. Quando o volume de reserva em blocos individuais não justifica um único poço dedicado à produção, os poços multilaterais podem conectar reservatórios compartimentados. Essa compartimentação também ocorre quando um aquífero ou água injetada varre as áreas de baixa permeabilidade deixando bolsões de óleo e gás que podem ser recuperados por poços multilaterais.

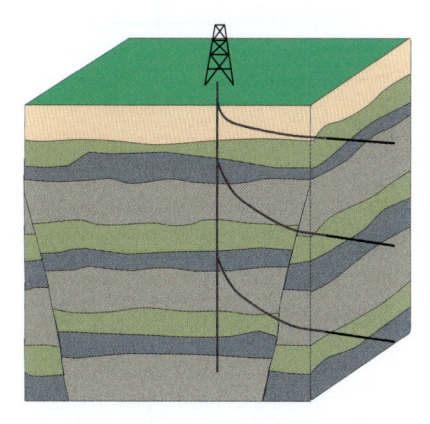

FIGURA 5.23 MULTILATERAIS HORIZONTAIS EM RESERVATÓRIOS ISOLADOS. (FONTE: SCHLUMBERGER.)

Portanto, em linhas gerais, a geometria dos poços multilaterais permite adequar o desenho à necessidade de drenagem dos reservatórios, conforme mostra a figura 5.24. Algumas formas geométricas são:

- Bilateral em planos opostos (*dual opposing* ou *planar opposed dual plan*).
- Bilateral ou trilateral *stacked* (pernas paralelas).
- Trilateral *branched*.
- Trilateral planar *forked* (forquilha).
- Multilateral *splayed*.

248 PERFURAÇÃO DIRECIONAL

Planar trilateral   Stacked trilateral   Planar *opposed dual* lateral

Dual opposing

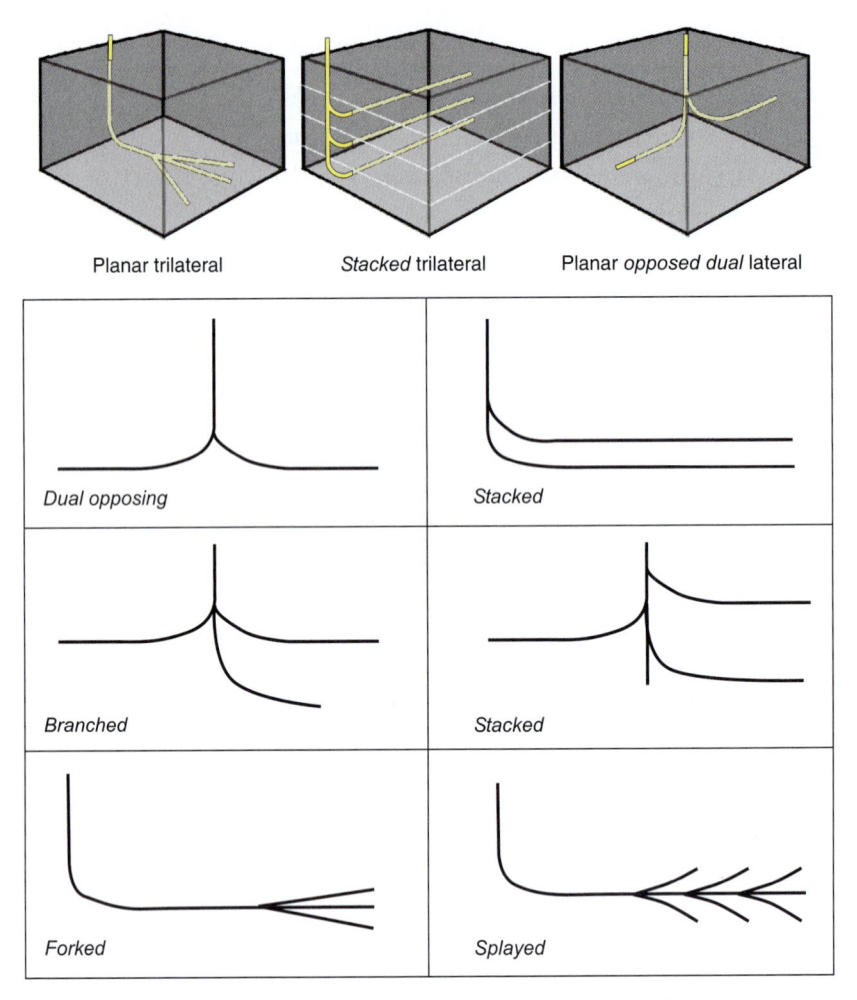

Stacked

Branched

Stacked

Forked

Splayed

FIGURA 5.24 GEOMETRIAS DE POÇOS MULTILATERAIS.

5.3.2 Classificação dos Poços Multilaterais

Para padronizar os diversos sistemas oferecidos pela indústria de petróleo com respeito à execução de poços multilaterais, foi criado, em 1999, o grupo TAML – *Technology Advancement for Multilaterals* – que classificou as junções de acordo com sua complexidade mecânica e de isolamento de suas "pernas" ou "ramos", sendo, portanto, separadas em seis níveis mostrados a seguir. A escolha do tipo de junção é feita em função da competência da formação na profundidade onde vai ser construída e das necessidades de controle do fluxo de cada perna. Economicamente, deve-se levar em conta que o custo de instalação de cada tipo de junção cresce exponencialmente com a complexidade do nível 1 ao 6.

a) Nível 1

Junção a poço aberto é basicamente um desvio a poço aberto de um poço. Tanto o poço mãe quanto o lateral não têm revestimento, como mostra a figura 5.25. A junção não é suportada.

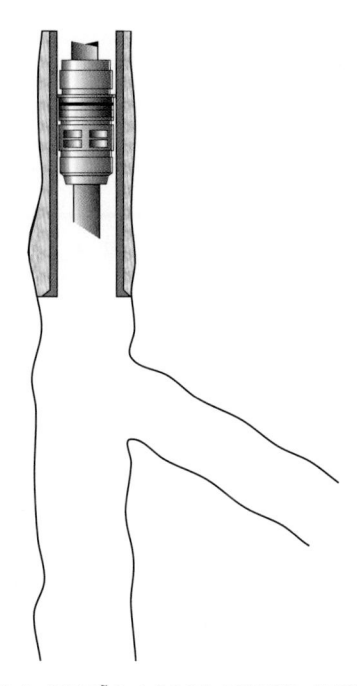

FIGURA 5.25 NÍVEL 1, JUNÇÃO A POÇO ABERTO. (FONTE: SCHLUMBERGER.)

b) Nível 2

Junção com o poço mãe revestido e cimentado e o lateral mantido aberto ou com *drop liner* (figura 5.26).

c) Nível 3

Junção com o poço mãe revestido e cimentado e o lateral também revestido, mas sem cimentação, com conexão mecânica entre os dois poços sem isolamento ou selo na junção (figura 5.27).

d) Nível 4

Junção com o poço mãe e lateral, ambos revestidos e cimentados, com conexão mecânica entre os dois poços. Não há isolamento da produção dos dois poços (figura 5.28).

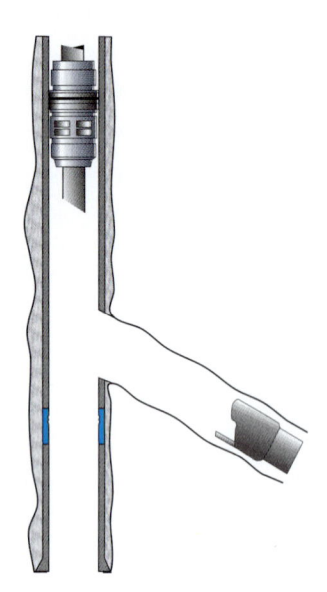

FIGURA 5.26 NÍVEL 2, JUNÇÃO COM O POÇO MÃE REVESTIDO E CIMENTADO E O LATERAL COM *DROP LINER*. (FONTE: SCHLUMBERGER.)

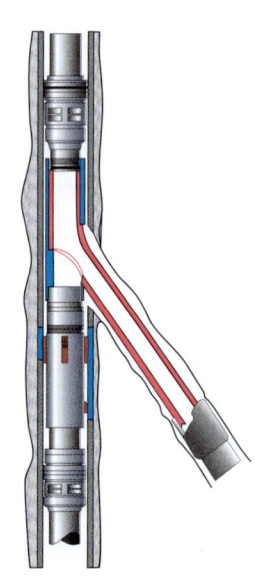

FIGURA 5.27 NÍVEL 3, JUNÇÃO COM O POÇO MÃE REVESTIDO E CIMENTADO E LATERAL APENAS REVESTIDO, SEM CIMENTAÇÃO. (FONTE: SCHLUMBERGER.)

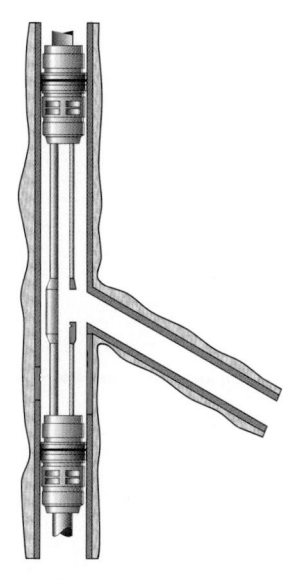

FIGURA 5.28 NÍVEL 4, JUNÇÃO COM OS POÇOS MÃE E LATERAL REVESTIDOS E CIMENTADOS. (FONTE: SCHLUMBERGER.)

e) Nível 5

Junção com o poço mãe revestido e cimentado e o lateral com *liner* cimentado ou não, com integridade hidráulica e de pressão fornecida por equipamento de completação adicional dentro do poço mãe (como *packer*, selos e tubos), conforme mostra a figura 5.29.

As produções dos dois poços podem ser controladas separadamente através da completação. O tipo de completação é que diferencia a junção de nível 4 da de nível 5.

f) Nível 6

Junção com o poço mãe revestido e cimentado e o lateral com *liner* cimentado ou não. Junção com total integridade e isolamento como a do nível 5, porém sem a necessidade de equipamentos adicionais dentro do poço mãe (figura 5.30).

As duas pernas do poço são construídas ao mesmo tempo e mecanicamente seladas, permitindo total controle da produção de cada uma das pernas.

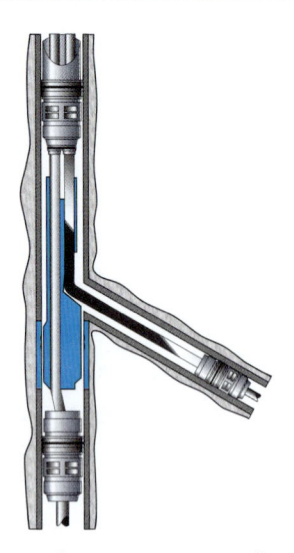

FIGURA 5.29 NÍVEL 5, JUNÇÃO COM O POÇO MÃE REVESTIDO E CIMENTADO E O LATERAL COM *LINER* CIMENTADO OU NÃO. (FONTE: SCHLUMBERGER.)

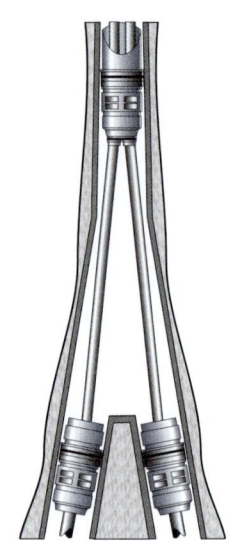

FIGURA 5.30 NÍVEL 6, JUNÇÃO COM TOTAL INTEGRIDADE E ISOLAMENTO ENTRE O POÇO MÃE E SEU LATERAL. (FONTE: SCHLUMBERGER.)

5.4 Poços de Grande Afastamento em Águas Profundas

As seções anteriores discutiram alguns fatores que afetam a perfuração direcional de modo geral. A ideia das páginas a seguir é discutir alguns aspectos característicos da perfuração em águas profundas e que, portanto, podem afetar a perfuração direcional. A ênfase aqui será para poços de grande afastamento, e o contexto será baseado em poços localizados em águas profundas do litoral brasileiro, conforme a tabela 5.1, que mostra a classificação de poços de acordo com a lâmina d'água.

TABELA 5.1 CLASSIFICAÇÃO DOS POÇOS QUANTO À LÂMINA D'ÁGUA. (FONTE: PETROBRAS.)

Lâmina d'Água (m)	Classificação
0 até 300	Águas rasas
301 até 1 500	Águas profundas
Acima de 1 501	Águas ultraprofundas

Os principais fatores discutidos aqui são basicamente:

- Características das trajetórias de poços em água profunda.
- Gradientes de pressão de poros, colapso e fratura.
- ECD *versus* gradiente de fratura.
- Limpeza de poço.

5.4.1 Características das Trajetórias de Poços em Água Profunda

A figura 5.31 mostra o esquema de dois poços, um localizado em águas rasas e outro em água profunda. Em geral, o KOP de um poço direcional *offshore* deve ser estrategicamente colocado o mais perto do fundo do mar, para reduzir a inclinação do poço, minimizando problemas de estabilidade e limpeza do poço. Entretanto, para poços em água profunda, as formações rasas são basicamente compostas de sedimentos fracos e inconsolidados, fazendo com que o posicionamento do KOP seja mais profundo.

Uma outra característica encontrada em muitos reservatórios da bacia de Campos está relacionada a suas profundidades, que variam pouco com a lâmina d'água. Essa característica particular da bacia de Campos juntamente com o que foi discutido anteriormente significa que a inclinação do poço crescerá com o aumento da lâmina d'água.

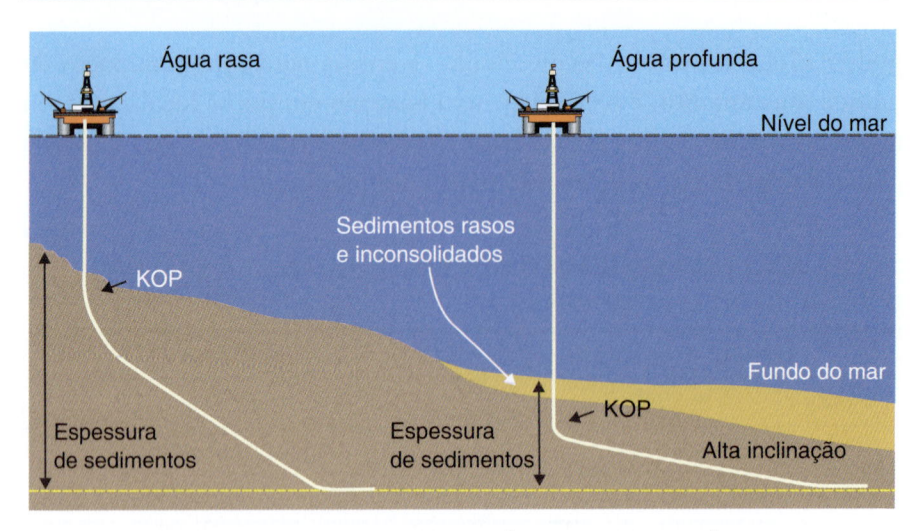

FIGURA 5.31 DESENHO ESQUEMÁTICO DE POÇO EM ÁGUA RASA E EM ÁGUA PROFUNDA.

5.4.2 Gradientes de Poros, Colapso e Fratura

Como a densidade da água é muito menor que a densidade das rochas, é simples entender que o gradiente de sobrecarga diminui com o aumento da lâmina d'água.

Nesse caso, como mostrado na figura 5.32, é razoável assumir que o gradiente de fratura diminuirá com o aumento da lâmina d'água e se moverá na direção do gradiente de poros, reduzindo a janela operacional formada por esses gradientes.

Essa pequena tolerância entre os dois gradientes é um sério limitante para perfuração direcional em águas profundas, uma vez que o aumento da pressão dentro do poço pode levar a sérios problemas de perda de circulação.

Esse fato, associado a um gradiente de colapso maior que o de poros, faz com que a janela operacional seja ainda mais restringida, dificultando a execução do poço, conforme discutido no Capítulo 2.

A figura 5.33 mostra a vista lateral da trajetória de um poço direcional perfurado em uma lâmina d'água de 1 200 m, onde a desconexão repentina do *riser*, seguida pela falha no fechamento do BOP, deixou o poço aberto para o mar. Além disso, também apresenta os gradientes de poros, colapso, fratura e sobrecarga.

TÓPICOS COMPLEMENTARES   255

Baixo gradiente de sobrecarga ⟹ Gradiente de fratura reduzido

— Fratura — Pressão de poros ⟺ Janela operacional

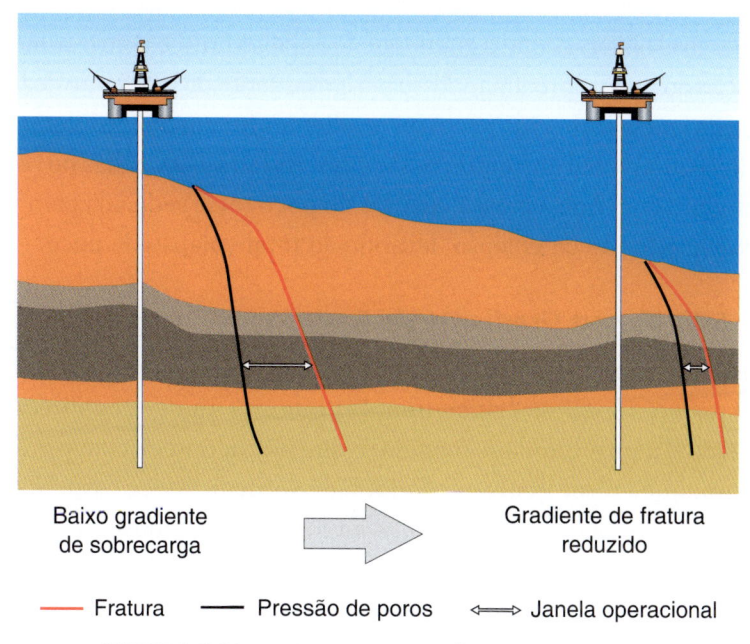

FIGURA 5.32 DESENHO ESQUEMÁTICO DE POÇO EM ÁGUA RASA E EM ÁGUA PROFUNDA.

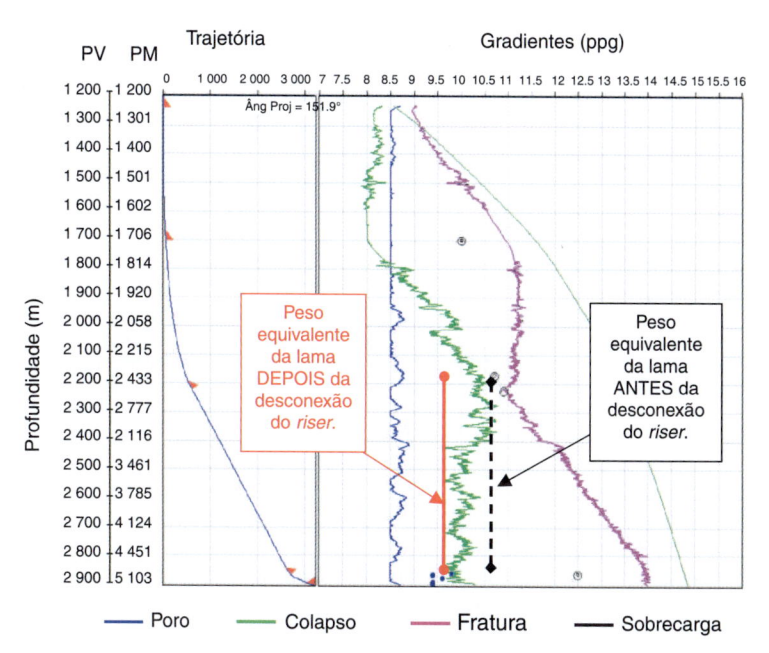

FIGURA 5.33 DESENHO ESQUEMÁTICO DE POÇO DIRECIONAL EM ÁGUA PROFUNDA E SEUS GRADIENTES DE PRESSÃO DE POROS, COLAPSO, FRATURA E SOBRECARGA.

É possível observar que o gradiente de colapso cresce com o aumento da inclinação do poço, aproximando-se perigosamente do gradiente de fratura. A reduzida janela fornecida por esses gradientes foi um dos problemas que a perfuração direcional enfrentou neste caso. As falhas ocorridas no *riser* e no BOP fizeram com que a pressão dentro do poço fosse reduzida para valores abaixo do gradiente de colapso, levando ao total colapso do poço.

5.4.3 ECD *Versus* Gradiente de Fratura

Em poços direcionais de lâmina d'água profunda e de grande afastamento, o ECD poderá tornar-se crítico uma vez que seu aumento é diretamente proporcional à profundidade medida, o que não acontece com o gradiente de fratura, que cresce com a profundidade vertical. Neste caso, se o ECD aumentar muito pode causar fratura da formação e, consequentemente, perda de circulação, conforme assinalado na figura 5.34.

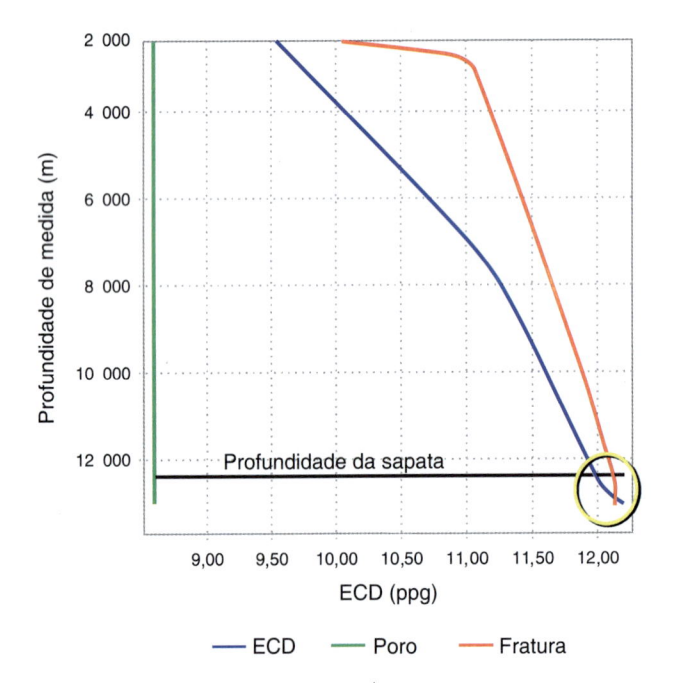

FIGURA 5.34 ECD DA FASE DE 8 $\frac{1}{2}$ " DE UM POÇO HORIZONTAL ABAIXO DA SAPATA DE 9 $\frac{5}{8}$ ".

O recente trabalho de Rocha *et alii* (2004) analisou qual o afastamento máximo de poços direcionais e horizontais, cujos perfis podem ser vistos na figura 5.35, que pode ser obtido para diferentes lâminas d'água mantendo uma mesma profundidade de reservatório sem que o ECD gerado frature a formação.

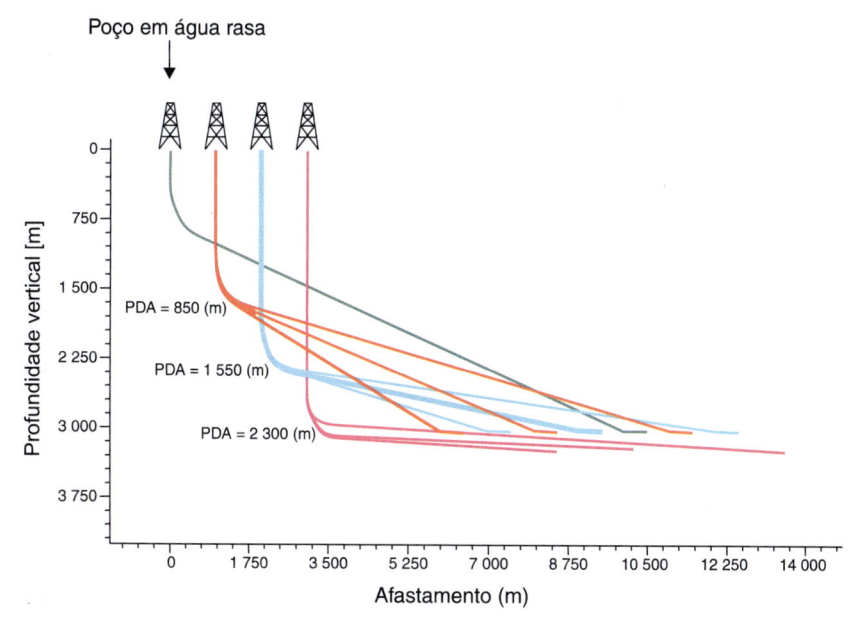

FIGURA 5.35 POÇOS DE GRANDE AFASTAMENTO QUE ATINGEM UM MESMO RESERVATÓRIO COM DIFERENTE LÂMINA D'ÁGUA.

Parte do resultado desse trabalho pode ser vista nas figuras 5.36 a 5.38. O gradiente de fratura foi acrescido de uma margem de segurança de 0,50 lb/gal e a resultante não poderá ser ultrapassada pelo ECD. Com base nos afastamentos obtidos para a fase de 12¼", verificaram-se os possíveis afastamentos da fase seguinte de 8½".

Na figura 5.36, afastamentos maiores que 10 000 m puderam ser atingidos pela fase de 12¼", assumindo que a sonda possui capacidade de bombeamento para a limpeza do poço.

Assim, para a lâmina d'água de 850 m, o máximo afastamento da fase de 8½" foi de 4 400 m para um afastamento de 5 000 m da fase de 12¼". Essa relação pode ser vista na tabela 5.2.

Quando se aumenta a lâmina d'água para 1 550 m, a fase de 12¼" também consegue atingir afastamentos acima de 10 000 m. Contudo, a fase de 8½" não pode ser perfurada quando se atinge tal afastamento na fase anterior, como pode ser visto na figura 5.37.

258 PERFURAÇÃO DIRECIONAL

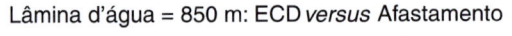

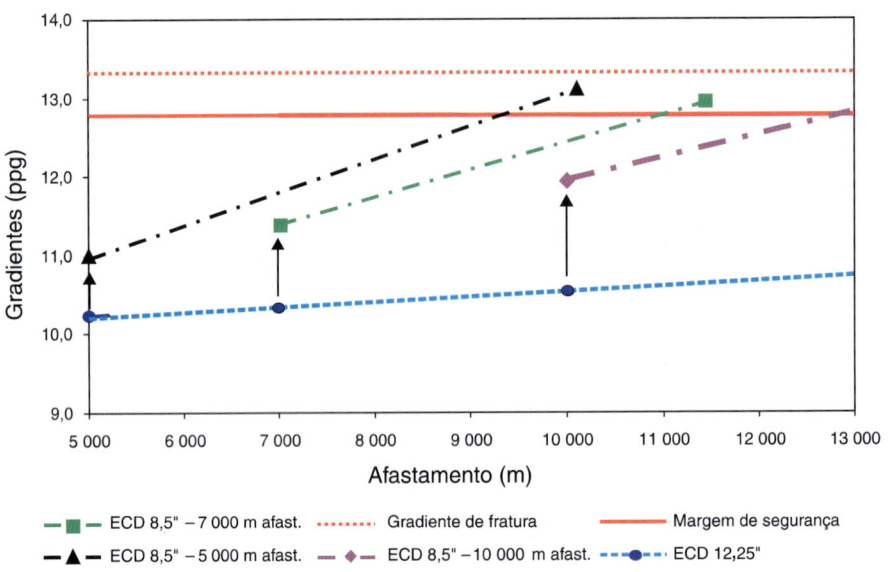

FIGURA 5.36 ECD *VERSUS* AFASTAMENTO PARA LÂMINA D'ÁGUA DE 850 M.

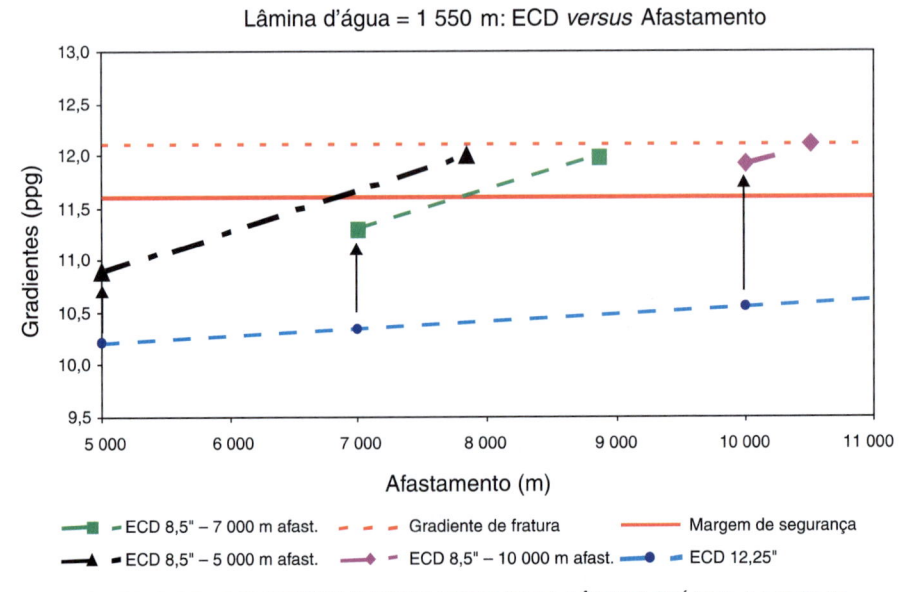

FIGURA 5.37 ECD *VERSUS* AFASTAMENTO PARA LÂMINA D'ÁGUA DE 1550 M.

Lâmina d'água = 2 300 m: ECD versus Afastamento

FIGURA 5.38 ECD *VERSUS* AFASTAMENTO PARA LÂMINA D'ÁGUA DE 2 300 M.

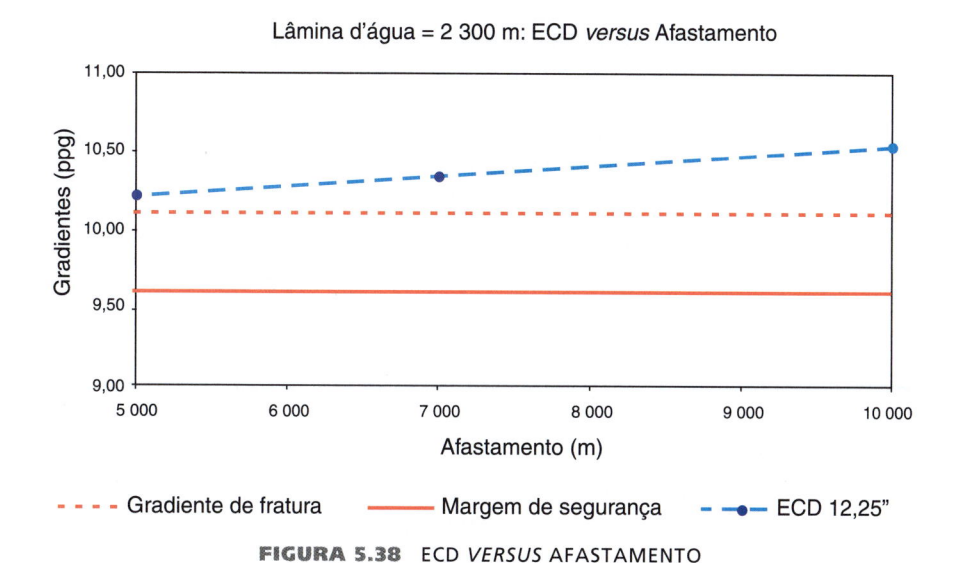

TABELA 5.2 MÁXIMO AFASTAMENTO DA FASE DE 8½" SEM QUE O ECD ULTRAPASSE A MARGEM DE SEGURANÇA DO GRADIENTE DE FRATURA PARA LÂMINA D'ÁGUA DE 850 m.

Lâmina d'água = 850 m Espessura de Sedimentos = 2 150 m	
12¼" Afastamento	Máximo Afastamento da Fase de 8½"
5 000 m	4 400 m
7 000 m	4 000 m
10 000 m	2 800 m

A tabela 5.3 apresenta os resultados numéricos obtidos nesta simulação. Assim, para a lâmina d'água de 1550 m, o máximo afastamento da fase de 8½" foi de 1 900 m para um afastamento de 5 000 m da fase de 12¼".

TABELA 5.3 MÁXIMO AFASTAMENTO DA FASE DE 8½" SEM QUE O ECD ULTRAPASSE A MARGEM DE SEGURANÇA DO GRADIENTE DE FRATURA PARA LÂMINA D'ÁGUA DE 1550 m.

Lâmina d'água = 1 550 m Espessura de Sedimentos = 1 450 m	
12¼" Afastamento	Máximo Afastamento da Fase de 8½"
5 000 m	1 900 m
7 000 m	800 m
10 000 m	0 m

Já para uma lâmina d'água de 2 300 m, o ECD da fase de 12¼" começa a ultrapassar a linha da margem de segurança e a curva do gradiente de fratura para afastamentos menores que 5 000 m (figura 5.38). Dessa forma, a fase de 8½" não pode ser perfurada.

5.4.4 Limpeza de Poço

Em poços de lâmina d'água profunda, pode ocorrer uma limitação na limpeza do poço na altura do *riser*, mesmo após a otimização dos parâmetros operacionais de perfuração (jatos de broca, taxa de penetração, rotação, vazão, etc.), assim como da trajetória do poço, dos componentes do BHA e do fluido de perfuração. Dessa forma, faz-se necessária a instalação de uma bomba chamada de *riser booster pump* para auxiliar a limpeza do poço dentro do *riser*.

A figura 5.39 apresenta os gráficos de volume total de cascalho gerado e o suspenso, e de leito de cascalho depositado no tubo pela profundidade medida do poço para uma lâmina d'água de 850 m. Nota-se uma deposição de cascalho dentro do *riser*.

A instalação de uma bomba *riser booster* capaz de fornecer uma vazão adicional de 360 gpm, por exemplo, na profundidade do leito do mar fará com que não ocorra formação de leito de cascalho no *riser*, como mostra a figura 5.40.

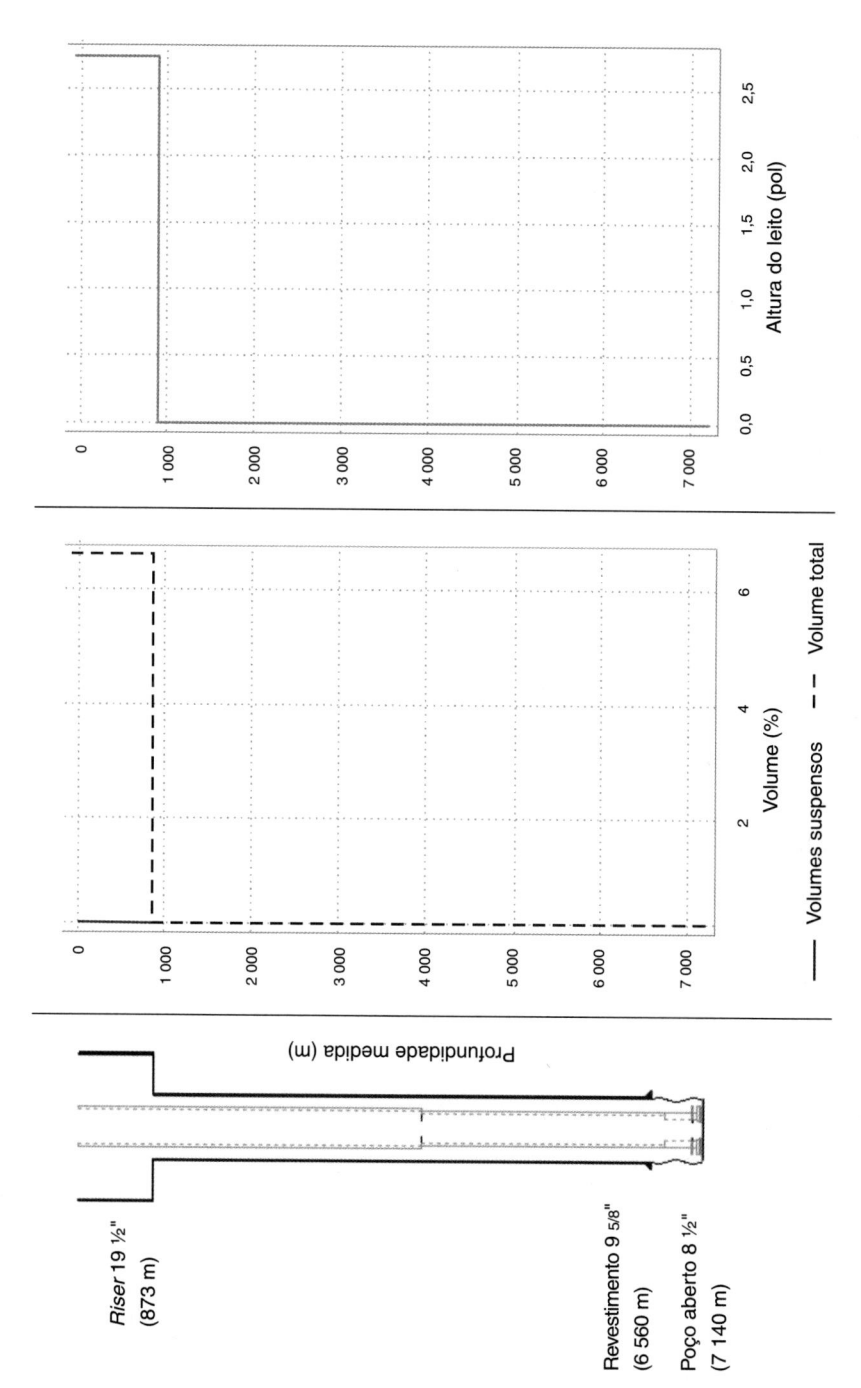

FIGURA 5.39 GRÁFICO DE CARREAMENTO E DEPOSIÇÃO DE CASCALHO EM POÇO DE LÂMINA D'ÁGUA DE 850 M NA SEÇÃO DE 8½" SEM BOMBA *RISER BOOSTER*.

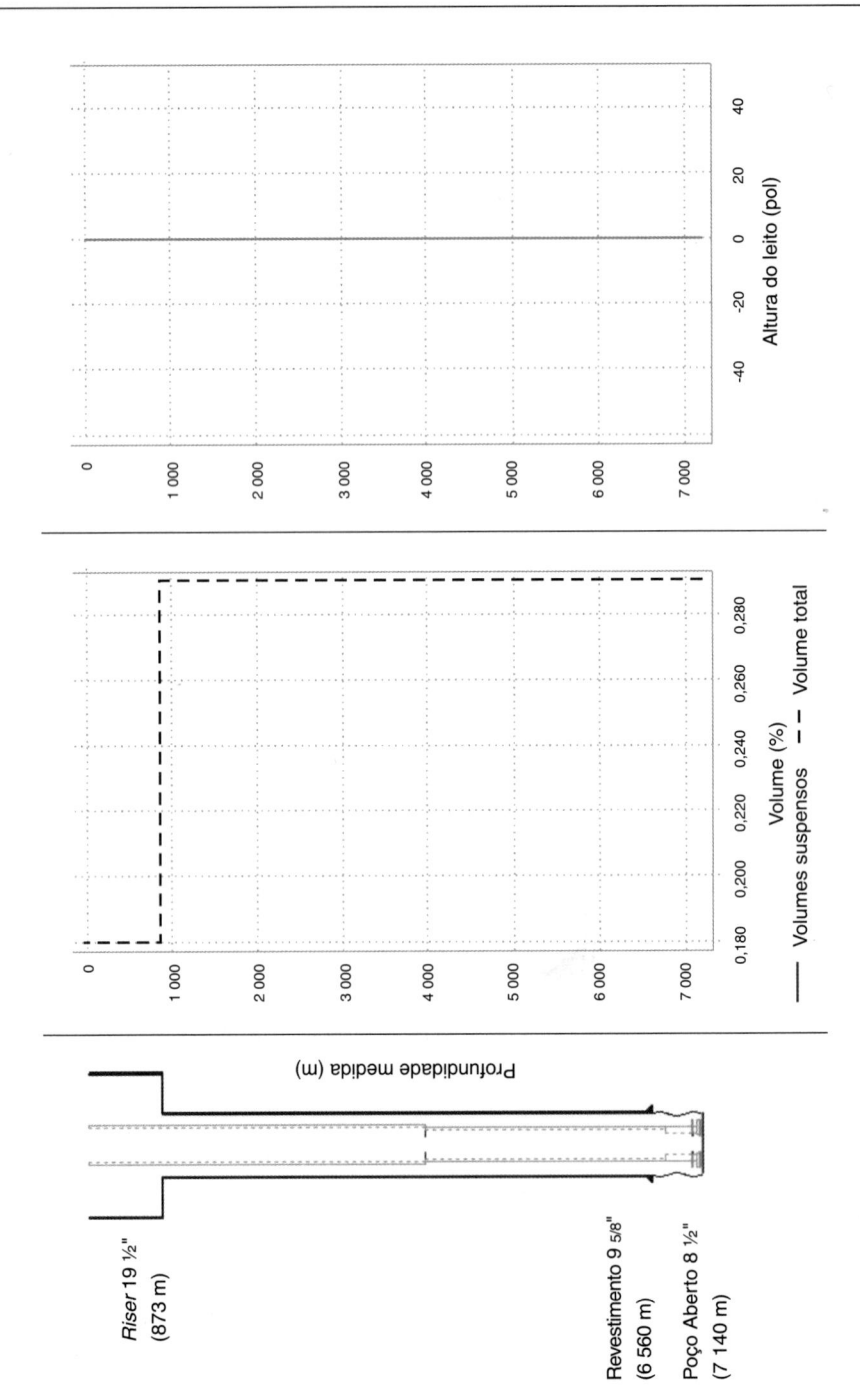

FIGURA 5.40 GRÁFICO DE CARREAMENTO E DEPOSIÇÃO DE CASCALHO EM POÇO DE LÂMINA D'ÁGUA DE 850 M NA SEÇÃO DE 8½" COM BOMBA *RISER BOOSTER*.

5.5 Roteiros Básicos para Operações Direcionais Típicas

Esta seção traz noções básicas de diferentes operações direcionais comumente realizadas.

5.5.1 Jateamento

Primeiramente, o jateamento é uma técnica utilizada para desviar um poço em formações macias e arenosas. Apesar de essa técnica ter sido suplantada pelos motores de fundo com equipamentos de deflexão, ela pode ser útil em formações friáveis, normalmente superficiais. Para isto, utiliza-se uma broca tricônica com uma configuração de jatos de forma que um deles tenha um diâmetro bem maior que os demais (figura 5.41). Em alguns casos, pode-se optar por dois jatos com maior diâmetro que o terceiro. Quando somente um jato tem diâmetro maior, a face da ferramenta ou *tool face* está na direção deste jato. Quando dois jatos têm maior diâmetro, a *tool face* está na direção do ponto médio entre esses dois jatos. Essa é uma operação que exige perícia e muita experiência do operador de perfuração direcional. Não raro, *doglegs severities* muito altos são gerados, o que, em algumas circunstâncias, pode trazer problemas para a continuidade das operações.

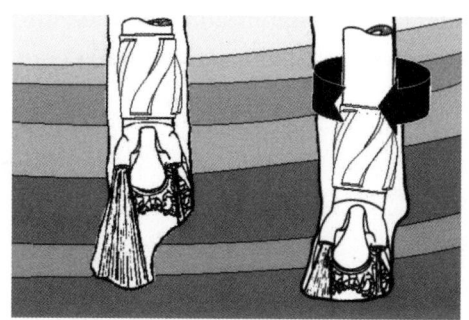

FIGURA 5.41 BROCA PARA JATEAMENTO. (CORTESIA DE BAKER HUGHES.)

Uma sequência típica para uma operação de jateamento segue abaixo.

1º) Preparar uma broca tricônica com jatos desbalanceados. Escolher uma das opções abaixo:
a) Um dos jatos tamponados (*tool face* estará no ponto médio entre os dois outros jatos)

Ex.: broca de 26" – 2 × 18/32" – 1 × 0 – 1 000 GPM
broca de 17 $\frac{1}{2}$" – 2 × 15/32" – 1 × 0 – 850 GPM
broca de 12 $\frac{1}{4}$" – 2 × 12/32" – 1 × 0 – 600 GPM

b) Dois dos jatos tamponados (*tool face* estará no outro jato)
Ex.: broca de 26" – 2 × 0 – 1 × 24/32" – 900 GPM
broca de 17 $\frac{1}{2}$" – 2 × 0 – 1 × 24/32" – 800 GPM
broca de 12 $\frac{1}{4}$" – 2 × 0 – 1 × 20/32" – 500 GPM

c) Dois jatos com diâmetro reduzido e um jato com diâmetro maior (*tool face* estará no jato de diâmetro maior)
Ex.: broca de 26" – 2 × 12/32" – 1 × 24/32" – 1 000 GPM
broca de 17 $\frac{1}{2}$" – 2 × 11/32" – 1 × 20/32" – 850 GPM
broca de 12 $\frac{1}{4}$" – 2 × 11/32" – 1 × 18/32" – 600 GPM

d) Um jato com diâmetro reduzido e dois com diâmetro maior (*tool face* estará no ponto médio entre os dois jatos de diâmetro maior)
Ex.: broca de 26" – 2 × 18/32" – 1 × 13/32" – 1 000 GPM
broca de 17 $\frac{1}{2}$" – 2 × 16/32" – 1 × 11/32" – 850 GPM
broca de 12 $\frac{1}{4}$" – 2 × 15/32" – 1 × 11/32" – 600 GPM

2º) Montar coluna estabilizada incluindo um *monel* e um *sub* de orientação; este último tem a sua chaveta alinhada com a *tool face* da ferramenta. Exemplos:

- Poço de 26" – BR / Float Valve / NBSTB 26" / orient sub / monel 9 $\frac{1}{2}$"/ 2DC 9 $\frac{1}{2}$" / STB 26"/ DC 9 $\frac{1}{2}$"/...
- Poço de 17 $\frac{1}{2}$" – BR/NBSTB 17 $\frac{1}{2}$"/orient sub/monel 9 $\frac{1}{2}$"/DC 9 $\frac{1}{2}$"/STB 17 $\frac{1}{2}$"/DC 9 $\frac{1}{2}$"/STB 17 $\frac{1}{2}$"/DC 9 $\frac{1}{2}$"
- Poço de 12 $\frac{1}{4}$" – BR/NBSTB 12 $\frac{1}{4}$"/orient sub/monel 8"/2DC 8"/STB 12 $\frac{1}{4}$" /DC 8"/STB 12 $\frac{1}{4}$"/...

Obs.: deverá ser utilizada na composição uma *float valve* o mais próximo possível da broca, para evitar retorno de lama com cascalhos para o interior da coluna e consequente entupimento dos jatos da broca. Na impossibilidade de utilizar um *float valve*, encher a coluna com lama viscosa antes de desconectar o *kelly* para foto ou adição de mais um tubo de perfuração.

3º) Descer a coluna até o fundo do poço. Se possível, descê-la orientada da superfície e chegando ao fundo verificar essa orientação. Caso a coluna não seja descida orientada, proceder à sua orientação.

4º) Fazer um registro simples para saber a direção do poço e da face da ferramenta.

5º) Girar a coluna de forma a orientar a *tool face* na direção desejada. Se houver dúvida quanto ao acúmulo de torque na coluna, reciprocá-la de maneira a garantir a chegada do giro à broca.

6º) Fazer uma marca visível na coluna de perfuração, alinhada com um ponto fixo na sonda, a fim de ter uma referência quanto à posição da *tool face*.

7º) Persistindo a dúvida quanto à orientação da ferramenta, fazer novo registro e, se necessário, repetir a orientação, até ter certeza de que a posição da *tool face* é a desejada.

8º) Proceder ao jateamento de forma a conseguir avanço, intercalando trechos jateados com trechos perfurados com rotação da mesa. Aconselha-se, quando não se conhece o efeito da ferramenta na formação sendo jateada, não jatear intervalos superiores a 4 m por tubo, até que se possa fazer um registro para avaliar esse efeito.

9º) A cada início do jateamento de um intervalo, verificar através das marcas de referência na superfície se a *tool face* está na direção desejada.

10º) A intervalos máximos de 30 m, alinhar as marcas de referência e fazer um registro direcional.

11º) Prosseguir a operação de jateamento até conseguir a inclinação e direção esperadas e prosseguir com a perfuração rotativa.

Obs.: é um mau procedimento usar como referência uma marca na superfície da bucha do *kelly* devido a folgas que normalmente existem entre a bucha e a haste do *kelly*. Usar uma marca na própria haste.

Sempre que se passar do jateamento para a perfuração rotativa, deve-se baixar a vazão para valores apenas suficientes para a limpeza do poço e aumentar o peso sobre a broca. Não trabalhar com rotações elevadas, superiores a 100 rpm.

5.5.2 Operações com Motor de Fundo Convencional como Ferramenta Defletora (Usando Registro Direcional Magnético Simples)

A seguinte sequência pode ser usada como guia para as operações com motor de fundo.

1º) Escolher a combinação motor de fundo-*sub* torto de acordo com o *dogleg* programado (tabela 5.4).

2º) Fazer uma inspeção visual no motor de fundo, verificando folga do *sub* de rotação e funcionamento da válvula de drenagem/enchimento (*dump valve*), se houver.

3º) Conectar broca, motor de fundo e *sub* torto de orientação, verificando se a chaveta da camisa deste último está alinhada com a marca que indica a face da ferramenta (*scribe-line*). Continuar a montagem da coluna com comando não magnético e restante dos comandos. Descidas duas ou três seções, conectar o *kelly* e testar o funcionamento, do motor de fundo com vazão. Caso esteja em perfeito funcionamento, concluir a descida da coluna até o fundo do poço.

4º) Efetuar um registro para localizar a orientação da face da ferramenta.

5º) Girar a coluna de forma a orientar a *tool face* na direção desejada. Se houver dúvida quanto ao acúmulo de torque na coluna, reciprocá-la de maneira a garantir a chegada do giro à broca. Observar que a posição onde a face da ferramenta vai trabalhar não é a mesma posta ao final da orientação. Considerar um torque reativo à esquerda que desloca a face da ferramenta e que depende da dureza da formação, da profundidade do poço, do ângulo do *bent sub*, da inclinação do poço, do diâmetro do poço e da ferramenta, da vazão e da direção de orientação da *tool face*. Em geral, é estimado em função da experiência do operador na área.

6º) Fazer uma marca visível na coluna de perfuração alinhada com um ponto fixo na sonda, a fim de se ter uma referência quanto à posição da *tool face*.

7º) Com a mesa rotativa travada e as marcas de referência alinhadas, acionar as bombas e iniciar a perfuração. Devem-se anotar as pressões do motor de fundo sem peso sobre a broca e com peso sobre a broca; cuidado para que esse diferencial de pressão esteja dentro da faixa aconselhada pelo fabricante. Aumentando-se o peso sobre a broca, aumenta-se esse diferencial de pressão e o torque reativo. Como exemplo, ver tabela 5.5 para *dyna drill* 6 ½" Delta 500.

TABELA 5.4 COMBINAÇÃO DE MOTOR DE FUNDO E *SUB* TORTO PARA CADA DIÂMETRO DE POÇO. (FONTE: VIEIRA, 2003.)

Ângulo do *Bent*	*Dyna Drill* de 3 7/8" OD do Poço	*Dyna Drill* de 3 7/8" DLS Esperado	*Dyna Drill* de 5" OD do Poço	*Dyna Drill* de 5" DLS Esperado	*Dyna Drill* de 6 OD do Poço	*Dyna Drill* de 6 DLS Esperado	*Dyna Drill* de 7 3/4" OD do Poço	*Dyna Drill* de 7 3/4" DLS Esperado
1°	4 1/4"	4,0°	6"	3,5°	8 3/4"	2,5°	9 7/8"	2,5°
1,5	4 1/4"	4,5°	6"	4,75°	8 3/4"	3,5°	9 7/8"	3,75°
2°	4 1/4"	5,5°	6"	5,5°	8 3/4"	4,5°	9 7/8"	5,0°
1°	4 3/4"	3,0°	6 3/4"	3,0°	9 7/8"	1,75°	10 3/8"	2,0°
1,5	4 3/4"	3,5°	6 3/4"	4,25°	9 7/8"	3,0°	10 3/8"	3,5°
2°	4 3/4"	4,0°	6 3/4"	5,0°	9 7/8"	3,75°	10 3/8"	4,25°
2,5	4 3/4"	5,0°	6 3/4"	5,75°	9 7/8"	5,0°	10 3/8"	5,5°
1°	5 7/8"	2,0°	7 7/8"	2,5°	10 5/8"	1,25°	12 1/4"	1,75°
1,5	5 7/8"	2,5°	7 7/8"	3,5°	10 5/8"	2,0°	12 1/4"	2,5°
2°	5 7/8"	3,0°	7 7/8"	4,5°	10 5/8"	3,0°	12 1/4"	3,5°
2,5	5 7/8"	3,5°	7 7/8"	5,5°	10 5/8"	4,0°	12 1/4"	5,0°

TABELA 5.5 DADOS TÉCNICOS PARA O *DYNA DRILL* DE 6 ½" DELTA 500. (FONTE: VIEIRA, 2003.)

| \multicolumn{5}{c}{6 ½" Configuração 1:2} |
Vazão (gpm)	Rotação (rpm)	ΔP (psi)	Torque (lbf-pé)	Potência (HP)
250	292	360	801	44,5
275	327	360	801	49,8
300	362	360	801	55,2
325	397	360	801	60,5
350	431	360	801	65,7

8º) Concluída a perfuração de cada tubo, cuidar para que não se desencaixe a bucha do *kelly* da mesa com as bombas ainda ligadas. Esse procedimento é para que não se perca a orientação da *tool face*. Efetuar um registro direcional para verificação da orientação e inclinação do poço.

9º) Caso a orientação da *tool face* não seja a desejada, reorientá-la segundo os procedimentos anteriormente descritos e prosseguir com a perfuração.

10º) Alcançados os objetivos da operação, retirar a coluna com motor de fundo, tendo o cuidado de não girar a coluna com a mesa rotativa. Chegando à superfície, fazer nova inspeção visual no motor de fundo e limpá-lo internamente, girando lentamente o sub de rotação com a mesa rotativa.

Obs.: deve-se travar o gancho da catarina sempre que se for reciprocar a coluna para distribuir torque com a finalidade de orientar a *tool face*.

- Se estiver sendo utilizado equipamento de registro contínuo, a posição efetiva da *tool-face* é mostrada a cada instante, facilitando a operação.
- Os procedimentos descritos para operação com motor de fundo são os mesmos para início de *buildup*, correção de trajetória e *side tracking*.

5.5.3 Efetuando Registros Direcionais Magnéticos Simples (*Magnetic Single Shots* – MSS)

A seguinte sequência pode ser usada como roteiro para que se efetuem registros direcionais magnéticos simples.

1º) Parar a perfuração e circular para a limpeza do poço. Quanto mais rápida a perfuração, maior o tempo de circulação necessário para a limpeza. Pode-se usar como referência de $\frac{1}{2}$ a 1 $\frac{1}{2}$ vez o tempo de retorno da lama do fundo até a superfície.

2º) Verificar a montagem e o aperto das conexões das partes que compõem o barrilete. Verificar também se o equipamento de registro simples está corretamente montado, com a unidade angular apropriada à inclinação do poço, com as baterias para o acionamento da câmara fotográfica e convenientemente carregado com disco de filme. Não se esquecer de fazer um teste de disparo da câmera fotográfica e das lâmpadas.

3º) Terminada a circulação, fazer a conexão de um tubo de perfuração, montar o equipamento de registro no barrilete e descê-lo através do interior da coluna de perfuração usando o cabo do tambor auxiliar ou unidade de arame (*wire line*), até o barrilete atingir a aranha ou *sub* de orientação, o que se reflete na superfície por folga no cabo ou arame.

4º) Manter a coluna parada (no caso de unidades flutuantes, suspensa pelo elevador com os compensadores atuando) e aguardar o tempo necessário para o acionamento da câmera, dando uma margem de segurança de um a dois minutos.

5º) Retirar o barrilete, sacar o equipamento de registro e colocar o disco de filme para revelar.

6º) Fazer a leitura da foto corrigindo a direção da declinação magnética local.

Obs.: para profundidades além de 1 000 m, durante a descida e a retirada do barrilete, reciprocar a coluna. Para profundidades menores que 1 000 m, usar o mesmo procedimento se houver riscos de prisão.

Após a retirada do barrilete, aguardar a revelação da foto, tornando recíproca a coluna, se necessário, antes de prosseguir a perfuração. Caso a foto seja falha ou apresente resultado incoerente com o previsto, repeti-la usando outro instrumento.

5.5.4 Efetuando Registros Direcionais Giroscópicos Simples (*Gyroscopic Single Shots* – GSS)

A seguinte sequência pode ser usada para efetuar registros direcionais giroscópicos.

1º) Parar a perfuração e circular para a limpeza do poço. Quanto mais rápida a perfuração, maior o tempo de circulação necessário para essa limpeza. Pode-se usar como referência, de $\frac{1}{2}$ a $1\frac{1}{2}$ vez o tempo de retorno da lama do fundo até a superfície.

2º) Durante a circulação, fazer um aquecimento do giroscópio de, pelo menos, 30 minutos e aproveitar o final desse tempo para fazer uma avaliação do *drift* e a variação da posição do norte da bússola giroscópica com o tempo. Giroscópios com *drifts* superiores a 60° deverão ser substituídos e enviados para calibração.

3º) Verificar a montagem e o aperto das conexões das partes que compõem o barrilete. Verificar também se o equipamento de registro simples está corretamente montado, com a unidade angular apropriada à inclinação do poço, com as baterias para o acionamento da câmera fotográfica e convenientemente carregado com o disco de filme. Se for o caso, certificar-se de que o obturador da câmera está fechado, antes do carregamento da mesma. Não se esquecer de fazer um teste de disparo da câmera fotográfica e das lâmpadas.

4º) Terminada a circulação, fazer a conexão de um tubo de perfuração, acoplar o giroscópio no topo do regulador de voltagem, fazer um teste de voltagem e corrente, e proceder à orientação do mesmo.

5º) Para proceder à orientação da bússola do giroscópio, deve-se ter um ponto fixo de referência na plataforma ou fora dela cuja direção com relação à boca do poço seja conhecida. A orientação estará concluída quando for conhecida a direção do norte da bússola giroscópica com relação ao norte geográfico.

6º) Acoplar a câmera, a unidade angular e o acionador ao giroscópio (se for o caso, após o acoplamento não se esquecer de abrir o obturador), montar o barrilete e descê-lo no interior da coluna, usando o cabo do tambor auxiliar ou a unidade de arame (*wire line*) com um medidor de profundidade.

7º) Manter a coluna parada (no caso de unidades flutuantes, suspensa pelo elevador e com os compensadores atuando) e aguardar o tempo necessário para o acionamento da câmera, dando uma margem de segurança de um a dois minutos.

8º) Retirar o barrilete, desacoplar a parte do instrumento que contém a câmera e a unidade angular (se for o caso, fechar o obturador antes do desacoplamento), visar o mesmo ponto de referência usado na orientação e ver o *drift* ocorrido no norte da bússola giroscópica, para posterior correção na direção da foto.

9º) Revelar, ler a foto, e proceder à correção da direção com relação ao *drift* e referência de orientação, se necessário.

Obs.: após a retirada do barrilete, aguardar a revelação da foto antes de prosseguir com a perfuração. Caso a foto seja falha ou apresente resultado incoerente com o previsto, repeti-la, usando outro instrumento.

Por ser o giroscópio um aparelho muito delicado e sensível, a sua descida e retirada pelo interior da coluna de perfuração deve ser feita com muito cuidado, sem o uso de velocidades excessivas. Deve-se evitar bater na aranha ou *sub* de orientação com muita força, para não provocar a perda da orientação e/ou *drifts* excessivos.

Quando o registro simples (magnético ou giroscópico) for feito durante a operação com ferramenta defletora com *sub* de orientação, deve-se, antes da descida do barrilete, observar o alinhamento do "T" BAR com a pata de mula (*mule shoe*), renovar o pino de chumbo do *mule shoe* e, na saída do barrilete, verificar se este pino trouxe a marca do acoplamento. Estes elementos podem ser visualizados na figura 5.42. A ausência desta marca implica a repetição do registro direcional.

A descida do equipamento de registro giroscópico simples só pode ser feita usando-se cabo ou arame; já o equipamento magnético só deve ser lançado em queda livre no interior da coluna caso não haja cabo ou arame suficiente para atingir a profundidade do registro.

5.5.5 Efetuando Registros Direcionais Magnéticos Múltiplos (*Magnetic Multishots* – MMS)

A seguinte sequência pode ser usada para que se efetuem registros direcionais magnéticos múltiplos.

1º) Certificar-se de que já tenha sido feita circulação suficiente para limpar o poço.

272 PERFURAÇÃO DIRECIONAL

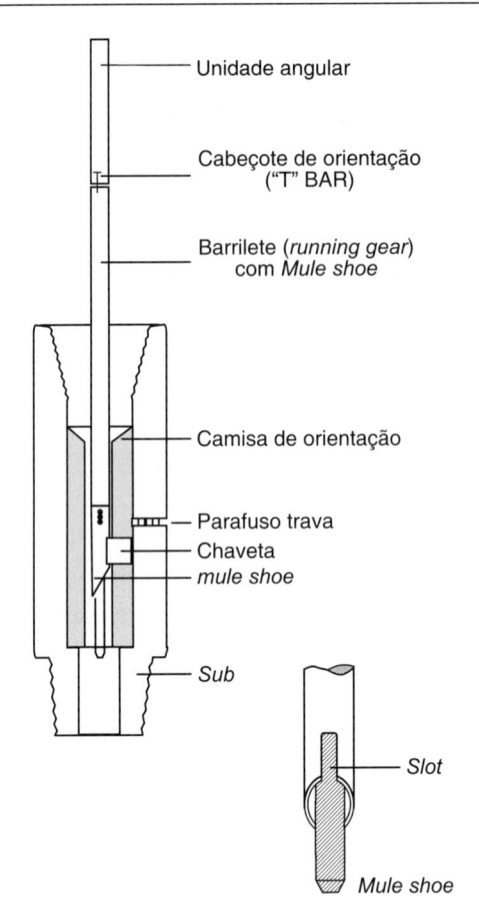

FIGURA 5.42 *SUB* DE ORIENTAÇÃO E PATA DE MULA (*MULE SHOE*). (FONTE: VIEIRA, 2003.)

2º) Verificar a montagem e o aperto das conexões das partes que compõem o barrilete. Verificar também se o equipamento de registro múltiplo está corretamente montado, com a unidade angular apropriada à inclinação do poço, com baterias novas para o acionamento da câmera fotográfica e avançador do filme e se a câmera está carregada com a quantidade de filme suficiente para a operação. Não se esquecer de fazer um teste de lâmpadas e do avançador do filme.

3º) Montar o equipamento no barrilete e lançá-lo em queda livre no interior da coluna e esperar o tempo suficiente para que o mesmo atinja a aranha. Como base, pode-se estimar a velocidade de queda do barrilete em 300 m/min.

4º) Aguardar o tempo necessário para que instrumento registre algumas fotos (três a quatro) com a coluna parada e injetar o tampão para manobra.
5º) Proceder à retirada da coluna de perfuração dando tempo suficiente, após a retirada de cada seção, para que seja feito um registro nessa profundidade com a coluna parada (no caso de unidades flutuantes, suspensa pelo elevador com os compensadores atuando). Dar uma tolerância de, no mínimo, 15 segundos para cada registro. Esse procedimento deve ser seguido até que a broca atinja a superfície ou a sapata do último revestimento, onde se pode pescar o barrilete.
6º) Recuperado o equipamento na superfície, retirar e revelar o filme em câmara escura, proceder à leitura das fotos de cada estação e fazer a correção da declinação magnética local nas direções lidas.

Obs.: a corrida do registro magnético múltiplo é feita na retirada da coluna, preferencialmente na manobra curta. Caso ocorra falha do equipamento, repetir a operação quando retirar a coluna para a descida do revestimento ou abandono do poço.

Em poços de alto gradiente geotérmico, utilizar protetor de temperatura (*heat shield*) ou, na falta deste, aumentar o espaçamento entre as estações de registro.

A identificação no filme, do início da série de fotos que serão lidas, é feita através das três a quatro fotos tiradas antes de injetar o tampão. Cada foto será identificada através da profundidade e do tempo em que foi tomada durante a manobra.

5.5.6 Efetuando Registros Direcionais Giroscópicos Múltiplos (*Gyroscopic Multishots* – GMS)

A seguinte sequência pode ser usada para efetuar registros direcionais giroscópicos múltiplos.

1º) Na maioria dos casos, essa operação é feita após o corte da sapata do revestimento da fase a ser registrada. Certificar-se, primeiramente, de que o poço esteja limpo antes de retirar a coluna de perfuração.
2º) Colocar o giroscópio a ser usado para aquecer por, pelo menos, meia hora antes de iniciar a operação. Verificar a montagem e o aperto das conexões das partes que compõem o barrilete e também se o equipamento de registro múltiplo está corretamente montado com a unidade angular apro-

priada à inclinação do poço, com baterias novas para o acionamento da câmera fotográfica e avançador do filme, e se a câmera está carregada com a quantidade de filme suficiente para a operação. Não se esquecer de fazer um teste das lâmpadas e do avançador do filme.

3º) Concluída a retirada da coluna, instalar o tripé na mesa rotativa, introduzir no poço o tubo de baterias com o centralizador inferior e o regulador de voltagem, deixando-o suspenso pelo tripé. Encaixar o giroscópio no regulador de voltagem e efetuar teste de corrente e potencial elétrico.

4º) Proceder à orientação da bússola giroscópica. Usar, para isso, um ponto fixo de referência na plataforma ou fora dela, cuja direção com relação à boca seja conhecida. A orientação estará concluída quando for conhecida a direção do norte da bússola giroscópica com relação ao norte geográfico.

5º) Acoplar a câmera, a unidade angular e o avançador ao giroscópio, montar o barrilete, retirar o tripé e descer no interior do poço revestido usando o cabo de guincho auxiliar ou unidade de arame com medidor de profundidade. No caso de plataformas flutuantes, deve ser feita a compensação do movimento da mesma.

6º) Durante a descida, fazer as paradas a cada intervalo desejado, aguardar o tempo necessário para que seja feito o registro, dando uma margem de 15 segundos antes de prosseguir a descida para registrar a próxima estação. A cada meia hora de operação, parar em uma estação e fazer dois ou três registros (*drift check*) para a monitoração do comportamento do *drift*.

7º) Prosseguir com esse procedimento até atingir uma profundidade próxima da sapata do revestimento (o centralizador inferior não deve passar pela sapata) e iniciar a retirada do barrilete fazendo quantos *drift checks* forem necessários.

8º) Alcançada a superfície, encaixar o barrilete no tripé, desacoplar a parte do instrumento que contém a câmera e a unidade angular, visar o mesmo ponto usado na orientação e ler o *drift* ocorrido no norte da bússola giroscópica, para ser usado como sendo o *drift* final no traçado da curva de correção.

9º) Retirar o filme, colocá-lo para revelar em câmara escura, proceder à leitura das fotos a cada estação, calcular e traçar a curva de correção do *drift*. Fazer a correção da direção de cada foto com relação ao *drift* e a referência de orientação.

Obs.: a operação só será dada como concluída quando for feita a revelação do filme, constatada a boa qualidade do mesmo e houver coerência nos resultados lidos.

Essa é uma operação que deve ser feita com muito cuidado, evitando-se paradas bruscas e choques que venham causar a perda da orientação ou até mesmo danificar irreversivelmente o giroscópio.

Somente em casos especiais, como inexistência de *monel* na sonda ou durante a perfuração, quando se suspeita de interferência magnética nos registros magnéticos simples, deve-se correr o registro giroscópico múltiplo por dentro da coluna de perfuração. Entretanto, esse procedimento não deve ser feito pelo interior do revestimento antes de ser cortada a sapata para evitar que o barrilete fique preso.

5.5.7 Procedimentos para a Execução do Desvio

Os procedimentos, a seguir, são usados para a execução de desvios.

1º) Escolher o intervalo mais apropriado para o desvio, usando-se, para isto, o *strip-log* ou carta de *geolograph* para seleção dos trechos de maiores taxas de penetração e de formações mais adequadas (arenitos são preferidos a folhelhos ou calcários).

2º) Caso não se disponha de registros direcionais do poço e o desvio seja orientado, providenciar um registro múltiplo.

3º) Escolhido o intervalo para o desvio, fornecer ao setor de cimentação o topo e a base desejados para o tampão, incluindo-se aí um trecho de cimento a ser cortado para teste de resistência.

4º) Executado o tampão, aguarda-se a pega do cimento montar coluna com broca e sentir o topo. Caso o topo do tampão não esteja na profundidade desejada, cortar parte do mesmo, descer com extremidade aberta e complementá-lo.

5º) Após certificar-se da profundidade do topo do tampão, com coluna com broca, proceder ao teste de resistência ao corte do cimento até o ponto escolhido para o desvio. Para um peso sobre a broca de cinco a sete toneladas e 50 a 60 rpm de rotação, a taxa de 1 m/5 min indica que o cimento já adquiriu dureza suficiente para o desvio.

6º) Alcançada a profundidade do desvio, circular para limpeza do poço, retirar a coluna e descê-la com ferramenta defletora.

Obs.: preferencialmente, os desvios devem ser programados para que o novo poço saia por baixo e à direita, para evitar o retorno ao poço original.

Em poços inclinados, caso a formação escolhida para o desvio seja mole, pode-se tentar sair do poço original usando-se coluna pendular com baixo peso sobre a broca e alta rotação.

No caso de formação dura (dureza maior que a do tampão de cimento), deve-se usar ferramenta defletora de *dogleg* acima de 3°/30 m, broca apropriada para a formação e com reforço de calibre (por exemplo, para arenitos duros usar broca de diamantes).

A coluna estabilizada a ser descida após a ferramenta defletora, para prosseguir o *side tracking*, não deve ser rígida, devido ao risco de perder o desvio.

5.6 Tubulação de Perfuração com Transmissão de Sinais Elétricos por Fio (*Wired Drill String*)

Recentemente foi disponibilizada para operações de intervenção em poços de petróleo a tecnologia de tubos de perfuração que permitem a transmissão de corrente elétrica através de fios embutidos em seus corpos. Trata-se de uma revolução tecnológica que permite a transmissão de pulsos elétricos em dois sentidos, tanto da superfície para dentro do poço como o inverso.

Um dos limitantes dos sistemas atuais de telemetria das diversas ferramentas utilizadas na construção de poços é a limitação do volume de dados transmitidos por unidade de tempo, seja qual for a tecnologia de geração e leitura de pulsos de pressão através do fluido de perfuração.

A evolução dos sensores de LWD e das ferramentas de perfuração direcional exige cada vez maior capacidade de transmissão dos dados tanto gerados pelas ferramentas quanto enviados da superfície para controlar e alterar as suas configurações. Como a qualidade da informação para a tomada de decisão em tempo real a partir desses dados exige um volume de medidas de perfil de 3 a 6 amostras de cada sensor por metro perfurado, isso acaba sendo um limitante da taxa de penetração (metro por hora) com consequentes aumento de custos e redução da eficiência da perfuração. O pulso de pressão através do fluido de perfuração limita a velocidade da transmissão de dados, pois a atividade de perfurar o poço também gera pulsos de pressão (movimento dos pistões das bombas de fluido de perfuração, variações de pressão devido às operações com motores de fundo e variações de fluxo de fluido em função da variação do peso sobre a broca e atuação da broca contra a formação) e esses têm que ser separados daqueles gerados pelas ferramentas. Esses pulsos indesejados são chamados de "ruídos" e não há maneira prática de acabar com eles. Os pulsos mecânicos gerados pelas ferramentas de LWD têm que ter amplitude e frequência tais que os diferenciem dos ruídos e ainda serem fortes o suficiente que permita aos equipamentos de detecção na superfície captá-los e interpretá-los. Tudo isso limita bastante o volume de dados que podem ser transmitidos usando-se esse método.

Outros problemas são a atenuação desses pulsos de pressão com a profundidade em função da compressibilidade dos fluidos de perfuração e a necessidade crescente de perfurar poços com fluidos misturados com gases, em geral nitrogênio, de baixa densidade (perfuração sub balanceada ou *under balanced drilling*) o que impossibilita a transmissão de dados usando essa tecnologia.

Como resposta a todos esses problemas, a indústria está disponibilizando colunas de perfuração que permitem a transmissão desses dados eletricamente. Alguns dos nomes comerciais para esses tubos são Intellipipe®, IntelliHWDP®, IntelliJar® e são marcas registradas da IntelliServ®, empresa formada pela Grant Prideco e Novatek. Essa tecnologia surgiu a partir de pesquisas realizadas por essas empresas e o Departamento de Energia dos Estados Unidos da América.

Enquanto as companhias de serviço, com a telemetria convencional, transmitem na faixa de umas poucas dezenas de bits de dados por segundo, a utilização de tubos com conexão elétrica permite a transmissão até 1 000 000 (um milhão) de bits de dados por segundo.

Além dos tubos de perfuração, comandos, estabilizadores e demais componentes básicos de uma coluna de perfuração com a capacidade de transmitir eletricamente os dados, esse sistema exige alguns elementos de coluna específicos, tais como:

- Sub que permite a transmissão dos dados gerados pelo LWD e que é específico para cada companhia de serviço.

- Amplificadores do sinal elétrico conectados na coluna de perfuração a espaços regulares (em geral em torno de 300 metros) que também permitem a instalação de alguns sensores que sejam necessários.
- Sub conectado ao top driver que permite a captura desses dados para transmiti-los a um computador de superfície.

A figura 5.43 ilustra a maneira como o sinal se transmite de um tubo a outro na coluna de perfuração.

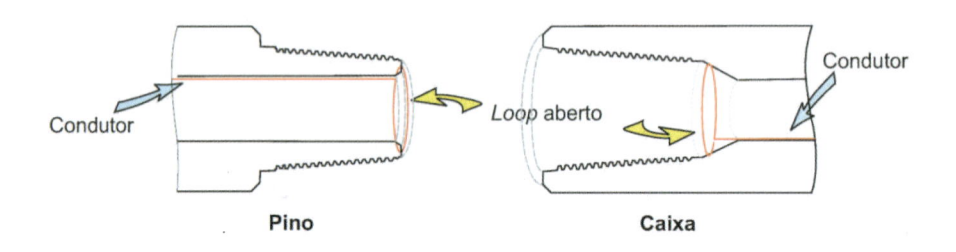

FIGURA 5.43 MODO DE TRANSMISSÃO DO SINAL ELÉTRICO NA CONEXÃO.

Os *loops* abertos nas extremidades de cada elemento de coluna não precisam se tocar e o sinal elétrico se transmite de um *loop* para o outro por indução elétrica.

Inicialmente considerada uma solução pouco prática devido ao altíssimo custo de substituição de toda a coluna de perfuração por tubos novos, essa tecnologia vem se mostrando viável uma vez que tubos convencionais, usados nas classe premium, podem ser convertidos a um custo acessível pela Intelliserv®.

5.7 Perfuração Direcional com Revestimento

Desde o início das atividades de perfuração de poços pelo método rotativo, paralelamente ao desenvolvimento dos sistemas hoje considerados convencionais, sempre houve um esforço tecnológico para permitir que se utilizasse a coluna de revestimento como substituta da coluna de tubos (*drill pipes*). A primeira patente de um sistema dessa natureza foi feita ainda em 1907.

A partir da última década do século passado, com forte financiamento por parte de algumas poucas operadoras que se interessaram em desenvolver essa tecnologia como solução viável para alguns dos seus maiores problemas operacionais, a perfuração com revestimento evoluiu e é hoje tratada como operação convencional e até única solução possível em algumas áreas dos Estados Unidos da América, como no sul do estado do Texas, na região de Lobo. O número de poços perfurados com essa técnica hoje contam-se em algumas centenas e, apesar de haver ainda poucos estudos teóricos sobre esse assunto, um vasto conhecimento prático já foi desenvolvido, o que permite que projetos de poços direcionais e até horizontais sejam planejados para serem executados utilizando-se o revestimento para transmitir torque à broca e bombear fluido de perfuração.

Dentre as principais vantagens desse sistema está a óbvia economia de tempo com condicionamentos de poços para a descida do revestimento e com a própria operação de revestir o poço.

Os cenários nos quais tal técnica se aplica mais especificamente são:

- Áreas com forte perda de circulação.
- Reservatórios depletados.
- Zonas com formações muito instáveis.
- Dificuldades de controle de poço durante a perfuração.

A Tesco, empresa estabelecida nos Estados Unidos, tem atualmente a maior experiência com esse tipo de tecnologia e lidera a sua aplicação com o seu sistema comercialmente chamado de *Casing While Drilling* ou CWD.

Nesse sistema, utilizam-se tubos de revestimento convencionais e com conexões também convencionais. Um anel especial é colocado dentro da caixa da conexão no topo de cada tubo de revestimento para evitar que os tubos continuem enroscando durante a perfuração quando se gira a coluna de revestimento, evitando romper a conexão. Esse anel é chamado Multi-Lobe Torque Ring. A figura 5.44 mostra alguns dos elementos especiais que são utilizados para viabilizar esse tipo de operação.

Para girar o revestimento, utiliza-se uma ferramenta especial conectada no *top driver* chamada *Casing Drive System* que, além de permitir a transmissão de torque do *top driver* para a coluna de revestimento, também provê vedação para permitir o bombeio de fluido de perfuração. O BHA, que fica suspenso no revestimento, pode ser recuperado utilizando-se uma coluna de tubos de perfuração ou uma linha auxiliar – *slick line* – no final da perfuração ou para o caso de troca de broca ou de outros elementos do BHA.

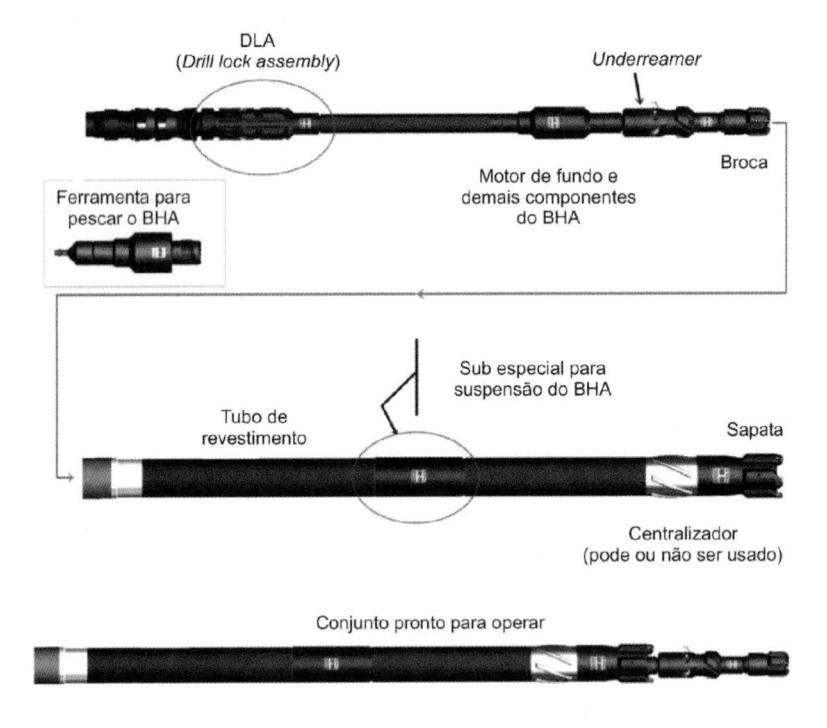

FIGURA 5.44 (CORTESIA DA TESCO).

Existem algumas outras peculiaridades relativas à perfuração com revestimento, que podem ser pesquisadas nas publicações SPE números 99536-MS, 99248-MS, 67731-MS, 59179-MS e 52789-MS.

Poços direcionais e até mesmo horizontais podem e têm sido perfurados utilizando-se essa técnica. Pode-se utilizar tanto motores *steerable* como *rotary steerables*. A técnica mais avançada utiliza um BHA composto de broca, *rotary steerable, underreamer,* motor de fundo de altíssimo torque e LWD conectados abaixo do DLA. As máximas taxas de ganho de inclinação são definidas em função do diâmetro e tipo de revestimento usados. Apesar de em alguns casos esse valor variar ao redor de 10°/30 m, em geral trabalha-se com taxas mais conservadoras na ordem de 2°/30 m a 5°/30 m.

Como regra geral, a eficiência da operação depende muito do comprimento da coluna de perfuração que fica para fora da sapata do revestimento (*Stick Up*), quanto menor esse comprimento melhor. Essa pode ser uma regra difícil de seguir quando se deseja perfurar um poço horizontal, e a navegação no reservatório exige a utilização de múltiplos sensores de LWD para um melhor posicionamento, mas, ainda assim, manter um *stick up* pequeno é uma meta a ser perseguida.

Nos últimos dois anos, a aplicação de ferramentas de *rotary steerable* tem sido testada e tem demonstrado ser uma excelente solução. Operações em ambientes de alto custo (*off shore* e em lâminas d'água profunda) estão em andamento e as empresas de serviço desenvolveram a opção dos *rotary steerables* conectados a motores de fundo de alto torque e com um u*nderreamer* entre eles para viabilizar essa opção (figura 5.45).

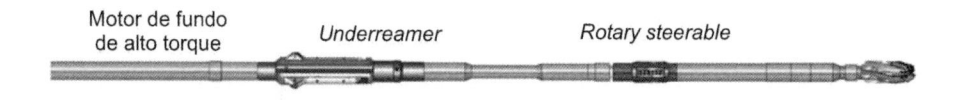

FIGURA 5.45 (CORTESIA DA HALLIBURTON).

5.8 Perfuração Direcional Sub-Balanceada (*Under Balanced Directional Drilling*)

A perfuração de poços de petróleo evoluiu sempre utilizando um fluido de perfuração sobre balanceado, ou seja, a densidade é tal que a pressão no fundo do poço sempre excede a pressão de poros da formação sendo perfurada. Duas das principais razões para essa prática, como se sabe, são a necessidade de contenção dos fluidos para que não sejam produzidos durante a perfuração e a estabilidade das paredes do poço. Apesar de ser prática padrão, ela provoca um efeito extremamente indesejável que é a invasão das formações produtoras, portanto porosas e permeáveis, por filtrado de fluido de perfuração e a consequente formação de reboco, duas consequências que reduzem, e, em alguns casos, impedem a produção de hidrocarbonetos a partir dessas zonas ditas "danificadas". Essas consequências são ainda mais danosas em reservatórios com baixa pressão ou depletados. Uma solução nesses casos é perfurar com a pressão no fundo do poço bem próxima ou inferior à pressão do reservatório.

Nos últimos anos, com a evolução de algumas ferramentas de registro de pressão dentro do poço durante a perfuração e a aplicação de acompanhamento por programas de computador mais avançados baseados em modelos teóricos amplamente comprovados no campo, a chamada "perfuração *underbalanced*" tem expandido a sua aplicação e passou a ser conhecida pelo acrônimo MPD que significa *Managed Pressure Drilling* ou numa tradução livre, Perfuração com Gerenciamento de Pressão. Os equipamentos e técnicas utilizados na MPD extrapolam o objetivo deste livro e não deverão ser discutidos, porém, para a perfuração direcional, essa prática tem implicações para as quais o projetista de um poço deve estar atento.

Quando a necessidade de redução da densidade do fluido é tal que implique na injeção conjunta de líquido e gás, em geral nitrogênio, isso impossibilita a transmissão de dados através de variação de pressão de bombeio do fluido de perfuração, desabilitando o MWD convencional como ferramenta de registro de trajetória. A solução, nesses casos, é a utilização de ferramentas de MWD que transmitam os dados utilizando sinais eletromagnéticos (EM) ou colunas de perfuração com transmissão de sinais elétricos por fio (Intelliserv). As ferramentas convencionais de MWD podem ainda ser utilizadas com limites de injeção de gás na ordem de 30% a 40% em volume a depender do equipamento e da profundidade do poço, acima desses limites dificilmente se conseguirá uma boa transmissão por causa da compressibilidade do gás.

5.9 Operação de Alargamento Simultâneo com o Alargador Distante da Broca

De um modo geral, a maioria dos projetos dos poços horizontais de desenvolvimento prevê a perfuração de um poço piloto com a finalidade de identificar o topo e a base do reservatório com posterior tamponamento e abandono da maior parte do poço. Esta seção irá abordar um caso particular, porém interessante, no qual existia a necessidade de se utilizar um conjunto amplo de perfis de LWD, incluindo sônico, densidade-neutrão e ferramenta pré-teste em um poço piloto de alta inclinação (85°). Além disso, o projeto previa o alargamento do poço de 12 ¼" para 14 ¾" para a descida do revestimento de 10 ¾" (Amaro 2006).

Duas alternativas foram propostas com o intuito de realizar a operação descrita acima:

1. Perfurar e alargar simultaneamente utilizando o alargador posicionado após o conjunto de perfis de LWD, situado a menos de 30 metros da broca. A principal vantagem dessa opção seria a possibilidade de simular os esforços laterais no alargador. A principal desvantagem seria a de alargar desnecessariamente um intervalo do poço que estava previsto ser abandonado, uma vez que, a parte final do poço piloto utilizado para a identificação do topo e da base do reservatório não seria aproveitada como parte integrante da trajetória do poço horizontal.

2. Perfurar e alargar simultaneamente, utilizando o alargador posicionado de tal forma que o trecho alargado fosse integralmente aproveitado como parte do horizontal. Essa opção implicaria em posicionar o alargador longe da broca, isto é a uma distância "não tradicional" para os padrões da indústria do petróleo. A principal vantagem seria a economia de recursos. A desvantagem seria a impossibilidade de simular os esforços laterais no alargador, uma vez que os softwares disponíveis não comportam tal simulação.

A segunda opção foi selecionada e a operação realizada através de um alargamento simultâneo utilizando o alargador (jato 8/32", TFA = 0,049) posicionado a 607 metros da broca, evitando assim um alargamento desnecessário da parte final do poço piloto (figura 5.46). A escolha desta opção trouxe além das vantagens convencionais da operação de alargamento, a possibilidade de efetuar uma sequência de perfilagens e teste de formação visto que o range limite de detecção destes perfis são poços com diâmetro do poço 12 ¼". Na composição do BHA vale ressaltar a presença de estabilizadores de 12 1/8" acima e abaixo do alargador, tendo o estabilizador abaixo do alargador a função de reduzir as vibrações durante a operação de alargamento e, dessa forma, proteger os cortadores, aumentando a vida útil da ferramenta. A presença do cáliper acústico logo acima do alargador teve o objetivo de confirmar o êxito do trabalho de alargamento.

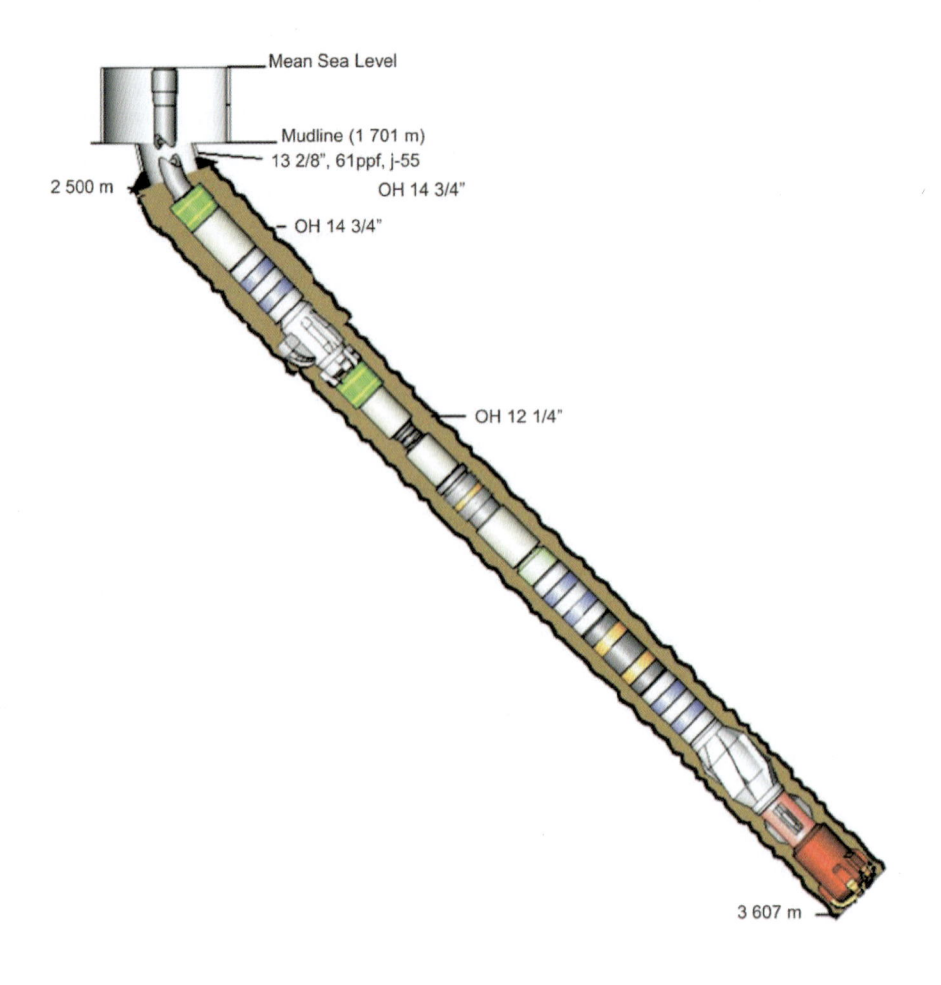

FIGURA 5.46 ESQUEMA MOSTRANDO A COMPOSIÇÃO DA COLUNA COM O ALARGADOR POSICIONADO A 607 METROS DA BROCA.

Após a perfuração do poço piloto, com a identificação do topo e da base do reservatório e, de posse dos dados de pré-teste e demais perfis, foi elaborado um novo projeto de trajetória para o desvio do poço e do intervalo horizontal (figura 5.47). Neste caso a operação de alargamento ocorreu de forma convencional (alargador posicionado a 40 metros da broca, com jato de 8/32", TFA = 0,049 e o mesmo BHA). Nesta operação houve um aproveitamento de 86% do trecho alargado anteriormente (poço piloto). Conclui-se assim que a utilização de alargadores distantes da broca amplia as concepções de projetos, permitindo que novos poços possam ser perfurados otimizando o tempo e por conseguinte o custo.

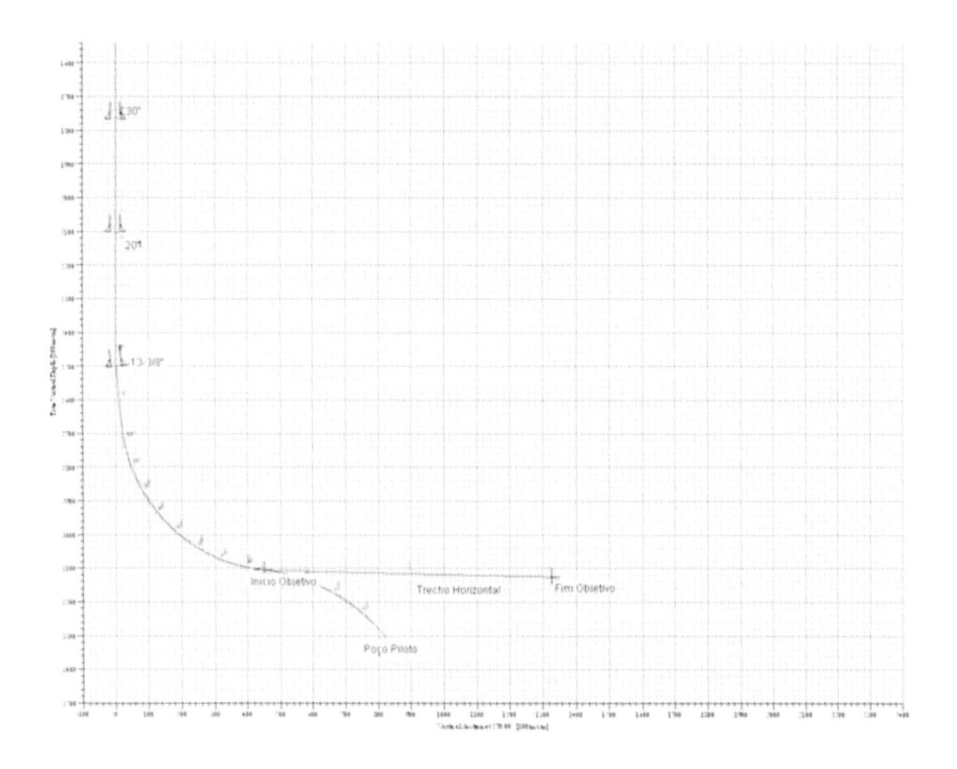

FIGURA 5.47 TRAJETÓRIA DO POÇO PILOTO E DO TRECHO HORIZONTAL.

5.10 Hidráulica de Perfuração e Limpeza de Poço

Como mencionado anteriormente, a hidráulica de perfuração e a limpeza de poço têm papel importante na construção do poço. Assim, esta seção, toda baseada em Machado (2002), discutirá esses assuntos, abordando também outros tópicos tais como fluidos de perfuração e modelos reológicos.

A simbologia utilizada neste item segue abaixo:

C_r Coeficiente de atrito ou fator de fricção.
D Diâmetro.
D_i Diâmetro externo do tubo interno do espaço anular.
D_{ij} Diâmetro de passagem dos jatos da broca.
D_0 Diâmetro interno do tubo externo do espaço anular ou do poço.
ΔP Perda de pressão ou de carga.
ECD Densidade equivalente de circulação (*Equivalent Circulation Desnity*).
E_V Eficiência volumétrica.
γ Taxa de deformação ou de cisalhamento.
K Índice de consistência de fluidos de potência.
K_a Índice de consistência de fluidos de potência aproximado para espaços anulares.
K_P Índice de consistência de fluidos de potência aproximado para interior de tubos.
L Comprimento longitudinal.
μ Viscosidade dinâmica ou Newtoniana.
μ_a Viscosidade aparente.
N Número de rotações por minuto.
N Índice de comportamento de fluidos de potência.
n_a Índice de comportamento de fluidos de potência aproximado para espaços anulares.
n_P Índice de comportamento de fluidos de potência aproximado para interior de tubos.
NR_S Número de Reynolds de queda de partícula.
P_{bomb} Pressão de bombeio do fluido de perfuração.
P Número de cilindros.
ρ Massa específica do fluido.

Q   Vazão volumétrica de circulação.
ROP   Taxa de penetração (*Rate of penetration*).
R_t Razão de transporte.
θ   Deflexão ou leitura do viscosímetro rotativo.
Tq   Torque no fundo do poço.
TVD   Profundidade vertical (*True Vertical Depth*).
τ   Tensão de cisalhamento ou de deformação.
τ_L Limite de escoamento do fluido de Bingham.
v_a Velocidade média do fluxo no anular.
v_c Velocidade crítica.
v_p Velocidade média do fluxo no interior da coluna.
v_r Velocidade de remoção dos cascalhos.
v_s Velocidade terminal de sedimentação de partículas.

5.10.1 Modelos Reológicos Utilizados na Hidráulica de Perfuração

Para o estudo de hidráulica de perfuração é necessário caracterizar a relação entre tensão e deformação dos fluidos. A Reologia é a ciência que estuda como a matéria se deforma ou escoa, quando está submetida a esforços originados por forças externas (o termo Reologia tem raiz nos vocábulos gregos Rheo = deformação e logia = ciência).

O comportamento reológico dos líquidos puramente viscosos é definido a partir da relação tensão cisalhante e taxa de cisalhamento. A equação matemática entre estas variáveis é conhecida como equação de fluxo e sua representação gráfica, como curva de fluxo.

Os fluidos viscosos podem ser classificados em função de seus comportamentos reológicos. A curva de fluxo mais simples é a de uma reta crescente passando pela origem; este comportamento foi estudado por Newton, por isso, os fluidos que apresentam esta característica reológica são denominados Newtonianos. Desta forma, todos os fluidos podem ser classificados em Newtonianos e não Newtonianos.

Fluidos Newtonianos

Um fluido é caracterizado como Newtoniano quando sua viscosidade só varia em função da temperatura e da pressão. No escoamento em regime laminar de um fluido Newtoniano, existe uma proporcionalidade entre tensão cisalhante e taxa de cisalhamento. Desta forma, uma única determinação experimental é suficiente para definir o único parâmetro reológico do fluido Newtoniano. Nestes fluidos, a razão entre tensão cisalhante e deformação é constante e chamada de viscosidade absoluta.

A equação abaixo define matematicamente os fluidos Newtonianos, onde μ é a viscosidade dinâmica absoluta, τ é a tensão de cisalhamento necessária para manter o escoamento do fluido e γ é a taxa de cisalhamento, definida como o deslocamento relativo das partículas do fluido.

$$\tau = \mu.\gamma$$

Uma vez que a viscosidade dinâmica é constante, a relação τ/γ também é. Assim, a curva de fluxo de um fluido Newtoniano é linear crescente, passando pela origem dos eixos, como exemplificado na figura 5.48 (A). Seu comportamento pode ser também analisado a partir da relação entre viscosidade e taxa de deformação, mostrada na figura 5.48 (B). Os fluidos Newtonianos não apresentam variação da viscosidade com a taxa de cisalhamento.

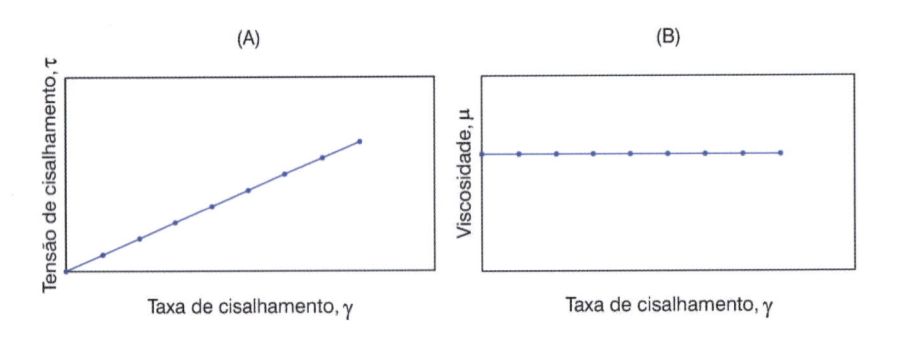

FIGURA 5.48 (A) REPRESENTAÇÃO GRÁFICA DE FLUIDOS NEWTONIANOS. (B) CURVA DE VISCOSIDADE CONTRA TAXA DE CISALHAMENTO DO FLUIDO NEWTONIANO.

De um modo geral, sistemas homogêneos, de baixo peso molecular apresentam comportamento Newtoniano em regime laminar. São exemplos, água, óleos pouco viscosos, ar, soluções salinas e mel.

Fluidos Não Newtonianos

Todo fluido cuja relação entre tensão cisalhante e taxa de cisalhamento não é constante, mantidas inalteradas temperatura, pressão e regime de escoamento laminar, é classificado como não Newtoniano. A viscosidade não é única e varia com a taxa de deformação.

Estes fluidos podem ser descritos pela relação abaixo, onde μ_a é a viscosidade aparente que varia em função da taxa de cisalhamento γ.

$$\mu_a = \tau / \gamma$$

A viscosidade aparente é a viscosidade que o fluido teria se fosse Newtoniano, em determinada condição de fluxo, sob uma certa taxa de cisalhamento constante.

São exemplos de fluidos não Newtonianos dispersões de sólido em líquido, emulsões e soluções poliméricas. Os fluidos de perfuração podem ser dispersões de argila em água, emulsões de óleo em água e água em óleo, entre outros, podendo ter polímeros em solução e são gelificados, logo, em sua grande maioria, não apresentam comportamento Newtoniano.

A seguir serão sucintamente discutidos dois modelos descritivos de fluidos não Newtonianos muito utilizados na indústria do petróleo, o modelo de Bingham e o de potência. Estes modelos descrevem razoavelmente bem os sistemas de fluidos de perfuração e possibilitam cálculos de hidráulica relativamente simples. O modelo de Hershell-Buckley, embora descreva estes sistemas com mais precisão não será discutido em virtude da complexidade das equações para cálculos de hidráulica.

a) Modelo de Bingham

No modelo de Bingham, os fluidos só entram em fluxo a partir do ponto em que a tensão de cisalhamento seja superior a um valor mínimo, conhecido como limite de escoamento (τ_L). Neste modelo, sob tensões abaixo deste limite, comportam-se como sólidos ideais. A equação abaixo define o modelo de Bingham.

$$\tau = \mu_p \cdot \gamma + \tau_L \quad \text{para} \quad \tau > \tau_L$$

$$\gamma = 0 \quad \text{para} \quad \tau < \tau_L$$

Onde μ_P e τ_L, denominados viscosidade plástica e limite de escoamento, respectivamente, são os parâmetros reológicos dos fluidos descritos por este modelo.

As figuras 5.49 (A) e (B) mostram a curva de fluxo e a curva de viscosidade do modelo de Bingham, respectivamente.

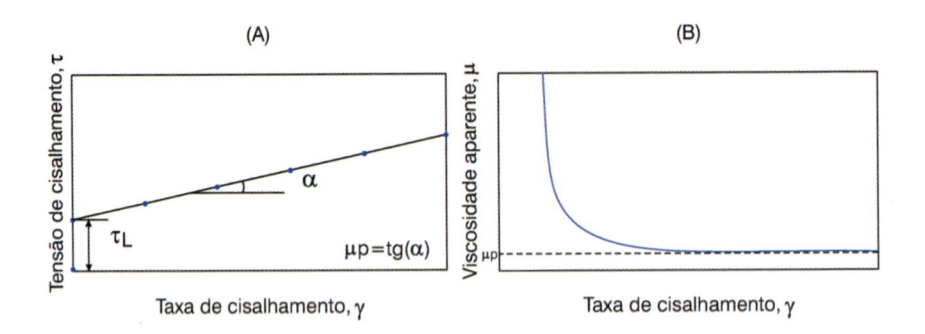

FIGURA 5.49 CURVAS DE FLUXO (A) E DE VISCOSIDADE (B) DO FLUIDO BINGHAMIANO

Combinando a equação da viscosidade aparente com a de fluxo dos fluidos Binghamianos, define-se a viscosidade aparente deste modelo reológico, dada pela equação abaixo.

$$\mu_a = \mu_P + \tau_L/\gamma$$

Note que para elevadas taxas de cisalhamento a viscosidade aparente tende a se igualar à viscosidade plástica. As dispersões argilosas de bentonita em água comumente aplicados na perfuração são exemplos de fluidos com comportamento Binghamiano.

b) Modelo de Potência

O comportamento de fluidos que seguem o modelo de Potência é descrito pela equação de fluxo a seguir. Esta não se aplica a todo e qualquer fluido, tampouco a todo intervalo de taxa de cisalhamento, entretanto, um número razoável de fluidos não Newtonianos apresentam comportamento de potência para grandes intervalos de taxa de cisalhamento.

$$\tau = K.(\gamma)^n$$

Dois parâmetros reológicos descrevem os fluidos do modelo de Potência: o índice de consistência, K e o índice de comportamento, "**n**". A figura 5.50 mostra possíveis curvas de fluxo de fluidos de potência.

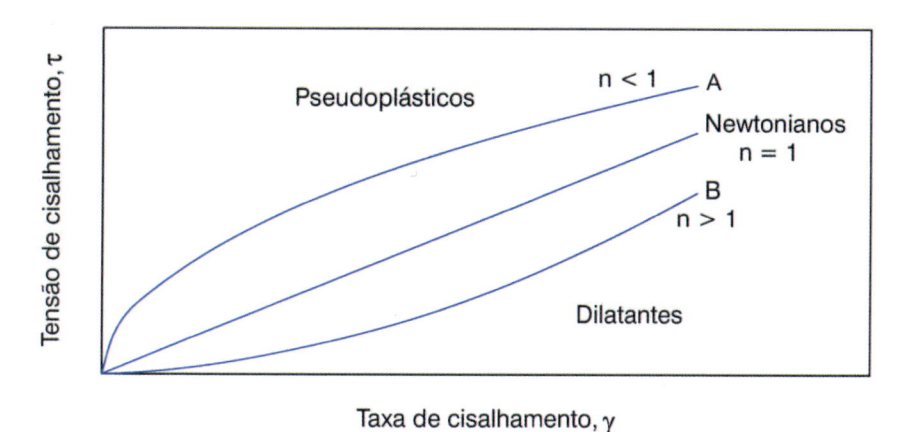

FIGURA 5.50 CURVAS DE FLUXO DE FLUIDOS DE POTÊNCIA.

Da curva, é notório que fluidos de potência apresentam comportamento distinto, em função do valor do índice de comportamento "**n**". Os fluidos cujo índice de comportamento assuma valores entre zero e um, são classificados como pseudoplásticos e têm comportamento mostrado na curva (A). Já fluidos cujo índice de comportamento apresente valores superiores à unidade são classificados como dilatantes. Caso o índice de comportamento seja igual a um, o fluido é Newtoniano.

Aplicando-se logaritmo na equação de fluxo dos fluidos de Potência, obtém-se a equação abaixo. Esta, em coordenadas logarítmicas, produz uma reta cuja inclinação determina o valor de n e, a interseção com o eixo vertical, determina K.

$$\log(\tau) = \log(K) + n.\log(\gamma)$$

A representação gráfica desta equação está na figura 5.51.

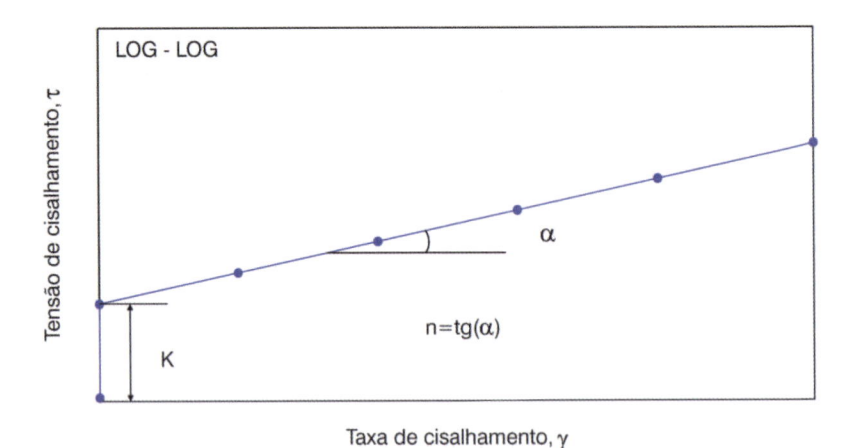

FIGURA 5.51 CURVA DE FLUXO PARA FLUIDOS QUE SEGUEM A LEI DE POTÊNCIA.

Fisicamente, o índice de comportamento representa o grau de afastamento do fluido em relação ao comportamento Newtoniano, ao passo que o índice de consistência está relacionado com o grau de resistência do fluido diante do escoamento.

Um grande número de fluidos não Newtonianos comportam-se como pseudoplásticos. As emulsões e as soluções de polímeros são exemplos típicos de fluidos que seguem a Lei de Potência e são largamente utilizados na perfuração de poços. Já os fluidos dilatantes são mais raros.

Viscosímetro Fann V.G. Mod 35A

A viscosimetria é um segmento da mecânica dos fluidos que consiste na prática experimental de medir a resposta reológica dos fluidos considerados puramente viscosos, isto é, cuja componente elástica possa ser desprezada. Neste item, será descrito o projeto do viscosímetro mais utilizado nos laboratórios de fluidos para indústria do petróleo, fabricados pela Fann Intruments.

Este equipamento foi projetado objetivando a medição da viscosidade aparente e plástica, e do limite de escoamento dos fluidos de perfuração nos campos de petróleo.

Do tipo taxa de cisalhamento controlada, este viscosímetro apresenta dois cilindros concêntricos, sendo o interno estacionário e o externo girante. Nos ensaios, coloca-se cerca de 350 cm^3 de fluido entre os cilindros. O cilindro externo gira a uma velocidade constante pré-selecionada. Uma força resultante de arraste, função da velocidade e da viscosidade do fluido é transmitida pelo eixo do cilindro interno a uma mola de torção que se deflete. O equipamento e seu funcionamento são mostrados na figura 5.52.

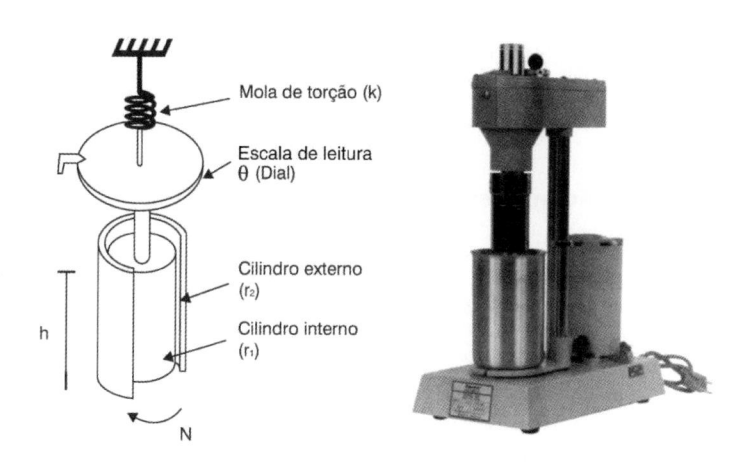

FIGURA 5.52 DIAGRAMA ESQUEMÁTICO E FOTO DO VISCOSÍMETRO FANN 35A. (MACHADO, 2002).

Das diversas configurações possíveis de diâmetros dos cilindros externo e interno, a mais utilizada é a R1-B1. São feitos ensaios em seis rotações diferentes (600, 300, 200, 100, 6 e 3 rpm) e a deflexão da mola correspondente é registrada (θ). Na tabela 5.6 estão relacionadas às taxas de cisalhamento com a rotação no viscosímetro Fann 35A na configuração R1-B1.

TABELA 5.6 ROTAÇÃO E TAXA DE CISALHAMENTO DO VISCOSÍMETRO FANN 35A / R1B1.

Rotação (N), rpm	3	6	100	200	300	600
Taxa de cisalhamento (γ), s^{-1}	5,1	10,2	170,3	340,6	511,0	1 022,0

No exemplo ao final do tópico consta um resultado típico de ensaio de fluido neste tipo de viscosímetro.

5.10.2 Hidráulica de Perfuração

Durante a perfuração de poços, os fluidos percorrem um extenso caminho pelo interior da coluna e espaço anular. Na figura 5.53 está representada uma unidade típica de perfuração offshore com destaque para os sistemas de circulação. O fluido é captado dos tanques de lama e bombeado através dos equipamentos de superfície, percorre o interior da coluna de perfuração, passa através dos jatos da broca, ascendendo pelo espaço anular carregando os cascalhos gerados na perfuração, saindo pelo tubo de retorno até as peneiras vibratórias, onde ocorre a separação primária de sólidos do fluido de perfuração que retorna aos tanques, fechando o circuito.

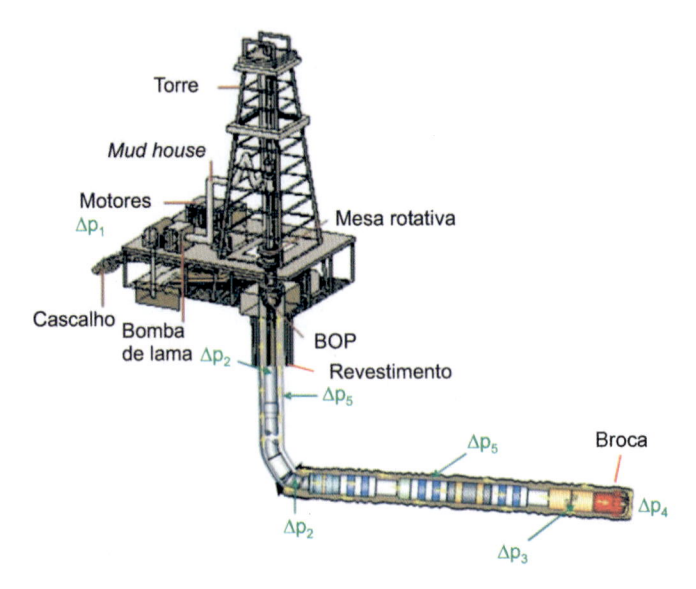

FIGURA 5.53 ESQUEMA DO SISTEMA DE CIRCULAÇÃO DE UMA SONDA E UM POÇO DIRECIONAL COM A COLUNA DENTRO.

Ao longo de seu caminho o fluido de perfuração pode passar pelos componentes descritos na tabela 5.7.

Ao passar por estes componentes, parte da energia hidráulica do fluido é dissipada, gerando perdas de pressão, também chamadas de perdas de carga. Nas brocas e alargadores, a energia hidráulica auxilia a perfuração devido ao impacto do fluido em alta velocidade com o fundo do poço. O acionamento de turbinas e motores de fundo é feito pela circulação de fluido no interior destes equipamentos, que também levam à perda de pressão devido à conversão de energia hidráulica em energia mecânica (rotação e torque).

Em adição, algumas ferramentas de LWD/MWD podem ter pequenas turbinas geradoras de energia para seu funcionamento. Nestes equipamentos, a perda de pressão é útil à perfuração e, em todos os demais, as perdas são parasitas, decorrentes de atrito do fluido de perfuração.

TABELA 5.7 EQUIPAMENTOS PERCORRIDOS PELO FLUIDO DE PERFURAÇÃO.

Grupo	Componente
Equipamentos de Superfície	Linhas de bombeio
	Manifold e válvula de restrição
	Standpipe ou tubo bengala
	Mangueira flexível
	Cabeça rotativa
	Top drive
	Válvula de segurança do *top drive*
	Haste quadrada (unidades sem *top drive*)
Coluna de Perfuração	Tubos de perfuração (*Drill Pipes*)
	Tubos pesados (*Heavy Weinght Drill Pipes*)
	Comandos (*Drill Collars*)
	Motor de fundo (Motor de deslocamento positivo)
	Turbinas
	LWD, MWD e PWD
Broca do Alargador	Orifício de broca
	Orifício do alargador
Anulares	Anular poço aberto/coluna de perfuração
	Anular poço revestido/coluna de perfuração
	Anular do *riser*/coluna de perfuração

Como o sistema de circulação é aberto (tanques de lama e tubo de retorno são abertos à atmosfera), a pressão de bombeio é equivalente ao somatório de perdas de carga ao longo do caminho do fluido acrescido do efeito do desbalanceio entre coluna e espaço anular decorrente do aparente aumento de densidade do fluido no anular que carreia os cascalhos. Desta forma, a pressão de bombeio pode ser calculada a partir da equação abaixo, onde estão discretizados os principais componentes de perda de pressão.

$$P_{bomb} = \Sigma \Delta P = \Delta P_1 + \Delta P_2 + \Delta P_3 + \Delta P_4 + \Delta P_5 + \Delta P_6$$

Onde:
ΔP_1 = perdas de carga nos equipamentos de superfície;
ΔP_2 = perdas de carga no interior da coluna de perfuração (*Drill pipes, drill collars*, etc.);
ΔP_3 = perdas de carga localizadas (motor de fundo, turbinas, LWD, MWD, etc.);
ΔP_4 = perdas de carga nos jatos da broca;
ΔP_5 = perdas de carga nos anulares;
ΔP_6 = diferença de pressão hidrostática entre coluna e anular.

Em geral, nos cálculos de hidráulica, considera-se somente a pressão no tubo bengala (*standpipe*). Nestes casos, as perdas de carga nos equipamentos de superfície devem ser desconsideradas.

Ao longo de seu percurso, as condições de temperatura, pressão, teor de sólidos em suspensão, velocidade de fluxo e taxa de cisalhamento, que o fluido é submetido sofrem intensa variação. Como visto anteriormente, os fluidos usados na perfuração não se comportam como Newtonianos e, nestes casos, a viscosidade varia não só em função da temperatura e pressão, mas também com a da taxa de cisalhamento. Logo, a viscosidade deve ser avaliada em cada trecho.

Na tabela 5.8 estão descritas ordens de grandeza da taxa de cisalhamento a que o fluido é submetido em diferentes situações de fluxo na perfuração.

TABELA 5.8 TAXAS DE CISALHAMENTO TÍPICAS DOS FLUIDOS NA PERFURAÇÃO.

Situação de fluxo	Taxa de Cisalhamento (s⁻¹)
Paradas de bomba (conexões)	~10^{-3}
Tanques	1 a 5
Anular	100 a 500
Tubos de perfuração (*Drill pipes*)	100 a 700
Comandos (*Drill collars*)	700 a 3 000
Jatos da broca	10 000 a 100 000

5.10.3 Método Simplificado para Cálculo de Hidráulica

Neste item será apresentado um método simplificado de hidráulica de perfuração. Este procedimento de cálculo está detalhadamente descrito em Machado (2002), bem como as deduções das equações aqui apresentadas.

O método a seguir é válido somente para fluidos Binghamianos e de Potência, assumindo as seguintes hipóteses:

- Escoamento isotérmico.
- Fluidos incompressíveis.
- Regime permanente.
- Condutos retos de seção circular ou espaço anular de cilindros concêntricos.
- Regimes laminar e turbulento.
- Temperatura e pressão não alteram as propriedades do fluido, tais como viscosidade e densidade.

Embora haja diversas simplificações, este procedimento é considerado de boa precisão e confiabilidade para estimativas de perdas de carga em perfuração de poços. Apresenta a vantagem da simplicidade, sendo facilmente implementável em planilhas eletrônicas. Todavia, durante o acompanhamento, ferramentas como PWD permitem a aferição da precisão dos métodos de previsão de perdas de carga.

Todas as equações deste item estão com os fatores ajustados para unidades usualmente utilizadas no campo, exceto quando explicitado na equação. As variáveis, suas unidades SI e de campo estão listadas ao final do item.

A vazão é o primeiro dado que deve ser analisado no cálculo de hidráulica. Ela deve ser suficiente para garantir a limpeza do poço sem, no entanto, provocar arrombamento, perda de circulação, tampouco demasiado dano ao reservatório. A vazão mínima necessária é função da reologia do fluido, da forma e tamanho dos cascalhos, da taxa de penetração e da geometria do poço. No item 2.3.4 foram discutidas vazões para garantir a limpeza do poço. Os valores da tabela 5.9 abaixo servem de guia.

TABELA 5.9 VALORES TÍPICOS DE VAZÃO E TAXAS DE PENETRAÇÃO PARA DIFERENTES DIÂMETROS DE POÇO.

Diâmetro do Poço	Vazões Desejáveis	Mínimas Vazões Associadas às Taxas de Penetração (TP)
17 ½"	900 a 1 200 gpm	800 gpm com TP de 20 m/h
12 ¼"	800 a 1 100 gpm	650-700 gpm com TP de 10-15 m/h
		800 gpm com TP de 20-30 m/h
9 7/8"	700 a 900 gpm	500 gpm com TP de 10-20 m/h
9 ½"	450 a 600 gpm	350-400 gpm com TP de 10-20 m/h

A circulação dos fluidos começa nas bombas alternativas. Nelas, o fluido é deslocado através do movimento alternativo de pistões. Geralmente, as bombas são do tipo Triplex (três cilindros) de ação simples (deslocam o fluido quando o pistão movimenta-se avante). Unidades de perfuração marítimas modernas apresentam de 3 a 4 bombas de fluido com capacidade de pressão de bombeio superior a 7 500 psi.

O rendimento volumétrico das bombas de ação simples está em torno de 95%, podendo chegar a 98% quando alimentadas por bombas centrífugas de alta vazão. A figura 5.54 exemplifica o conjunto camisa pistão de uma bomba de ação simples.

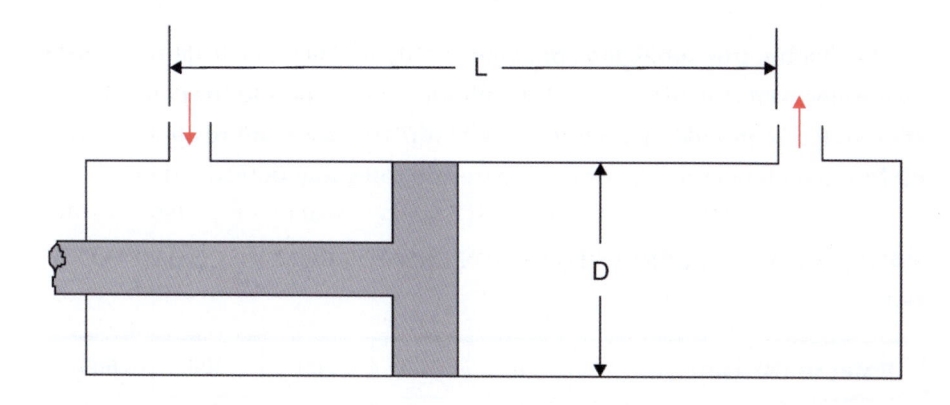

FIGURA 5.54 ESQUEMA DO CONJUNTO CAMISA/PISTÃO DE BOMBA ALTERNATIVA.

A vazão volumétrica de bombas de ação simples é dada pelas equações abaixo para um sistema de unidades consistente e para unidades de campo.

$$Q = N.L.p.E_V.(\pi/4).D^2 \quad \text{(Sistema consistente de unidades)}$$

$$Q = 0{,}003398.N.L.p.E_V.D^2 \quad \text{(Unidades de campo)}$$

Onde:
Q = vazão volumétrica (gal/min);
N = número de strokes por minuto (stroke é o movimento correspondente ao percurso completo do pistão);
L = curso do pistão (pol);
p = número de cilindros (somatório de todas as bombas);
E_V = eficiência volumétrica e D é o diâmetro interno da camisa do pistão (pol).

É necessário também o conhecimento das propriedades de fluido de perfuração listadas a seguir:
- Tipo de fluido.
- Modelo reológico (Bingham ou de Potência).
- Parâmetros reológicos (μ_P e τ para fluidos binghamianos, K e n de fluidos de potência).
- Massa específica do fluido.

Os parâmetros reológicos podem ser calculados a partir de resultados de ensaios com viscosímetros. Os resultados dos ensaios feitos com o viscosímetro Fann 35A, de mais largo uso na indústria, são sempre apresentados na forma da tabela 5.10, com seis pares de rotação e deflexão da mola.

TABELA 5.10 NOMENCLATURA DOS ENSAIOS COM VISCOSÍMETRO FANN.

Rotação (N), rpm	3	6	100	200	300	600
Deflexão (θ), graus	θ_3	θ_6	θ_{100}	θ_{200}	θ_{300}	θ_{600}

Na tabela 5.11 constam as equações que permitem uma aproximação dos parâmetros reológicos dos fluidos com base nos resultados do ensaio com viscosímetro Fann 35A, na configuração R1B1. Esta aproximação é considerada relativamente precisa para cálculos de campo.

TABELA 5.11 CÁLCULO DAS PROPRIEDADES REOLÓGICAS A PARTIR DE ENSAIOS COM VISCOSÍMETRO FANN 35A CONFIGURAÇÃO R1B1 (MACHADO, 2002).

Fluidos Binghamianos	
Viscosidade Plástica	
$\mu_P = \theta_{600} - \theta_{300}$	
Limite de escoamento	
$\tau_L = \theta_{300} - \mu_P$	
Fluidos de Potência	
Índice de comportamento	
Interior da coluna	$n_p = 3{,}32 \cdot \log(\theta_{600}/\theta_{300})$
Espaço anular	$n_a = 0{,}5 \cdot \log(\theta_3/\theta_3)$
Índice de consistência	
Interior da coluna	$K_p = 1{,}067 \cdot \theta_{600}/(1022^n)$
Espaço anular	$K_a = 1{,}067 \cdot \theta_{300}/(511^n)$

Note que nos fluidos de potência são considerados parâmetros reológicos distintos para interior da coluna e espaços anulares, objetivando maior precisão na caracterização dos fluidos. Em linhas gerais, a velocidade e a taxa de cisalhamento que o fluido é submetido no interior dos elementos tubulares é substancialmente maior do que nos espaços anulares, por isso, os parâmetros reológicos aplicados no interior de colunas são avaliados em taxas de cisalhamento elevadas (intervalo de 170 a 1 000 s^{-1}), ao passo que, nos espaços anulares, estima-se estes parâmetros em taxas menores (entre 5 e 7 s^{-1}).

A partir da vazão, dos parâmetros reológicos do fluido, e da geometria de cada trecho do poço, deve-se calcular a velocidade do fluxo em cada ponto, com as equações abaixo.

$$v_P = 24{,}51.Q/D^2 \text{ (Interior de tubos, unidades de campo)}$$

$$v_a = 24{,}51.Q/(D_o^2 - D_i^2) \text{ (Espaços anulares, unidades de campo)}$$

Onde as velocidades (v) estão expressas em ft/min, a vazão (Q) em gal/min e os diâmetros (D) em polegadas.

As velocidades calculadas pelas equações acima devem agora ser comparadas com as velocidades críticas de fluxo, que são função da geometria do poço e dos parâmetros reológicos. Caso o fluido esteja escoando a velocidades menores do que as críticas, o padrão de fluxo é laminar, ao passo que, em velocidades maiores do que as críticas, o padrão de fluxo é turbulento.

Neste método não será considerado o caso de escoamento transitório, por medidas de simplificação.

De posse do padrão de fluxo em cada trecho, pode-se selecionar as equações de perda de carga adequadas para cada modelo reológico e cada trecho.

Na tabela 5.12, constam as equações de velocidades críticas e perdas de carga para interior de colunas e espaços anulares de fluidos Binghamianos em regime laminar e turbulento. Vale salientar que as unidades dos parâmetros de entrada das equações devem estar de acordo com a tabela ao final do item.

Caso o modelo reológico do fluido seja de potência, deve-se utilizar as equações constantes na tabela 5.13.

TABELA 5.12 EQUAÇÕES PARA CÁLCULO DE VELOCIDADES CRÍTICAS E DE PERDAS DE CARGA NA CIRCULAÇÃO DE FLUIDOS BINGHAMIANOS (MACHADO, 2002).

<table>
<tr><th rowspan="3">Parâmetro a ser calculado</th><th colspan="4">Circulação de Fluidos Binghamianos</th></tr>
<tr><th colspan="2">Interior de tubos</th><th colspan="2">Espaço anular</th></tr>
<tr><th>Unidades SI</th><th>Unidades de campo</th><th>Unidades SI</th><th>Unidades de campo</th></tr>
<tr><td>ΔP (Laminar)</td><td>$\dfrac{32\mu_p Lv}{D^2} + \dfrac{4\tau_L L}{D}$</td><td>$\dfrac{\mu_p Lv}{89775 D^2} + \dfrac{\tau_L \cdot L}{300 D}$</td><td>$\dfrac{48\mu_p Lv}{(D_0-D_i)^2} + \dfrac{4\tau_L \cdot L}{(D_0-D_i)}$</td><td>$\dfrac{\mu_p Lv}{5985\mathrm{l}(D_0-D_i)^2} + \dfrac{\tau_L \cdot L}{300(D_0-D_i)}$</td></tr>
<tr><td>ΔP (Turbulento)</td><td>$\dfrac{0{,}1 L\rho^{0,8} v^{1,8} \mu_p^{0,2}}{D^{1,2}}$</td><td>$\dfrac{L\rho^{0,8} v^{1,8} \mu_p^{0,2}}{3212923 D^{1,2}}$</td><td>$\dfrac{0{,}1275 L\rho^{0,8} v^{1,8} \mu_p^{0,2}}{(D_0-D_i)^{1,2}}$</td><td>$\dfrac{L\rho^{0,8} v^{1,8} \mu_p^{0,2}}{2519939(D_0-D_i)^{1,2}}$</td></tr>
<tr><td>vc</td><td>$\dfrac{1050}{D\rho}\left[\mu_p + \sqrt{\mu_p^2 + \dfrac{\tau_L D^2 \rho}{4200}}\right]$</td><td>$\dfrac{1286}{(D_0-D_i)\rho}\left[\mu_p + \sqrt{\mu_p^2 + \dfrac{\tau_L(D_0-D_i)\cdot\rho}{7716}}\right]$</td><td>$\dfrac{67{,}91}{D\rho}\left[\mu_p + \sqrt{\mu_p^2 + 8{,}816\tau_L D^2\rho}\right]$</td><td>$\dfrac{93{,}17}{(D_0-D_i)\rho}\left[\mu_p + \sqrt{\mu_p^2 + 4{,}8\tau_L(D_0-D_i)\cdot\rho}\right]$</td></tr>
<tr><td>vc</td><td colspan="4"></td></tr>
</table>

TABELA 5.13 EQUAÇÕES PARA CÁLCULO DE VELOCIDADES CRÍTICAS E DE PERDAS DE CARGA NA CIRCULAÇÃO DE FLUIDOS DO POTÊNCIA (MACHADO, 2002).

Parâmetro a ser calculado	Circulação de Fluidos de Potência	
	Unidades SI	**Unidades de Campo**
Interior de Tubos — V_C	$\left[\dfrac{(3470-1370n)K}{8\rho}\right]^{1/(2-n)}\left[\dfrac{6n+2}{Dn}\right]^{n/(2-n)}$	$1{,}969\left[\dfrac{5(3470-1370n)K}{\rho}\right]^{1/(2-n)}\left[\dfrac{3n+1}{1{,}27Dn}\right]^{n/(2-n)}$
Interior de Tubos — ΔP (Laminar)	$\dfrac{4KL}{D}\left(\dfrac{v}{D}\cdot\dfrac{6n+2}{n}\right)^n$	$\dfrac{KL}{300D}\left(\dfrac{0{,}4v}{D}\cdot\dfrac{3n+1}{n}\right)^n$
Interior de Tubos — ΔP (Turbulento)	$\dfrac{(\log n+2{,}5)\rho v^2 L}{25D}\left[\dfrac{K\left(\dfrac{v}{D}\cdot\dfrac{6n+2}{n}\right)^n}{8\rho v^2}\right]^{(1{,}4-\log n)/7}$	$\dfrac{(\log n+2{,}5)\rho v^2 L}{4645029 D}\left[\dfrac{19{,}36 K\left(\dfrac{0{,}4v}{D}\cdot\dfrac{3n+1}{n}\right)^n}{\rho v^2}\right]^{(1{,}4-\log n)/7}$
Anulares — V_C	$\left[\dfrac{(3470-1370n)K}{9{,}788\rho}\right]^{1/(2-n)}\left[\dfrac{8n+4}{(D_0-D_i)n}\right]^{n/(2-n)}$	$1{,}969\left[\dfrac{4{,}08(3470-1370n)K}{\rho}\right]^{1/(2-n)}\left[\dfrac{2n+1}{0{,}64(D_0-D_i)n}\right]^{n/(2-n)}$
Anulares — ΔP (Laminar)	$\dfrac{4KL}{(D_0-D_i)}\left(\dfrac{v}{(D_0-D_i)}\cdot\dfrac{8n+4}{n}\right)^n$	$\dfrac{KL}{300(D_0-D_i)}\left(\dfrac{0{,}8v}{(D_0-D_i)}\cdot\dfrac{2n+1}{n}\right)^n$
Anulares — ΔP (Turbulento)	$\dfrac{(\log n+2{,}5)\rho v^2 L}{20{,}4125(D_0-D_i)}\left[\dfrac{K\left(\dfrac{v}{(D_0-D_i)}\cdot\dfrac{8n+4}{n}\right)^n}{9{,}798\rho v^2}\right]^{(1{,}4-\log n)/7}$	$\dfrac{(\log n+2{,}5)\rho v^2 L}{3792669(D_0-D_i)}\left[\dfrac{15{,}81k\left(\dfrac{0{,}8v}{D_0-D_i}\cdot\dfrac{2n+1}{n}\right)^n}{\rho v^2}\right]^{(1{,}4-\log n)/7}$

A potência transmitida ao motor de fundo é dada pelo produto da vazão volumétrica de circulação com a perda de carga localizada neste componente, enquanto que a potência desenvolvida pelo motor é o torque multiplicado pela rotação. A relação entre estas duas quantidades é a eficiência mecânica ou hidráulica do motor, cujo valor usual situa-se em torno de 80%. Então, pode-se escrever:

$$\Delta P.Q/(Tq.N) = 0,8 \Rightarrow Tq = \Delta P.Q/(0,8.N)$$
(Sistema consistente de unidades)

Onde ΔP é a perda de pressão, Q é a vazão, N é o número de rotações do motor e Tq é o torque do fundo. A relação Q/N é uma constante definida para cada motor. Como não é possível medir o torque no fundo, a equação anterior não é utilizada para cálculo de perda de carga através do motor de fundo, sendo este parâmetro avaliado através da subtração da pressão de bombeio observada pelo somatório das perdas de carga em todos os outros elementos do poço. Um outro método empregado para esta avaliação é um teste de superfície, onde se monta o BHA completo de perfuração direcional, e desce o conjunto com uma ou duas seções de tubos de perfuração. Neste ponto, faz-se duas leituras de pressão de bombeio para duas vazões diferentes. Este teste sempre é feito antecedendo a descida de um BHA direcional, pois também é utilizado para avaliar o funcionamento de todos os componentes mecânicos e eletrônicos.

As perdas de carga nos jatos da broca são dadas pela equação abaixo, já ajustada para unidades de campo.

$$\Delta P = 156 \cdot \rho \cdot Q^2 / (\Sigma Dji^2)^2 \Rightarrow \Delta P = 156 \cdot \rho \cdot Q^2 / (Dj_1^2 + Dj_2^2 + Dj_3^2 + ...)^2$$

Onde ρ é a massa específica do fluido em lb/gal, Q é a vazão em gal/min, Dji é o diâmetro de passagem de cada jato em 1/32 pol.

A perda de carga em equipamentos de superfície é estimada a partir da tabela 5.14, para fluidos Binghamianos e de potência com os coeficientes ajustados para unidades de campo.

TABELA 5.14 PERDAS DE CARGA NOS EQUIPAMENTOS DE SUPERFÍCIE (MACHADO, 2002).

Tipo do Equipamento	Fluidos Binghamianos (unidades de campo)	Fluido de Potência (unidades de campo)
I Tubo Bengala 40'x3"D.I Mangueira de "Lama" 40'x2"D.I Cabeça de Injeção 4'x2"D.I Haste Quadrada 40'x21/4"D.I	$\Delta P_S = 2{,}525 \times 10^{-4} \rho^{0,8} Q^{1,8} \mu_p^{0,2}$	$\Delta P_S = 2{,}888 \times 10^{-4} (\log n + 2{,}5) \rho Q^2 \left[\dfrac{1{,}075K \left(\dfrac{Q}{1{,}416} \cdot \dfrac{3n+1}{n} \right)^{(1,4-\log n)/7}}{Q^2 \rho} \right]$
II Tubo Bengala 40'x31/2"D.I Mangueira 55'x21/2"D.I Cabeça de Injeção 5'x21/2"D.I Haste Quadrada 40'x31/4D.I	$\Delta P_S = 9{,}619 \times 10^{-5} \rho^{0,8} Q^{1,8} \mu_p^{0,2}$	$\Delta P_S = 1{,}036 \times 10^{-4} (\log n + 2{,}5) \rho Q^2 \left[\dfrac{2{,}61K \left(\dfrac{Q}{2{,}755} \cdot \dfrac{3n+1}{n} \right)^{(1,4-\log n)/7}}{Q^2 \rho} \right]$
III Tubo Bengala 45'x4"D.I Mangueira 55'x3"D.I Cabeça de Injeção 5'x21/2"D.I Haste Quadrada 40'x31/2"D.I	$\Delta P_S = 5{,}335 \times 10^{-5} \rho^{0,8} Q^{1,8} \mu_p^{0,2}$	$\Delta P_S = 5{,}584 \times 10^{-5} (\log n + 2{,}5) \rho Q^2 \left[\dfrac{4{,}118K \left(\dfrac{Q}{3{,}878} \cdot \dfrac{3n+1}{n} \right)^{(1,4-\log n)/7}}{Q^2 \rho} \right]$
IV Tubo Bengala 45'x4"D.I Mangueira 55'x3"D.I Cabeça de Injeção 6'x3"D.I Haste Quadrada 40'x4"D.I	$\Delta P_S = 4{,}163 \times 10^{-5} \rho^{0,8} Q^{1,8} \mu_p^{0,2}$	$\Delta P_S = 4{,}3197 \times 10^{-5} (\log n + 2{,}5) \rho Q^2 \left[\dfrac{5{,}307K \left(\dfrac{Q}{4{,}691} \cdot \dfrac{3n+1}{n} \right)^{(1,4-\log n)/7}}{Q^2 \rho} \right]$

Estas perdas de carga equivalem à diferença entre a pressão de bombeio e a lida no tubo bengala (*Standpipe*). Usualmente nas unidades de perfuração, as leituras de pressão de bombeio são feitas no tubo bengala.

O aumento do fluido no espaço anular decorrente da incorporação de cascalhos pode ser estimada a partir da seguinte sequência de cálculo.

Primeiro, é calculada a vazão de retorno dos cascalhos.

$$Q_{cascalho} = 0{,}7 \cdot ROP \cdot (D_{Broca})^2 / 314$$

Onde:
$Q_{cascalho}$ = vazão de cascalhos pelo anular em gal/min,
ROP = taxa de penetração em m/h,
D_{Broca} = diâmetro da broca.

Em seguida, calcula-se a vazão equivalente de retorno no anular, que é dada pela soma das vazões de cascalho e de fluido.

$$Q_{Anular} = Q_{Fluido} + Q_{cascalho}$$

Por fim, a densidade aparente do fluido de perfuração no espaço anular é dada pela seguinte equação.

$$\rho_{Anular} = (Q_{Fluido} \cdot \rho_{Fluido} + Q_{Cascalho} \cdot \rho_{Cascalho}) / Q_{Anular}$$

Onde ρ_{Anular}, ρ_{Fluido} e $\rho_{Cascalho}$ são, respectivamente, a densidade aparente do fluido no anular, a densidade do fluido e a densidade do cascalho, em lb/gal.

A diferença de pressão causada por este desbalanceio é dada por:

$$\Delta P_{Hidrostático} = 0{,}17 \cdot (\rho_{Anular} - \rho_{Fluido}) \cdot TVD$$

Onde TVD é a profundidade vertical do poço, expressa em metros.

Assim, é possível o cálculo de hidráulica de um poço, como será demonstrado no exemplo a seguir.

EXEMPLO

A fase de 8 ½" de um poço exploratório está sendo perfurada em uma sonda semi-submersível em lâmina da água de 1 500 m com vazão de 550 gal/min e taxa de penetração média de 20 m/h à profundidade de 3 400 m. O diagrama a seguir apresenta o esquema do poço.

O fluido de perfuração é base óleo sintético, apresenta massa específica de 9,5 lb/gal e foi ensaiado em um viscosímetro Fann 35A com configuração R1B1, com os seguintes resultados.

Neste ponto são perfurados folhelhos com massa específica de 2,518 g/cm³.

Rotação (N), rpm	3	6	100	200	300	600
Deflexão (θ), graus	2	3	19	30	47	67

Determine a pressão no tubo bengala para este poço, explicitando as perdas de carga em cada trecho e a densidade equivalente de circulação (ECD) no fundo do poço e na sapata.

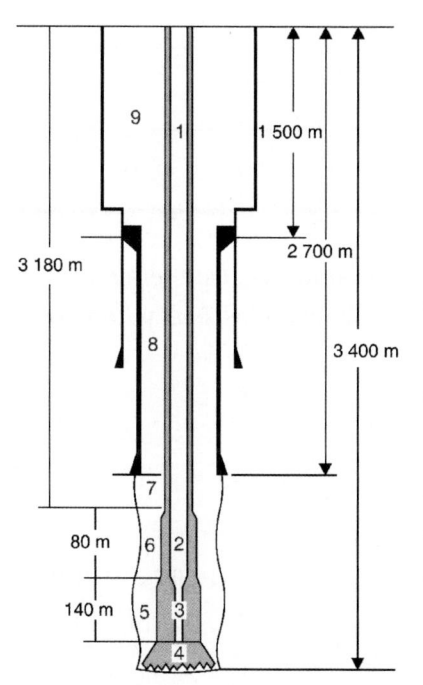

Seções

1 - Interior dos Drill Pipes.
    L = 3 180 m, OD = 5 pol, ID = 4,276 pol
2 - Interior dos Heavy Weight DP.
    L = 80 m, OD = 5 pol, ID = 3 pol
3 - Interior dos comandos.
    L = 140 m, OD = 6,25 pol, ID = 2,8125 pol
4 - Broca.
    3 jatos de 16/32 pol
5 - Anular poço aberto/Comandos.
    L = 140 m, Do = 8,5 pol, Di = 6,25 pol
6 - Anular poço aberto/Heavy Weight DP.
    L = 80 m, Do = 8,5 pol, Di = 5 pol
7 - Anular poço aberto/Drill Pipes.
    L = 480 m, Do = 8,5 pol, Di = 5 pol
8 - Anular poço revestido/Drill Pipes.
    L = 1 200 m, Do = 8,535 pol, Di = 5 pol
9 - Anular Riser/Drill Pipes.
    L = 1 500 m, Do = 19,75 pol, Di = 5 pol

SOLUÇÃO

Resumidamente, a geometria do poço está expressa na tabela abaixo.

Seção	Descrição	Comprimentos (m)	Poço Di (pol)	Anular Di (pol)	Anular Do (pol)	Jatos de Broca Número	Jatos de Broca ID (1/32 pol)
1	Interior dos DP's	3 180	4,276	–	–	–	–
2	Interior dos HW's	80	3	–	–	–	–
3	Interior dos DC's 1	140	2,8125	–	–	–	–
4	Broca	0		–	–	3	16
5	Anular P/DC 1	140		6,25	8,5	–	–
6	Anular P/HW	80		5,000	8,5	–	–
7	Anular P/DP	480		5,000	8,5	–	–
8	Anular PR/DP	1 200		5,000	8,535	–	–
9	Anular riser/DP	1 500		5	19,75	–	–

Como o fluido de perfuração é base óleo sintético, este será representado pelo modelo de potência. A seguir são calculados seus parâmetros.

Interior da coluna

$n_p = 3,32 . \log(\theta_{600}/\theta_{300}) = 3,32 . \log(67/40) = n_p = 0,744$

$Kp = 1,067 . \theta_{600}/(1022^n) = 1,067 . 67/(1022^{0,744}) = Kp = 0,412 \text{ lbf.s}^{0,744}/100.\text{ft}^2$

Espaços anulares

$n_a = 0,5.\log(\theta_{300}/\theta_3) = 0,5.\log(40/2) = n_p = 0,651$

$Kp = 1,067 \cdot \theta_{300}/(511^n) = 1,067.40/(1022^{0,651}) = Kp = 0,719 \, lbf.s^{0,651}/100.ft^2$

Em seguida, calcula-se a velocidade de fluxo em cada trecho do poço, pelas equações abaixo.

$$v_P = 24,51.Q/D^2 \text{ (Interior de tubos, unidades de campo)}$$

$$v_a = 24,51.Q/(D_o^2 - D_i^2) \text{ (Espaços anulares, unidades de campo)}$$

Seção	Velocidade (ft/min)
1	737,3
2	1 497,8
3	1 704,2
4	5 991,3
5	406,2
6	285,3
7	285,3
8	281,7
9	36,9

Como o fluido é Binghamiano, estas velocidades devem ser comparadas às críticas, calculadas pela tabela 5.13. Caso sejam superiores às críticas, o padrão de fluxo é turbulento, caso contrário, tem-se fluxo laminar. Na tabela abaixo estão as velocidades obtidas acima, as velocidades críticas e o padrão de escoamento para cada trecho.

Seção	Velocidades (ft/min)		Padrão de Escoamento
	Média	Crítica	
1	737,3	255,5	Turbulento
2	1 497,8	315,1	Turbulento
3	1 704,2	327,4	Turbulento
4	5 991,3	–	Turbulento
5	406,2	673,4	Laminar
6	285,3	544,2	Laminar
7	285,3	544,2	Laminar
8	281,7	541,6	Laminar
9	36,9	2 272,0	Laminar

As equações utilizadas para quantificar as perdas de carga em cada trecho são obtidas da mesma tabela 5.13. Assim tem-se.

Seção	Velocidades (ft/min)		Padrão de Escoamento	Padrão de Carga (psi)
	Média	Crítica		
1	737,3	255,5	Turbulento	1 203,6
2	1 497,8	315,1	Turbulento	164,9
3	1 704,2	327,4	Turbulento	392,8
4	5 991,3	–	Turbulento	760,1
5	406,2	673,4	Laminar	50,3
6	285,3	544,2	Laminar	8,3
7	285,3	544,2	Laminar	50,1
8	281,7	541,6	Laminar	121,2
9	36,9	2 272,0	Laminar	1,1
			Total	2 630,0

O somatório das perdas de carga é de 2 630 psi. É necessário agora o cálculo do desbalanceio da massa específica do fluido de perfuração no anular em relação ao do interior da coluna. Para tanto, deve-se calcular a vazão de cascalhos.

$$Q_{cascalho} = 0{,}7.ROP.(D_{Broca})^2/314 = 0{,}7.20.(8{,}5)^2/314 = Q_{cascalho} = 3{,}22 \text{ gal/min}$$

Para em seguida calcular a vazão total no anular.

$$Q_{Anular} = Q_{Fluido} + Q_{cascalho} = 550 + 3{,}22 = Q_{Anular} = 553{,}22 \text{ gal/min}$$

E estimar a massa específica aparente do fluido no anular.

$$\rho_{Anular} = (Q_{Fluido}.\rho_{Fluido} + Q_{Cascalho}.\rho_{Cascalho})/Q_{Anular}$$

$$\rho_{Anular} = (550.9{,}5 + 3{,}22.8{,}33.2{,}518)/553{,}22 = \rho_{Anular} = 9{,}57 \text{ lb/gal}$$

Enfim, é calculada a diferença de pressão hidrostática entre o fluido no anular e do interior da coluna.

$$\Delta P_{Hidrostático} = 0{,}17.(\rho_{Anular} - \rho_{Fluido}).TVD = 0{,}17.(9{,}57 - 9{,}5).3400$$

$$\Delta P_{Hidrostático} = 38{,}62 \text{ psi}$$

A pressão no tubo bengala é dada pela soma das perdas de carga ao longo do caminho do fluido de perfuração, acrescido do desbalanceio hidrostático causado pelos cascalhos no anular do poço. Logo, a pressão no bengala deve ser.

$$P_{Bengala} = \Sigma\Delta P + \Delta P_{Hidrostático} = 2630{,}0 + 38{,}6 = P_{Bengala} = 2668{,}6 \text{ psi}$$

Como visto no item 2.3.5, as perdas de carga nos espaços anulares e a agregação de sólidos ao fluido de perfuração, fazem com que a pressão ao longo do poço aumente. Esta pressão, expressa em termos de densidade equivalente é chamada de ECD e é calculada da seguinte forma.

Fundo do poço

$P_{\text{Dinâmica no fundo}} = P_{\text{Hidridrostática no anular}} + \Sigma \Delta P_{\text{Anular}}$

$P_{\text{Dinâmica no fundo}} = 0{,}17 \cdot \rho_{\text{Anular}} \cdot \text{TVD} + \Delta P_5 + \Delta P_6 + \Delta P_7 + \Delta P_8 + \Delta P_9$

$P_{\text{Dinâmica no fundo}} = 0{,}17 \cdot 9{,}57 \cdot 3\,400 + 50{,}3 + 8{,}3 + 50{,}1 + 121{,}2 + 1{,}1$

$P_{\text{Dinâmica no fundo}} = 5\,762{,}5 \text{ psi}$

ECD

$\text{ECD} = P_{\text{Dinâmica}}/(0{,}17 \cdot \text{TVD}) = \text{ECD}_{\text{Fundo}} = 5\,762{,}5/(0{,}17 \cdot 3\,400)$

$\text{ECD}_{\text{Fundo}} = 9{,}97 \text{ lb/gal}$

Sapata

$P_{\text{Dinâmica na sapata}} = 0{,}17 \cdot \rho_{\text{Anular}} \cdot \text{TVD}_{\text{Sapata}} + \Delta P_8 + \Delta P_9$

$P_{\text{Dinâmica na sapata}} = 0{,}17 \cdot 9{,}57 \cdot 2\,700 + 121{,}2 + 1{,}1$

$P_{\text{Dinâmica na sapata}} = 4\,514{,}9 \text{ psi}$

$\text{ECD} = P_{\text{Dinâmica}}/(0{,}17 \cdot \text{TVD}) = \text{ECD}_{\text{Sapata}} = 4\,514{,}9/(0{,}17 \cdot 2\,700)$

$\text{ECD}_{\text{Sapata}} = 9{,}83 \text{ lb/gal}$

5.10.4 Limpeza de Poço

O transporte de sólidos do fundo do poço até a superfície é uma das principais funções do fluido de perfuração. Aqui será feita uma breve discussão e conceituação sobre este assunto e apresentado um método simplificado para avaliar a limpeza do poço. No entanto, este método só é válido para poços verticais, podendo ser também utilizado para poços de baixa inclinação (< 10°).

A deficiência na remoção de cascalhos durante a perfuração pode levar a acúmulo de sólidos no espaço anular, podendo gerar problemas como redução da taxa de penetração, perda de circulação, elevação do torque e do arraste, obstrução do anular e prisão da coluna de perfuração.

A velocidade média de remoção de cascalhos (v_r) é dada pela diferença entre a velocidade média do fluido (v) e a velocidade terminal de sedimentação das partículas (v_s).

$$v_r = v - v_s$$

A velocidade média do fluxo está associada à vazão de bombeio e a velocidade de sedimentação é definida como a velocidade de queda de partículas no interior de um fluido em repouso devido ao seu próprio peso específico, tamanho e forma geométrica.

Outro parâmetro importante utilizado para avaliar a limpeza de poço é a razão de transporte (R_t). Este é definido como a relação entre a velocidade de remoção e a velocidade média de fluxo e fornece um indicador da capacidade de carreamento dos sólidos em um fluido em escoamento. A razão de transporte é dada pela equação abaixo.

$$R_t = (v_r/v) = 1 - (v_s/v)$$

Desta forma, é possível inferir que a razão de transporte aumenta com a redução da velocidade de sedimentação ou com o aumento da velocidade média de fluxo. Quando a velocidade de sedimentação tende a zero, a razão de transporte tende a unidade, o que significa que os sólidos são transportados praticamente com a mesma velocidade do fluido, sendo esta a situação ideal de limpeza de poço.

Os principais parâmetros que afetam a razão de transporte são:
- Vazão de circulação de fluido.
- Propriedades reológicas do fluido.
- Velocidade de sedimentação das partículas.
- Tamanho, distribuição, geometria, orientação e concentração das partículas.
- Massa específica do fluido e dos cascalhos.
- Perfil de velocidade de fluxo.

O programa de fluidos do poço deve prevenir contra problemas de limpeza, entretanto, por vezes, deve-se tomar atitudes durante o acompanha-

mento da perfuração a fim de melhorar as condições de limpeza de poço, como:
- Viscosificação do fluido.
- Aumento da vazão.
- Deslocamento de tampões viscosos.
- Redução da taxa de penetração.

Partículas no interior de um fluido tendem a se sedimentar em função da diferença de densidade. Os sólidos imersos em fluidos sofrem ação de três forças: uma descendente devido à aceleração da gravidade, isto é, o peso da partícula, outra ascendente devido ao empuxo e a terceira resistiva. Quando estas forças atingem o equilíbrio, a partícula atinge a velocidade terminal de sedimentação.

Há um extenso trabalho na dedução de modelos matemáticos para descrever a velocidade de sedimentação. Sua descrição foge ao escopo deste livro, portanto, serão apresentados somente os resultados destes modelos para aplicação prática.

A equação abaixo, adaptada para unidades de campo, permite estimar a velocidade de sedimentação das partículas no interior de fluidos.

$$V_s = 113,4[D_p.(\rho_s - \rho)/(C_r.\rho)]^{1/2}$$

Onde:
v_s = a velocidade de sedimentação em ft/min;
D_p = o diâmetro equivalente da partícula, em polegadas;
ρ_s e ρ = a massa específica do sólido e do fluido de perfuração, em lb/gal;
C_r = o coeficiente de atrito adimensional.

Nas aplicações em campo, o diâmetro da partícula pode ser estimado a partir de inspeções visuais, ou por meio de peneiras. A massa específica média dos sólidos, nas operações de perfuração, pode ser assumida igual a 2,50 g/cm³ (21,0 lb/gal).

O coeficiente de atrito está relacionado com a força de fricção entre o fluido e a partícula. Embora não haja nenhum método matemático para sua determinação, existem correlações empíricas baseadas em experimentos que permitem definir equações que relacionam este coeficiente com condições de fluxo. Aqui será apresentada uma que relaciona o coeficiente de atrito com o número de Reynolds de queda de partícula (NR_s) e com a viscosidade equivalente do fluido (μ_e).

O número de Reynolds de queda de partícula é dado pela seguinte equação adaptada para unidades de campo.

$$NR_s = 15{,}47 \cdot (\rho \cdot v_s \cdot D_p / \mu_e)$$

Onde ρ é a massa específica do fluido de perfuração, em lb/gal, v_s é a velocidade de sedimentação da partícula, em ft/min, D_p é o diâmetro equivalente da partícula, em polegadas e μ_e é a viscosidade equivalente do fluido, em cP.

O gráfico da figura 5.55 relaciona o coeficiente de fricção (C_r) com o número de Reynolds de queda de partícula. Este foi obtido usando arenitos e folhelhos desmoronados durante operações de campo e água e glicerina como fluidos carreadores.

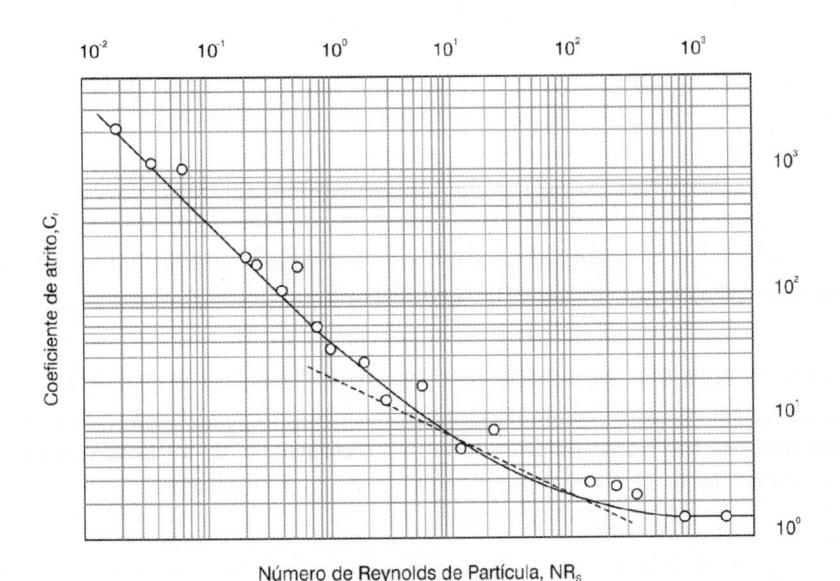

FIGURA 5.55 COEFICIENTE DE ATRITO VERSUS NÚMERO DE REYNOLDS PARA QUEDA E PARTÍCULAS DE ARENITO E FOLHELHO. (MACHADO, 2002).

Do gráfico, conclui-se que, para números de Reynolds de partícula maiores do que 1 000, aproximadamente, o coeficiente de atrito permanece constante e igual a 1,50. Então, quando o regime de fluxo ao redor da partícula é turbulento, é possível assumir C_r igual a 1,50 e calcular a velocidade de sedimentação.

Já para regime laminar em torno da partícula, o coeficiente de atrito varia exponencialmente com o número de Reynolds de queda de partícula. Entretanto, para $NR_s = 1$, a função se torna linear e o coeficiente de atrito pode ser definido pela relação abaixo.

$$C_r = 40/(NR_s)$$

Assim, utilizando este coeficiente de atrito, a equação de velocidade de sedimentação fica como descrito abaixo.

$$v_s = 4980 \cdot [D_p^2 \cdot (\rho_s - \rho)/\mu_e]$$

Por fim, para números de Reynolds de partícula entre 1 e 1 000, a equação abaixo expressa a melhor relação entre o coeficiente de atrito e o número de Reynolds de partícula.

$$C_r = 22/(NR_s^{0,5})$$

Com este coeficiente de atrito, a equação de velocidade de sedimentação fica como descrito abaixo.

$$v_s = 175 \cdot [D_p \cdot (\rho_s - \rho)^{0,667}/(\rho^{0,333} \cdot \mu^{0,333})]$$

A tabela 5.15 resume as equações de velocidade de sedimentação para diferentes faixas de número de Reynolds de partícula.

TABELA 5.15 EQUAÇÕES DE VELOCIDADE DE SEDIMENTAÇÃO.

Número de Reynolds de Queda de Partícula	Velocidade de Sedimentação (ft/min)
Inferior a 1,0	$v_s = 92,6 \cdot [D_p \cdot (\rho_s - \rho)/(\rho)]^{1/2}$
Entre 1,0 e 1 000	$v_s = 175 \cdot [D_p \cdot (\rho_s - \rho)^{0,667}/(\rho^{0,333} \cdot \mu^{0,333})]$
Superior a 1 000	$v_s = 4980 \cdot [D_p^2 \cdot (\rho_s - \rho)/\mu_e]$

A eficiência dos fluidos em transportar os sólidos do interior do poço até a superfície pode ser definida por:

Eficiência de limpeza = $(v_r/v) \cdot 100$

EXEMPLO

Determine a velocidade e eficiência de remoção dos sólidos com os dados do poço abaixo assumindo fluxo ao redor da partícula turbulento (Cr = 1,50):

Profundidade do poço	3 000 m
Diâmetro do poço	8,5 in
Diâmetro dos tubos de perfuração	4,5 in
Massa específica do fluido	8,33 lb/gal
Massa específica média dos sólidos (folhelhos)	21,0 lb/gal
Diâmetro médio dos sólidos	0,3 in
Vazão da bomba	250 gal/min

$$v_s = 113{,}4 \cdot [D_p \cdot (\rho_s - \rho)/(C_r \cdot \rho)]^{1/2}$$

$$v_s = 113{,}4 \cdot [0{,}3 \cdot (21{,}0 - 8{,}33)/(1{,}5 \cdot 8{,}33)]^{1/2} = v_s = 62{,}5 \text{ ft/min}$$

Velocidade média do fluxo no anular:

$$v = 24{,}51 \cdot Q/(D_o^2 - D_i^2) = 24{,}51 \cdot 250/(8{,}5^2 - 4{,}5^2)$$

$$v = 118{,}0 \text{ ft/min}$$

A velocidade de remoção dos sólidos será dada por:

$$v_r = v - v_s = 118 - 62{,}5$$

$$v_r = 55{,}5 \text{ ft/min}$$

A eficiência de remoção em percentual da média de fluxo é dada por:

$$\%E.R = 100 \cdot 55{,}5/118 = 47{,}0\%$$

TABELA 5.16 NOMENCLATURA E UNIDADES DAS EQUAÇÕES DO ITEM 5

Símbolo	Significado	Dimensão	Unidade SI	Unidade de campo
C_r	Coeficiente de atrito ou fator de fricção.	1	–	–
D	Diâmetro	L	m	in
D_i	Diâmetro externo do tubo interno do espaço anular.	L	m	in
D_{ij}	Diâmetro interno de passagem do jato da broca	L	m	in/32
D_o	Diâmetro interno do tubo externo do espaço anular ou do poço.	L	m	in
E.C.D.	Densidade equivalente de circulação.	$M.L^{-3}$	kg/m^3	lbm/gal
E_V	Eficiência volumétrica	1	-	%
K	Índice de consistência (fluido de Potência)	$M.L^{-1}.T.n^{-2}$	$Pa.s^n$	$Lbf.s^n/100ft^2$
K_a	Índice de consistência adaptado para fluxo em espaços anulares.	$M.L^{-1}.T.n^{-2}$	$Pa.s^n$	$Lbf.s^n/100ft^2$

Símbolo	Significado	Dimensão	Unidade SI	Unidade de campo
K_p	Índice de consistência adaptado para fluxo em interiores de colunas de perfuração.	$M.L^{-1}.T.n^{-2}$	$Pa.s^n$	$Lbf.s^n/100ft^2$
L	Comprimento	L	m	ft
L_b	Curso do pistão das bombas de fluido.	L	m	in
N	Número de rotações por unidade de tempo	T^{-1}	s^{-1}	RPM
NR_S	Número de Reynolds de queda de partícula.	1	–	–
n	Índice de comportamento (fluido de Potência)	1	–	–
n_a	Índice de comportamento adaptado para fluxo em espaços anulares (baixas taxas de cisalhamento).	1	–	–
n_p	Índice de comportamento adaptado para fluxo em colunas de perfuração (altas taxas de cisalhamento).	1	–	–
p	Número de cilindros das bombas de fluido.	1	–	–
P_{bomb}	Pressão de bombeio (medida na bomba)	$M.L^{-1}.T^{-2}$	Pa	psi
Q	Vazão de fluxo	$L^3.T^{-1}$	m^3/s	gal/min
R.O.P	Taxa de penetração	$L.T^{-1}$	m/s	m/h

Símbolo	Significado	Dimensão	Unidade SI	Unidade de campo
v	Velocidade média do fluxo.	$L.T^{-1}$	m/s	ft/min
v_a	Velocidade média do fluxo no anular.	$L.T^{-1}$	m/s	ft/min
v_c	Velocidade crítica.	$L.T^{-1}$	m/s	ft/min
v_r	Velocidade de remoção dos cascalhos.	$L.T^{-1}$	m/s	ft/min
v_s	Velocidade terminal de sedimentação de partículas.	$L.T^{-1}$	m/s	ft/min
v_p	Velocidade média do fluxo na coluna.	$L.T^{-1}$	m/s	ft/min
T.V.D.	Profundidade vertical.	L	m	m
ΔP	Perda de carga ou de pressão	$M.L^{-1}.T^{-2}$	Pa	psi
γ	Taxa de cisalhamento ou de deformação	T^{-1}	s^{-1}	s^{-1}
μ	Viscosidade dinâmica ou Newtoniana	$M.L^{-1}.T^{-1}$	Pa.s	cP
μ_a	Viscosidade aparente	$M.L^{-1}.T^{-1}$	Pa.s	cP
μ_p	Viscosidade plástica	$M.L^{-1}.T^{-1}$	Pa.s	cP
θ	Deflexão ou leitura do viscosímetro rotativo.	1	rad	graus
ρ	Massa específica do fluido.	$M.L^{-3}$	kg/m³	lbm/gal
τ	Tensão cisalhante	$M.L^{-1}.T^{-2}$	Pa	lbf/100ft²
τ_L	Limite de escoamento (fluido de Bingham)	$M.L^{-1}.T^{-2}$	Pa	lbf/100ft²

5.11 Interceptação de poços

Existem algumas razões para que se deseje fazer a interceptação de dois poços:
- Em casos de erupções seguidas de incêndio, quando se faz necessário perfurar um poço de alívio, assunto a ser discutido na próxima seção.
- Na construção de dutos, em áreas de proteção ambiental ou quando se esteja buscando escoar o óleo ou gás nas mesmas condições de temperatura e pressão do reservatório.

No primeiro caso, de poços em erupção, ao mesmo tempo em que se planeja e executa a perfuração do poço de alívio, outras medidas emergenciais de controle do poço são tomadas e, se efetivas, acabam por cancelar a perfuração do poço de alívio antes que esse atinja seu objetivo. No entanto, a utilização de poços de alívio para debelar erupções tem muitas vezes sido utilizado como uma das primeiras ferramentas de controle. No Brasil esse expediente já foi utilizado com êxito em alguns casos, sendo o mais notório o dos dois poços de alívio perfurados para o controle da erupção do poço de Enchova e, mais recentemente, em 2009, de um poço em São Mateus, Espírito Santo.

O segundo caso, mais raro contudo com potencial de aplicações a ser explorado em futuro próximo, teve a sua primeira aplicação, com sucesso, no campo de Estreito (figura 5.56), na Bacia Potiguar.

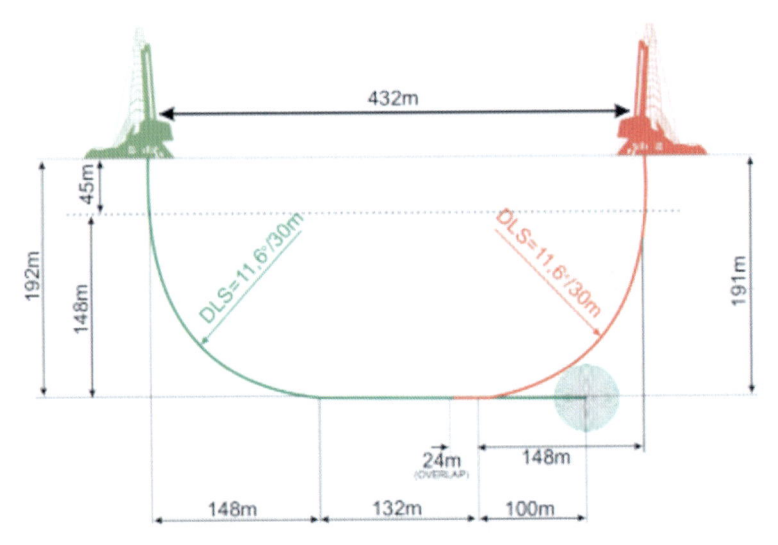

FIGURA 5.56 ESQUEMÁTICO DOS POÇOS EM TUBO EM "U" DE ESTREITO.

Dois fatores principais diferenciam os dois casos mencionados acima:
- Acesso aos dois poços – no caso de um poço em erupção, não é possível usá-lo para descer ferramentas que auxiliem na detecção e aproximação.
- Planejamento – quando se planeja antecipadamente conectar dois poços, pode-se tomar todas as medidas necessárias para aumentar as chances de sucesso e, diferentemente do caso anterior, se tem acesso aos dois poços.

Esses dois fatores influenciam diretamente a escolha das ferramentas mais adequadas para fazer a aproximação, detecção e interceptação dos poços.

5.11.1 Ferramentas de Detecção Magnética (*Magnetic Ranging Tools*)

Os objetivos do uso dessas ferramentas incluem não somente a interceptação de um poço como também na perfuração de múltiplos poços horizontais que exijam um espaçamento predefinido entre suas seções horizontais, como nos casos de pares SAGD (Steam Assisted Gravity Drainage ou Drenagem Gravitacional Assistida Por Injeção de Vapor), conforme veremos a seguir.

Há dois tipos de ferramentas de detecção de poços:
- Ativos
- Passivos.

As do tipo ativo se baseiam na utilização de um emissor de campo magnético e um receptor, que identifica a distância e direção relativa entre os dois. Um dos componentes é descido no poço que se deseja interceptar, já perfurado, e o outro na coluna de perfuração do poço interceptador enquanto é perfurado, por essa razão só se aplicam quando há acesso aos dois poços. Uma das tecnologias utiliza um magneto, ou outro gerador de campo magnético descido a cabo ou em uma coluna tubular no poço a ser interceptado, e o detector é conectado à ferramenta de MWD sendo usado para perfurar o poço interceptador (figura 5.57). Outra tecnologia usa um detector descido conectado em um cabo elétrico no poço a ser interceptado e um gerador de campo magnético conectado na composição de fundo sendo utilizada para perfurar o poço interceptador (figura 5.58).

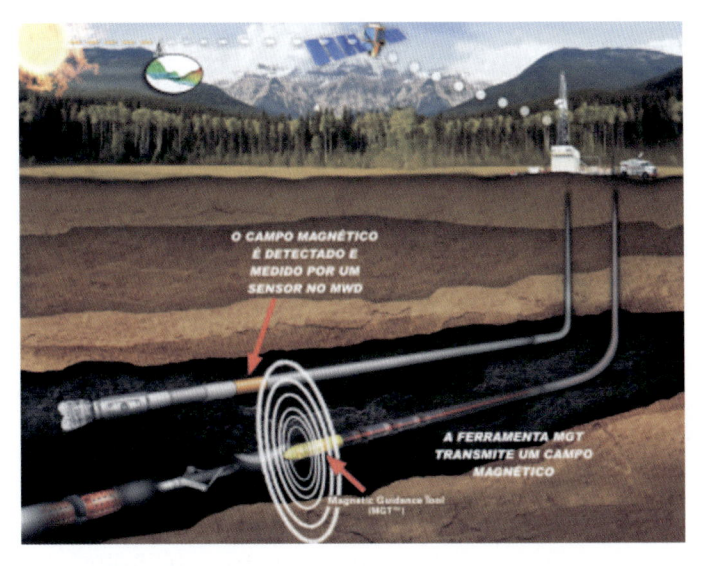

FIGURA 5.57 SISTEMA MGTTM (FONTE HALLIBURTON).

FIGURA 5.58 SISTEMA RMRSTM (FONTE HALLIBURTON).

Esses sistemas foram desenvolvidos e têm a sua maior aplicação na construção de pares de poços SAGD (Steam Assisted Gravity Drainage ou Drenagem Gravitacional Assistida Por Injeção de Vapor), quando dois poços horizontais têm que ser perfurados paralelamente e com uma distância entre centros predefinida (figura 5.57).

A ferramenta do tipo passivo permite a detecção de um poço revestido, uma coluna de perfuração ou parte dela, sem a necessidade de acesso ao poço a ser interceptado. A ferramenta utilizada nesses casos detecta a variação do campo magnético gerada pelo revestimento (ou outro elemento tubular metálico) descido no poço alvo e faz os cálculos da sua intensidade e direção. O conhecimento das características do campo magnético terrestre no local deve ser muito boa e normalmente se utiliza os valores de intensidade e dip medidos pelos magnetômetros do MWD. Esse foi o sistema usado com sucesso no Brasil e que foi mencionado no início desse tópico.

As ferramentas descritas acima têm uma capacidade de detecção limitada que varia com a condutividade das formações em que serão usadas, por isso a distância entre os poços deve sempre ser otimizada. Alguns prestadores de serviço definem essa distância máxima de detecção na faixa de 40 m a 100 m, no caso dos sistemas ativos e de 7 m a 16 m, no caso dos passivos. De qualquer maneira, como forma de garantir que o poço alvo seja detectado durante a perfuração do poço interceptador, as técnicas de redução das elipses de incerteza discutidas no item 4.5.2 devem ser aplicadas, a saber:

- Caso o poço a ser interceptado já tenha sido perfurado de maneira convencional, deve-se aplicar o método SAG e refazer os cálculos de trajetória usando softwares de multiestações para a correção das leituras de direção. Para que esses cálculos tenham efeito, é necessário que se faça a leitura do campo magnético crustal o mais próximo possível da locação do poço.
- Caso a interceptação seja planejada, as técnicas de redução das elipses de incerteza devem ser utilizadas durante a perfuração dos dois poços.

5.12 Poços de Alívio

Nessa seção vamos discutir um importante tema denominado de poço de alívio, o qual tem por objetivo interceptar o poço em erupção e efetuar o controle de subsuperfície através da injeção de um fluido de amortecimento a uma vazão específica até que a erupção esteja controlada. Fluido de perfuração ou água são exemplos de fluidos de amortecimento.

A execução de um poço de alívio envolve várias disciplinas e, portanto, sairia do escopo desse livro cobrir todos os assuntos pertinentes. Assim, serão apresentados somente os temas relacionados a poços de alívio referentes à perfuração direcional.

5.12.1 Fatores que Afetam a Execução de um Poço Direcional de Alívio

Embora vários sejam os fatores que afetam a execução de um poço de alívio, neste livro iremos discutir a lâmina d'água e a profundidade da erupção, pois estes entre outros, são os que mais afetam a perfuração de um poço direcional.

a) Lâmina D'Água

Os requerimentos para a perfuração de um poço de alívio variam com a lâmina d'água, sendo que podemos considerar os seguintes pontos como referência:
- A coluna hidrostática da água do mar atua como uma espécie de válvula de estrangulamento reduzindo o efeito da expansão dos gases provenientes de ambientes de baixa pressão até às condições atmosféricas.
- A água age como um fluido de amortecimento (buffer), e permite uma intervenção vertical segura de controle de um poço em erupção quando se avalia o poço de alívio também como uma opção de controle.
- A corrente da água que entra na pluma da erupção dispersa os efluentes reduzindo, dessa forma, os riscos para a sonda e para a equipe que está perfurando o poço de alívio.
- A coluna de água reduz o efeito do metano e a liberação de H2S na superfície.
- A contra pressão exercida pela coluna de água reduz a vazão de gás e óleo para fora do poço. Por sua vez, a vazão reduzida diminui as chances do poço em erupção desmoronar e, segundo as estatísticas, aumenta a necessidade da perfuração de um poço de alívio.
- A vazão reduzida atenua a queda de pressão entre o reservatório e o poço (drawdown), o que equivale a uma pressão de reservatório maior a ser controlada pelo poço de alívio.
- A escolha do posicionamento de poços de alívio situados em lâminas d'água entre 90 a 180 metros deve levar em consideração o fato de que os fluidos produzidos por uma erupção de grandes proporções

pode atingir rapidamente a locação. Nesse caso, quanto mais afastada a sonda que vai perfurar o poço de alívio em relação ao poço em erupção, mais complicada será a trajetória do poço de alívio.
- Lâminas d'água no intervalo de 180 a 460 metros dão mais flexibilidade sem criar problemas extras para a construção de poços de alívio. Neste intervalo de lâmina d'água não é de se esperar que situações tais como ignição de gases, escapamento de H2S para a atmosfera, fogo sobre as águas ou poluição causem maiores problemas para a construção de um poço de alívio. Por sua vez, intervalos de lâmina d'água acima de 460 metros até 1 500 metros não oferecem benefícios reais em termos de redução dos problemas listados acima.
- Lâminas d'água iguais ou acima de 1 500 metros (águas ultraprofundas) apresentam diversas limitações, tais como reduzidas janelas operacionais formadas pelas pressões de poros e de fratura. Por essa razão, muitos aspectos do projeto do poço são elaborados sem contingências. Nesse caso, essas mesmas limitações serão impostas ao poço de alívio, o que aumentará o risco de sua execução.

b) Profundidade da Erupção

A profundidade do ponto de erupção pode afetar a execução do poço de alívio de várias maneiras. Erupções rasas, isto é, aquelas que ocorrem para profundidades verticais menores que 900 metros, podem ser mais complicadas de serem extintos pela perfuração de poços de alívio se comparadas com erupções ocorridas em profundidades médias (intervalos entre 900 e 3 000 metros) ou de zonas consideradas profundas (acima de 3 000 metros).

Poços de alívio para debelar erupções rasas enfrentam as seguintes dificuldades:
- Necessidade de altos valores de taxas de buildup e drop off na construção do poço de alívio direcional.
- Os poços direcionais deverão ser construídos com altas inclinações o que, juntamente com o item anterior, implica em altos arrastes e prováveis problemas de limpeza do poço.
- Dificuldade de ganhar inclinação em formações rasas, geralmente muito moles.

- Programa de revestimento complicado devido à necessidade de dobramento de colunas de revestimentos de grandes diâmetros assentados em profundidades mais rasas.
- Tempos de perfuração provavelmente maiores do que os previstos devido à complexidade do controle direcional.

Poços de alívio para controlar erupções em profundidades médias (entre 900 e 3 000 metros) enfrentam relativamente poucos obstáculos. Isso se deve aos seguintes fatores:
- Elipses de incerteza relativamente fáceis de serem controladas na maioria das situações, problema que agrava com o aumento da profundidade.
- Trajetórias relativamente simples com requisitos direcionais sem grandes problemas.
- Tempos de perfuração geralmente factíveis e bastante previsíveis antes de se atingir o objetivo.

Poços de alívio para controlar erupções ocorridos a grandes profundidades, isto é, acima de 3 000 metros, têm várias desvantagens tais como:
- Elipses de incerteza de difícil controle devido ao acúmulo de erros que podem levar a desvios ou outros tipos de correções de trajetória.
- Em geral, esses são poços mais complexos e com vários revestimentos levando à necessidade de se perfurar em pequenos diâmetros e, portanto, comprometendo a potência hidráulica necessária para controlar a erupção.
- Tempos longos de perfuração devido a necessidades de controle de trajetória em rochas duras e difíceis de serem perfuradas.

5.12.2 Trajetória do Poço em Erupção

A trajetória do poço em erupção deve ser detalhadamente analisada para que se possa planejar a melhor trajetória e também para definir os tipos de equipamentos direcionais a serem utilizados na perfuração do poço de alívio. A utilização dos processos e recomendações descritos no item 4.5.2 desse livro servem exatamente a esse propósito. De qualquer forma, devido aos erros de medições, a posição correta do poço em erupção e aquela indicada pelas medições raramente irão coincidir porque a trajetória real estará na área do Cone de Incerteza que, por sua vez, deverá ser estabelecida tanto para o poço em erupção quanto para o poço de alívio a ser perfurado.

É importante ter em mente que a interceptação do poço de alívio o mais próximo possível ao ponto de erupção requer certo grau de precisão para que a operação tenha pleno sucesso.

5.12.3 Avaliação da Área para a Perfuração do Poço de Alívio

Determinar a posição de um poço terrestre em erupção é relativamente simples e pode ser feita por medição direta, quando a locação do poço pode ser acessada, ou por triangulação, nos casos em que, por questões de segurança, não seja possível acessar diretamente a locação. Em qualquer das situações, é imperativo maximizar a precisão na determinação das coordenadas da cabeça do poço de forma a aumentar as chances de sucesso do poço de alívio.

A exata determinação da posição no leito marinho (*mudline*) de um poço marítimo em erupção pode apresentar alguma dificuldade devido ao fluxo ascendente de gases e fluidos. Neste caso, geralmente a posição da locação é simplesmente assumida como sendo aquela informada durante o posicionamento da sonda para perfurar o poço.

5.12.4 Seleção da Locação para o Poço de Alívio

Em geral, a seleção da locação para a perfuração do poço de alívio não é uma tarefa complicada. Entretanto, a pressa na escolha da locação sem que sejam tomadas as devidas precauções pode levar a aumento no tempo de perfuração se comparada a uma escolha que tenha sido feita através da análise de diversos fatores que incluem:

a) Distância do poço em erupção

A princípio quanto mais próximo forem os poços de alívio e o em erupção, menor será a duração da perfuração e melhores serão as chances de sucesso, porém havendo várias possibilidades de posicionamento relativo entre os dois poços, caberá ao projetista do poço de alívio definir a melhor posição de forma a evitar interferências magnéticas, colisão com outros poços que porventura existam na área, uma trajetória que permita um melhor controle de inclinação e direção e uma aproximação que maximize as chances da ferramenta de detecção magnética passiva detectar o poço em erupção.

b) Ponto ótimo de interceptação

A principal razão para a escolha da melhor locação para o posicionamento do poço de alívio é garantir uma trajetória direcional que permita que o poço de alívio atinja o melhor ponto de interceptação para se bombear fluido de amortecimento e assim extinguir a erupção.

c) Proximidade de Outros Poços

A proximidade de outros poços é um fator que deve ser sempre considerado. Uma situação complicada é aquela de uma erupção rasa ocorrendo embaixo de uma plataforma de produção onde existem vários outros poços. Neste caso, além das dificuldades inerentes a esse tipo de erupção, a proximidade dos revestimentos dos poços próximos irá afetar os registros magnéticos que se pretenda usar, devendo-se então, nesses casos, optar por registros giroscópicos de alta precisão. Situações como esta irão requerer estudos de anticolisão bastante detalhados tanto durante a fase de projeto do poço de alívio quanto durante a sua execução.

d) Erupções de Gases Rasos (Shallow Gas)

Erupções de gases rasos podem trazer significantes complicações para a perfuração de um poço de alívio uma vez que o gás pode migrar de um reservatório para outro. Neste caso, podemos ter alguns reservatórios rasos sendo depletados enquanto outros estão tendo suas pressões de poros aumentadas devido à migração do gás para o seu interior. Nesta situação, a perfuração do poço de alívio, que provavelmente estará perto do poço em erupção, poderá ter seu risco bastante aumentado uma vez que este atravessará formações rasas e "anormalmente" pressurizadas e, portanto, sujeito a ocorrência de kicks de gases rasos. A figura 5.59 mostra exemplos de projetos de um poço de alívio para debelar erupções ocorrendo em diferentes profundidades.

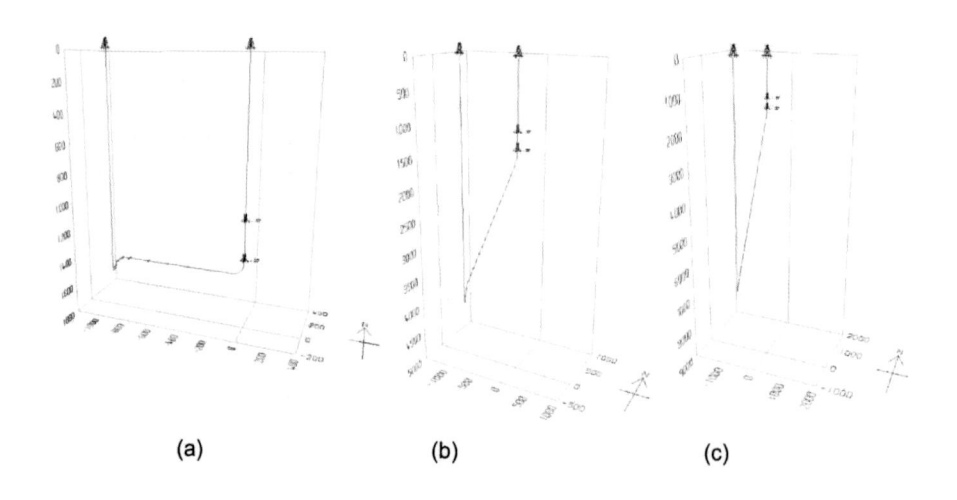

FIGURA 5.59 EXEMPLOS DE PROJETOS DE POÇOS DE ALÍVIO DIRECIONAIS. (A) POÇO DE ALÍVIO EM FORMAÇÕES RASAS (ACIMA DE 1 500 METROS), (B) POÇOS DE ALÍVIO EM FORMAÇÕES PROFUNDAS (ATÉ 4 500 METROS) E (C) FORMAÇÕES ULTRAPROFUNDAS (ACIMA DE 4 500 METROS).

e) Ventos

A posição da locação do poço de alívio deverá levar em consideração a direção e intensidade dos ventos de modo a evitar que gases tóxicos ou inflamáveis atinjam a sonda de perfuração. A vantagem de haver ventos na área do erupção é que os gases são dispersados mais facilmente.

f) Correntezas

A definição da posição da locação do poço de alívio também deve levar em consideração a correnteza existente na região, de modo a evitar, por exemplo, que o óleo derramado no oceano ou o gás produzido migrem para debaixo da plataforma de perfuração do poço de alívio. A mesma avaliação feita com relação aos ventos se aplica para as correntezas. Correntezas mais fortes ajudam na dissipação da pluma de gás reduzindo dessa forma os riscos à flutuabilidade de plataformas usadas na perfuração do poço de alívio.

g) Calor

Uma erupção seguida de incêndio da plataforma gera uma grande quantidade de calor mas, em geral, tanto em ambientes terrestres quanto em ambientes marítimos isso não deverá ser um problema para a escolha da locação. A distância entre os poços em erupção e de alívio, na ordem de algumas poucas centenas de metros, já trará espaço suficiente para o calor se dissipar e não atingir a plataforma de perfuração.

h) Batimetria

A análise das variações de batimetria ao redor da locação do poço em erupção deve ser feita de modo a se escolher locações para plataformas jackups e semissubmersiíveis. Da mesma forma, o projeto do poço de alívio deve levar em conta a batimetria do local para o seu posicionamento.

i) Migração de Gás no Fundo do Mar (Gas Seepage)

A existência ou a possibilidade de ocorrência de migração de gás através da formação em direção ao fundo do mar deve ser bem avaliada. Essa é uma situação que pode ser relativamente grave para as fases iniciais do poço de alívio e geralmente os operadores evitam colocar a locação sobre tais zonas.

j) Companhias Seguradoras e Agências Reguladoras

O contrato (apólice) com a companhia seguradora, normalmente considera os termos e condições da construção do poço de alívio. Naturalmente que caso essa cláusula exista, ela deverá ser levada em conta no projeto do poço de alívio.

As agências reguladoras geralmente não interferem na elaboração do projeto do poço de alívio, mas o projeto deve ser submetido à aprovação delas.

5.12.5 Equipamentos Direcionais Utilizados na Construção do Poço de Alívio Direcional

Basicamente, o planejamento e a execução de um poço de alívio direcional devem seguir os mesmos procedimentos utilizados para a elaboração de poço direcional comum. Uma diferença, entretanto, é o fato de que o poço de alívio deve se aproximar do poço em erupção. Nesse sentido, o uso de ferramentas de detecção magnética do tipo das discutidas no item 5.9.1 é fundamental.

Glossário

Angle unit – Unidade angular.
Ângulo guia (lead) – Diferença entre a direção do projeto direcional e direção que se deve executar no desvio programado.
Back reaming – Retroescariação. Repassar o poço ou perfurar "para cima".
Baffle plate – Aranha; batente e centralizador para o barrilete do instrumento de registro direcional.
Bent housing – Corpo de motor de fundo, que tem uma pequena deflexão, na altura da junta universal, diminuindo ou eliminando a necessidade de usar um *bent sub*.
Bent sub – É um *sub* torto usado na operação com motor de fundo.
BHA – *Bottom hole assembly* – Composição de coluna de fundo.
Bit bounce – Vibrações axiais que induzem na broca um movimento intermitente na qual ela "quica" no fundo do poço.
Buildup – Seção de crescimento de inclinação do poço com o aumento da profundidade.
Buildup-assembly – Composição de fundo para ganho de inclinação.
Chaveta – Batente no *orient-sub* ou no *bent orient sub* em que encaixa o *mule shoe*, alinhando o barrilete com a fase da ferramenta de forma a podermos orientá-la. É também chamada de chaveta o rasgo provoca-

do pela coluna de perfuração, na parede do poço no trecho com *dogleg* alto.

Comando não magnético – Comando de perfuração feito de uma liga metálica não magnética.

Coordenadas UTM – Coordenadas métricas que definem a posição de um ponto na superfície terrestre, usando o sistema de projeção *Universal Transversal Mercator*.

Declinação magnética – Diferença entre as direções locais da linha magnética e do norte geográfico terrestre.

Dip angle – Valor que indica a intensidade da interferência magnética da coluna de perfuração sobre o campo magnético terrestre.

Dogleg – Resultado de uma mudança na trajetória do poço. É o ângulo no espaço formado por dois vetores tangentes à trajetória do poço em dois pontos em consideração.

Dogleg severity – É a medida do *dogleg*, calculada para espaçamento padrão de 100 pés ou 30 metros.

Down-jar – Componente do *jar* de perfuração que possibilita percutir para baixo.

Drag – Arraste da coluna de perfuração por causa do atrito desta contra a parede do poço.

***Drift*, *drift* do giroscópio** – Variação da posição do norte da bússola giroscópica num intervalo de tempo.

Drift check – Procedimento de tomar vários registros com o instrumento de *gyro multishot*, uma mesma estação para a monitoração do comportamento do *drift*.

***Drilling jar* (Percussor de perfuração)** – Equipamento utilizado na coluna de perfuração, que por meio de percussão para cima ou para baixo possibilita liberá-la no caso de prisão.

Drop off – Seção de perda de inclinação do poço com o aumento da profundidade.

Drop off assembly – Composição de fundo para perda de inclinação.

Drop off point – Ponto de início de perda de inclinação do poço.

Dump valve – Válvula de drenagem/enchimento usada no topo dos motores de fundo.

Dyna drill – Motor de fundo de deslocamento positivo fabricado pela *Smith International*.

ECD (*equivalent circulating density*) – Densidade equivalente de circulação é o aumento da pressão hidrostática do fluido de perfuração expressa em termos de peso de fluido de perfuração em função das perdas de carga no anular causadas pelo atrito do fluido de perfuração entre as paredes do poço e a coluna de perfuração.

Equipamento de registro contínuo – Equipamento que envia continuamente do fundo do poço para a superfície informações como direção, inclinação, *tool face*, temperatura, etc.

Estrutura múltipla (*cluster, template, guias*) – Estrutura na qual se perfuram vários poços para desenvolver um campo petrolífero.

Ferramenta defletora – Ferramenta utilizada para desvio do poço.

Flex joint – Tubo utilizado em conjunto com o percursor de perfuração para funcionar como amortecedor de percursões e diminuir a rigidez do conjunto.

Float sub – *Sub* com alojamento para válvula flutuante (*float valve*).

Float valve – Válvula flutuante que permite fluxo em apenas um sentido.

Foto – Registro direcional.

Geohazard – É definido aqui como qualquer processo geológico ou hidrológico que cause risco humano e/ou às instalações de perfuração ou produção. Na verdade, pode ser visto como discrepâncias ou perigos encontrados em subsuperfícies. A existência dos chamados *geoharzards* tem grande influência no projeto de assentamento das sapatas. Alguns exemplos de *geoharzards* são: gases rasos (*shallow gas*), fluxo de águas rasas (*shallow water flow*), hidratos, formações rasas altamente inconsolidadas e irregularidades no solo marinho.

Gyro – Giroscópio.

Gyro multishot*, *gyroscopic multishot – Equipamento giroscópico de registro múltiplo.

Gyro single shot*, *gyroscopic single shot – Equipamento giroscópico de registro simples.

Heat shield – Protetor térmico dos instrumentos de registros direcionais, utilizados para trabalhos em poços de temperaturas altas.

Heavyweight drillpipe – Tubo pesado de perfuração.

Hole opener – Tipo de alargador de poço.

Jateamento – Perfuração orientada, usando-se uma broca com jatos desbalanceados.

Key-seat — Chaveta no poço.
Key-seat wiper — Ferramenta destruidora de chavetas no poço.
Kit — Estojo com conjunto de equipamentos.
KOP (kickoff point) — Ponto inicial do desvio orientado do poço.
Lead — Ângulo guia.
Lockup — Situação em que a coluna absorve todo o peso, levando ao seu total travamento.
Magnetic multishot — Equipamento magnético de registro múltiplo.
Magnetic single shot — Equipamento magnético de registro simples.
Monel — Designação usual para comandos não-magnéticos — liga níquel (63 a 70%) e cobre (rest.) utilizada na fabricação de comandos não magnéticos.
Motor de fundo — Motor hidráulico utilizado na coluna e acionado pelo fluido de perfuração para transmitir torque e rotação à broca.
Mule shoe — Sapata do barrilete, que se acopla no *sub* de orientação, alinhando-se a este por meio de um rasgo de chaveta.
MWD – *measurement while drilling* — Equipamento de medição contínua sem cabo.
Nudge — Afastamento inicial de um poço.
Objetivo — Ponto que deverá ser atingido pelo poço que produz uma mudança de trajetória menor que 5° no trecho perfurado.
Ouija board — Régua para cálculo, planejamento e acompanhamento do desvio com ferramenta defletora.
Orient sub — *Sub* de orientação.
Probe — Sensor magnético e gravitacional, componente do *steering tool* ou MWD.
Rebel tool — Ferramenta defletora.
RTG – *rate of transportation general* — Parâmetro para avaliar a limpeza do poço em função da vazão, do tamanho dos cascalhos e das características da lama.
Running gear — Barrilete protetor dos instrumentos de registros direcionais.
Scribe line — Linha indicativa da face da ferramenta, gravada no elemento defletor e nos equipamentos de registro direcional, utilizada na orientação dos motores de fundo ou jateamento.
Short drill collar — Comando curto de perfuração.

Slickline – Cabo de aço fino (não elétrico) usado para posicionamento seletivo de equipamento como válvulas ou manômetros.
Sidetrack – Desvio de um poço com abandono de parte deste.
Side walk – Variação natural da direção do poço durante a perfuração.
Slant – Trecho de inclinação constante de um poço.
Slide* ou *Sliding – Modo orientado de perfuração.
Slip-stick – São oscilações torsionais que induzem torques friccionais não-lineares entre a broca e a formação.
Spider – Projeção horizontal do conjunto dos poços de uma determinada área, em especial dos que têm origem numa mesma estrutura múltipla.
Stall – Travamento do motor de fundo.
Steering tool – Equipamento de medição contínua a cabo.
Strip log – Descrição da coluna litológica de um poço incluindo dados de taxa de penetração, inclinação, etc.
Taxa de *buildup* – Taxa de crescimento da inclinação.
Taxa de *drop off* – Taxa de perda da inclinação.
"*T*" BAR – Cabeçote, componente do barrilete, que permite o alinhamento do *mule-shoe* com os instrumentos de registro.
Tool face – Face da ferramenta defletora.
Torque reativo – Torque que se opõe à rotação da broca, quando da utilização de motor de fundo.
Underreamer – Tipo de alargador de poço.
Unidade angular – Parte do instrumento de registro direcional que mede a inclinação e a direção do poço.
Up jar – Componente de coluna que possibilita percussões para cima.
Walk – Mudança de direção ou giro.
Whirl – Modo de vibração que ocorre quando a broca roda fora de seu eixo vertical.

Referências

AMARAL, R.; RAMOS, F.; VIEIRA, J. L.; PINHEIRO, M. & FERNANDES, J. F. *Management of Surveys in Gastau*, IBP 3189_10, Brasil, 2010.

AMARO, R., SILVA, A. R.; COELHO, D. N.; KISHI A. R. K.; COELHO, L. M.; CAETANO C.; PINHEIRO, S. M. *Operação Pioneira de Alargamento Simultâneo com o Alargador Distante da Broca*. VI SEMINÁRIO DE ENGENHARIA DE POÇO, Petrobras, Brasil, 2006.

ANADRILL/SCHLUMBERGER. *Directional Drilling Uniform Operationg Procedure Manual*, EUA, 1989.

ANADRILL/SCHLUMBERGER. *People and Technology – Directional Drilling Trainning – Trainee Manual*, EUA, 1993.

BAKER, HUGHES. *General Catolog*, www.bakerinteq.com.

BAKER, HUGHES. *In Depth*, v. 10, n. 2, EUA, 2004.

BAKER, HUGHES. *In Depth – Deepwater*, v. 9, n. 2, EUA, 2003.

BAKER OIL & TOOLS. *Open Hole Completion Systems – Delivering Performance*, Catálogo, EUA, 2004.

BOURGOYNE, ADAM, T.; MILLHEIM, CHENEVERT; MARTIN, E. & YOUNG, JR., F. *Applied Drilling Engineering*, SPE, EUA, 1986.

CARDEN, R., S. *Directional, Horizontal and Multilateral Drilling*. PetroSkills, Tulsa, Oklahoma, EUA, 1999.

DAWSON, R. & PASLAY, P. R. *Drill Pipe Buckling in Inclined Holes*. Journal of Petroleum Technology, Outubro, EUA, 1984.

ECONOMIDES, MICHAEL, J.; WATTERS, L. T. & DUNN-NORMAN, SHARI. *Petroleum Well Construction*. John Wiley & Sons, Nova York, EUA, 1988.

FERRÃO, G. S. *Referenciais Geodésicos no E&P*, E&P-PE-2D-00437-0, Petrobras, Brasil, 2004.

FRAIJA, J.; OHMER, H.; PULICK, T.; JARDON, M.; KAJA M.; PAEZ, R.; SOTOMAYOR, G. P. G. & UMUDJORO, K. *New Aspects of Multilateral Well Construction*, Oilfield Review, Schlumberger, Outubro, Brasil, 2002.

FRENCH OIL AND GAS INDUSTRY ASSOCIATION TECHNICAL COMMITTEE. *Directional Drilling and Deviation Control Technology*, Editions Technip, Paris, França, 1990.

GRILLS, T. L. *Magnetic Ranging Technologies for Drilling Steam Assisted Gravity Drainage Well Pairs and Unique Geometries – A Comparison of Technologies*, Halliburton, SPE 79005, Canadá, 2002.

IBGE. *Sistemas de Referência*, www.ibge.com.br, Brasil.

INTEQ/BAKER HUGHES. *Directional Surveying*, EUA, 1993.

INTEQ/BAKER HUGHES. *Drilling Engineering Workbook*, EUA, 1995.

INTEQ/BAKER HUGHES. *Welbore Positioning Manual*, EUA.

LANDMARK/HALLIBURTON. *Compass for Windows Training Manual*, EUA, 2001.

LANDMARK/HALLIBURTON. *Success Quarterly – The Role of Global Service Firms in the New E&P Value Chain*, v. 1, 1st Quarter, EUA, 2005.

LAPEYROUSSE, N. J. *Formulas and Calculations for Drilling, Production and Workover*, Gulf Professional Publishing, EUA. , 1999

LEE, D.; HAY, R. & BRANDÃO, F. J. *U-Tube Wells – Connecting Horizontal Wells End to End* – Case Study: Installation and Well Construction of the World's First U-Tube Well, Halliburton, SPE/IADC 92685, The Nederlands, 2005.

LOMBA, R. *Fluidos de Perfuração*. Apostila de aula de Engenharia de Poço I, curso de Engenharia de Petróleo da Universidade Pontifícia Católica do Rio de Janeiro (PUC-RJ), Brasil, 2002.

LUBINSKY, A. *A Study of the Buckling of Rotary Drilling Strings: Drilling and Production Practice*, API, EUA, 1950.

MACHADO, J. C. V. *Reologia e Escoamento de Fluidos*. Editora Interciência, Rio de Janeiro, 2002.

MARTIN, R. & PEREZ, P. *Análises de Vibração em colunas de perfuração utilizando o software Wellplan*. Boletim de Aplicativo de Engenharia de Poços n. 4, Petrobras, Brasil, 2005.

MIMS, M.; KREPP, T. & WILLIAMS. *Drilling Design and Implementation for Extended Reach and Complex Wells*. K&M Technology Group, LLC, Houston, Texas, EUA, 1999.

MITCHELL, R. F. Simple Frictional Analysis of Helical Buckling of Tubing, SPE 13064, SPE, Dezembro, EUA, 1986.

MOINEAU, J. D. *Gear Mechanism*. US Patent 1.892.217, EUA, 1932.

ROCHA, L. A. S.; ANDRADE R. & FREIRE, H. L. V. *Important Aspects Related to the Influence of Water Depth on ERW*. SPE 87218, SPE, EUA, 2004.

SANTOS, O. L. A. *Perfuração Direcional e Horizontal – Notas de Aula*. Petrobras, Brasil, 2004.

SPERRY SUN/HALLIBURTON. *General Catalog*, EUA.

TAYLOR, H. L. & MASON, C. M. *A Systematic Approach To Well Surveying Calculations*. Soc. Pet. Eng. Journal, Dezembro, 1972.

THOROGOOD, J. L. & WILLIAMSON, H. S. *Instrument Performance Models and Their Accuracy Prediction for Directional MWD*. SPE 56702, SPE, EUA, 1999.

VIEIRA, J. L. B. *Módulos de I a V sobre Perfuração Direcional*, Petrobras, Brasil, 2003.

WEATHERFORD. *W Magazine – Simply Productive*. v. 7, n. 1, EUA, 2005.

WILLIAMSON, S. & REEVES, B. *Horizontal/Extended Reach Drilling – Fishing Operations in horizontal & extended-reach wells*. Bowen Tools (IRI International), www.kingdomdrilling.co.uk/problem/fish0D3.pdf.

WOLF, C. J. M. & DE WARDT, J. P. *Borehole Position Uncertanty. Analysis of Measuring Methods and Derivation of Systematic Error Model*. SPE 9223, SPE, EUA, 1980.

Site da Baker Hughes: www.bakerhughes.com.

Site da Halliburton: www.halliburton.com.

Site da Schlumberger: www.schlumberger.com.

Site da Smith international: www.smith.com.

Site da Wenzel Downhole Tools: www.downhole.com/company.htm.

Site www.bpmf.com.cn/english/mannuals/jar.pdf.

Site www.colorado.edu/geography/gcraft/notes/datum/datum_f.html.

Site www.dimatec.com.

Site www.natoil.com.

Esta obra foi produzida nas
oficinas da Imos Gráfica e Editora na
cidade do Rio de Janeiro